XIN

LI

XIU

YANG

DAO

LUN

心理修养导论

● 黄学规 著

ZHEJIANG UNIVERSITY PRESS
浙江大学出版社

恋，江有的，江月莫里何雁。

学规教授正之　曹黻木尔字句

千江有水千江月　万里无云万里天

——《心理修养导论》序

李燕杰[*]

　　学规教授,是我在爱与美的追求中的挚友、好友、诤友,我们彼此相识、相交、相敬。多年来,我们为了人类的铸魂育才系统工程竭诚尽智,呕心沥血,在相互学习、相互砥砺、相互切磋中,各自为社会奉献了一批著作。学规教授的青年教育三部曲,《挫折与人生》、《人格与人生》、《审美与人生》是他心血的结晶,其中有爱、有美、有诗、有艺,在青年中,在教育工作者中,已经产生了很大的影响,堪称新时期教育艺术的范例。青年大学生说:"学规教授的书,对我们来说是渴求已久的。"学规教授首创的心育、德育、美育"三育一体化"教育,不仅对有效进行青年品德教育,而且对有效进行心理健康教育,都是一个突出的贡献。

　　近日,他的新作《心理修养导论》即将出版,我为他,也为80

---

* 李燕杰:首都师范大学教授,中华教育艺术研究会常务副理事长,北京自修大学校长,全国著名教育艺术家。

后、90后的大学生及广大青年感到高兴。他在教学、科研的百忙之中，边实践，边总结，及时地写出这本适应新时代需要的著作，可以说应运而生。前些时一些大学生称我为奔腾5，一些高中生称我为F5，我认为这两种与时俱进的赞誉之词，用在学规教授身上，都是恰如其分的。

青年教育属未来的超前科学，是关乎明日，关乎人类未来的一门大学问，遗憾的是过去一些关于青年教育的书，往往是用过去的观点去培育未来的人。青年人讲："有些书都是过去完成时，不是现在进行时，不是未来时，我们需要前瞻性的书。"学规教授这部新作，无论和青年谈学习、事业、理想，还是谈爱情、婚姻、家庭，都具有预见性、超前性，而且有前导性，所以我认为这本书必将受到广大青年的欢迎。

学规教授请我为他的书写序，我想谈谈近日一些想法：

去年10月25日，是我生日，我的学生们齐聚北京大学百年大讲堂，请我讲话，到会约3000人，我十分激动。我在讲话时，猛然想到研究青年教育问题必须把此项伟大的工程置于漫长的历史长河之中进行思考。

过去人们常说人类历史500年出一批圣人，"江山代有才人出，各领风骚数百年"。2500年前中国出现了老子、孔子，尼泊尔出现了释迦牟尼，希腊出现了苏格拉底、柏拉图、亚里士多德。

又比如500年前欧洲文艺复兴时期，出现了达·芬奇、米开朗琪罗等。

近一百多年出现了马克思、恩格斯、毛泽东、邓小平……

他们，无疑是在时代变革中的先知圣哲，都是时代的思考者，都为青年及后人起到了引路作用。

一次我向季羡林恩师请教，老人家谈到风水轮流转，30年河东，30年河西。我想无论讲500年，还是30年，都证明人类历史是变化的,前进的,又是有规律的,时代造就了圣哲,圣哲又影响着后人。

如果讲中国这近一百年的历史,似乎也可分几段:

1919—1949 年为 30 年,这一段是觉醒、革命阶段。

1949—1979 年为 30 年,这一段是探索、建设阶段。

1979—2009 年,这 30 年,是改革开放。

从 2009 年到 2039 年,又是 30 年,这一阶段,应当是和平与超越的 30 年。这 30 年过后,再过 10 年,是中华人民共和国建国 100 周年。

今天,我们的大学生是未来 30 到 40 年的中坚骨干力量,如果能使这一代人走正路,不走邪路,走活路,不走死路,我们的国家对人类将会作出更辉煌的成绩。这是我和学规教授共同的信念。

记得几年前,我在日本为日本教授演讲,我提出:

但愿大千世界无灾难。

但愿人类社会无争战。

但愿生活环境无污染。

但愿人的一生无病患。

这四句话虽然很难做到,如果每个青年都为此而努力,至少与光明幸福近了一步,今天学规教授这本书就应当会起到促进作用。

我想,今天中国青年人心中要有三大,即大爱、大智、大美。

大爱:大爱无外,大爱无内,大爱无私,大爱无畏,大爱无怨,大爱无悔。

大智:大智有谋,大智有慧,大智有德,大智有识,大智有才,大智有学。

大美:大美至真,大美至善,大美至柔,大美至刚,大美至纯,大美至伟。

如果中国人都能为此而献身,我坚信,我们中华民族将对人类

美好未来作出新贡献。学规教授的新作也会成为实现此一理想的
推动力。目前我仍在病中，匆匆写来，词不达意。

　　是以为序。

2008 年 9 月 5 日于北京智慧书苑

目　录

第一章　心理学与人生的危机

第一节　心理学——一切教育的科学基础

人作为一个自然界的实体，是经过长期的发展演化而形成的，而作为社会的人从出生、成长、成熟、衰老，既按照一定的自然规律发展着，又受人类的社会历史条件制约。在自然的和社会的环境交互作用下，个人表现了各种各样的行为和心理活动。

古希腊的哲人提出：认识你自己！我们了解人类自己的目的只有一个：提高人类素质和生活质量。为了达到这个目的，我们可以利用的有效途径是：掌握了解人类的工具——心理学。

"心理学"一词出自古希腊语"psyche"和"logos"。"psyche"，意思是思维、灵魂或精神，"logos"，意思是认识或研究，人们把这两个词合起来就成了"psychology"。这个心理学的定义——研究灵魂的科学——一直沿袭到 19 世纪晚期。

19 世纪末，心理学才获得了新的含义和新的形态。1879 年，德国心理学家冯特在莱比锡大学最早设立心理实验室,从事心理学的研究,一般公认这是真正的科学心理学的开始。崭新的心理学效法已有的科学,特别是物理学来铸造自己,采取了严格的观察和实验的研究方法。这样,一门新的现代心理学就建立起来了。心理学成为一门真正的科学只有100多年的历史。

心理学是研究人的行为、心理现象及其过程的科学,是一项致力于造福人类的事业。

人类为什么要研究自己的行为?无论是哪一门科学,从它的研究目的看,大致都可以分为纯理论与实际应用两个方向。

纯理论科学的研究,通常根据两种基本假设:其一,宇宙间事物的变化是有秩序有规律的;其二,其秩序与规律的背后存在着某些原理原则。心理学家们采用了同样的观念。他们认为个体行为的变化也是有原理原则可循的,因而他们借用了一般科学的方法,搜集资料,发现事实,以期在复杂的行为变化中获得原理原则,从而建立系统的行为理论。

实际应用上的目的,指的是运用心理学的知识解决有关行为上的问题。这种尝试,在古代的教育中早已开始。教育的主要目的乃在于有计划地改变学生的行为。因而对什么样的人施以什么样的教育,用什么方法教什么教材,何时何地用何种方法练习最为有效等问题,都与学生的行为有密切的关系。所谓针对学生个别差异因材施教,早已成为教学上的基本原则,而个别差异的鉴定就必须依赖于心理学上的科学方法。因此,自从科学的心理学兴起之后,心理学就成为一切教育的科学基础。

人类的行为有很多方面的问题需要心理学的知识协助解决。例如,近年来世界各地少年犯罪事件普遍增加,这显然与行为适应有密切的关系。因此,在心理学的领域中,青年心理学、犯罪心理学、心理健康学等学科已引起学者们的广泛兴趣。

　　自从冯特在1879年创立了科学心理学,到现在为止100多年的时间内,无论理论心理学还是应用心理学都有了很大的发展。

　　在理论心理学方面,主要的学科有:

　　(1)生理学。生理学,是经由生理方面的实验研究,以探求个体行为变化之原理原则的一门心理学。主要研究个体的感觉器官、神经系统(特别是大脑)和腺体(特别是内分泌腺)三方面的生理功能,其主要目的是探求这些生理器官或组织的功能与行为方面的知觉、情绪、动作技能、学习、思考、记忆、遗忘等的关系。

　　(2)比较心理学。比较心理学,是以不同种属的动物行为为题材从事比较研究的一门心理学。比较心理学的研究目的,一方面企图了解动物本身的行为,另一方面也希望由对动物行为研究所得的结果,进而有助于研究和了解人类的行为。比较心理学家研究的主要兴趣为动物的本能行为、对环境的适应与学习、药物实验时的效应、生理功能分析以及行为进化历程等。

　　(3)发展心理学。发展心理学,是以人的一生从受孕到老死的行为变化与年龄关系的一门心理学。这门学科的研究目的主要在探讨遗传、环境、成熟、学习四大变项与行为变化的关系,并进而了解人类行为发展的一般模式与个别差异的情形及原因。发展心理学的范围甚广,它包括儿童心理学、青年心理学、成人心理学及老年心理学。

　　(4)学习心理学。学习心理学,是以个体在生活环境中随情境的改变而使其行为变化为题材,从而研究其行为变化的历程的一门心理学。学习心理学家在方法上多采用实验法,他们的主要兴趣是从学习历程中探求不同行为的获得、记忆、遗忘等现象与学习情况及学习方法等变项间的关系。

　　(5)人格心理学。人格心理学,是以人格的构成与人格的发展为主要题材,并从而探求影响其构成与发展的各种因素的一门心理学。人格心理学家研究的主要兴趣侧重于了解个人在适应其环境时行为上表现的特征,而个人的行为特征又与其能力、动机、情绪、态度、兴趣、观念等变项有关。因此,这些变项也都是人格心理学研究的主题。

(6)社会心理学。社会心理学,是研究个人在社会环境中与人交往时在行为上所有的影响的一门心理学。社会心理学家研究的主题包括团体与个人、集体行为、团体领袖、社会态度、意见、角色行为等。

在应用心理学方面,主要的学科有:

(1)教育心理学。教育心理学,是所有应用心理学领域内需要最大、应用最广、对象最多的一门心理学。教育心理学家吸取了理论心理学上的行为理论与研究方法,在教育的情境中以学生的行为为对象,在各种有目的的学习条件下,希望把已有的行为理论再经由演绎归纳的过程,建立一套教学上的原理原则,进而改善教材教法,以促进学习效果。因此,教育心理学虽然一向被视为应用心理学,但事实上它必须重建其自身的教学理论,而后始能应用。教育心理学的主要内容包括学习、发展、个别差异、心理与教育测量、辅导、品德的结构与形成等。

(2)咨询心理学。咨询心理学,是一门新兴的应用心理学,其主要目的在于运用心理学理论帮助人际关系适应困难者了解自己进而自行解决问题。咨询心理学的特征是将心理学上的有关方法与技术配合运用。目前咨询技术应用最广的是在教育、职业、婚姻、个人情绪等几个方面。

(3)心理健康学。心理健康学,乃是运用心理学上的知识,积极地经由教育的措施以维护人的心理健康。心理健康教育工作侧重于对人的心理的调节、开发、发展,以提高人们的心理健康素质和适应社会生活的能力。基于此种观念,心理健康教育已经成为学校教育和社会教育的一部分。心理健康教育的中心工作是协助个人了解自己,认识别人,养成正确的态度和观念,以期与人和谐相处、愉快生活。心理健康学近年来发展较快,它包括人生心理学、挫折心理学等门类。

(4)临床心理学。临床心理学家经常在医院、收容所、监狱等机构内,运用心理学上的知识与方法去帮助心理失常者了解自我以改善其生活适应。临床心理学与精神医学有别,精神医学是以医师身份,使用医药程序对患者予以诊断与治疗,而临床心理学则偏重对患者实施心理测验、心理辅导与治疗等。

(5)工业心理学。工业心理学,乃是运用心理学上的知识与技术去解决从生产到消费整个过程中有关行为上的问题。工业心理学的主要内容包括职业分析、从业人员的挑选与训练、工厂环境改善研究、工人情绪动机、团体中人事纠纷、市场心理调查、推销技术、广告宣传等。近年来工业心理学发展迅速,又形成了管理心理学、人事心理学、消费心理学、广告心理学等门类。

(6)工程心理学。工程心理学,是从工业心理学分化出来的一门新学科。由于科学技术的进步与机械工具的高度自动化,使得原来"人"与"工具"之间的关系产生了变化。过去多年是工具适应人,而现在变成人适应工具。因而产生了很多人的心理与高度自动化工具不协调的现象。工程心理学研究的问题,主要探求如何改善人与机器之间的交互关系,诸如技能训练、心理过程的了解、情绪紧张及疲劳因素的影响、意外事件人为因素的分析,以及机械设计时如何顾及人的因素等。

(7)法律心理学。法律心理学研究的问题原本限于法庭上证据的研判、审讯技术以及案件侦查等方面。近年来,法律心理学研究的范围迅速扩大,涉及犯罪心理因素的研究与预防、服刑人的再教育、监狱管理、犯罪责任的鉴定,以及立法过程中心理因素等方面的研究。

第二节　人类最严重的灾难:心理危机

心理学不仅研究个体或团体在一般情境下所表现的正常行为,而且研究个体为适应情境的压力所表现的一些特殊行为。无论科学技术如何进步,在这个世界上生活的人,没有一个人能够免遭任何挫折和困难。个人在挫折和困难情境的压力之下,他的行为将有一定的变化。这种变化了的行为,就是特殊行为。对这些特殊行为的研究,无论在理论上还是在实际中均属十分重要。一个人遭遇挫折和困难,长期得不到解决,精神上承受巨大的压力,往往会出现人生的危机。因此,对挫折问题的研究成为心理健康教育的一个主题。

20世纪40年代,针对当时西方社会的精神状态,瑞士心理学家荣格曾经指出:"我深信,心灵的探讨必定会成为未来一门重要的科学。这是一门我们最迫切需要的科学。因为世界发展的趋向显示,人类最大的敌人不在于饥荒、地震、病菌或癌症,而在于人类本身。就目前而言,我们仍然没有适当的方法来防止比自然灾害更危险的人类心灵疾病的蔓延。"

人类已经进入了一个"高心理负荷"的时代。现代社会把每个人都推进了生存与发展的竞争激流之中。所有的人都在逆风飞行。

1996年,联合国专家就指出:"从现在到21世纪中叶,没有任何一种灾难会像心理危机那样给人们带来巨大的痛苦。"

原上海大众汽车公司总经理方宏,因压力太大而自杀。西南一所大学没有通过"211"评估,校长因压力太大而自杀。

各行各业都存在激烈的竞争,很难避免挫折和失败。挫折感发生率急剧上升,是现时代的特征之一。

笔者曾经到上海同济大学参加过一次全国教育发展高峰论坛,西安翻译学院院长丁祖怡说:"学校最关键的竞争力是质量,需要相对优质的生源群体,西安翻译学院今后的生源成了一个大问题。"丁祖怡院长也感到压力很大。

1988 年,笔者在北京大学听到季羡林先生说的一句话:"每个人都争取一个圆满的人生。然而,自古及今,海内海外,一个百分之百圆满的人生是没有的。所以我说,人生是不圆满的。"许多年过去了,"人生是不圆满的"这句话至今我还记得。这就是人生的感悟。人生,是一个永恒的主题。每一个人都以自己特定的行为和方式,书写着自己的人生。

人生的风浪和挑战是任何人都无法回避的。现代社会不会停止激烈的竞争,风险、挫折、失败成了生活的伴随物和普遍的社会现象。所以,提高对挫折的承受能力,迎接生活的挑战,培养健康的心理,是每一个现代人面临的紧迫课题。

在现代生活中,有许多社会心理因素使现代人产生心理紧张状态,比如现代信息过剩、社会高度竞争等。

现代化的科学技术把现代人带进了信息密集的时代,信息量的急剧增长使人应接不暇。现代人必须不断接受新事物,不断改进工作,否则就会被淘汰。面临每天涌现的大量知识信息,现代人往往会出现大脑皮质输入与输出平衡失调的征象,这就是所谓"现代信息过剩综合征"。其主要表现是:

(1)信息饱胀感。现代人每天要看大量参考文献和各类文件,还要接触大量的反馈信息。信息的输入,需要人脑去分析、研究、综合、判断,这就是"信息化"。由于大量的信息输入大脑,大脑来不及分解消化,只能囫囵吞枣。未经分析处理的信息积聚在一起,会变成一些模糊的概念,时间一长,就会得"信息消化不良症",使人感到头昏脑涨、眼皮重坠、烦躁易怒、胸闷气短、心率加快。

(2)信息干扰感。现代信息的快速更换,不免使不少交叉重叠、似是而非、互相矛盾、彼此对立的知识信息涌入大脑,它们拥挤在大脑里互相干扰,往往使人无所适从,甚至出现对人对事的判断失误。

(3)信息惶恐感。面对信息爆炸和知识的更新换代,有些人感到跟不上社会的潮流和时代的步伐,于是产生消极失望甚至悲观厌世的情绪,或感到心神不定,若有所失。有些人对学习感到恐惧,出现失眠多梦、食欲不振、惶惶不安等症状。

现代社会随着经济、政治、文化、科技等方面的剧烈变革,社会竞争日趋激烈。值得注意的是,随着社会的发展,人类的心理负荷与日俱增。现代社会的高度竞争,主要表现是:

(1)时间上的竞争。由农业社会向工业社会的转变用了100年,而由工业社会向信息社会的结构改革只用了20年。变化的发生是如此之快,使得人们没有时间作出反应。随着信息社会的来临,人们的时间观念也在改变。在这个瞬息万变的社会里,人们必须抓住时机,否则,就会跟不上时代的节奏,无法立足于社会。所以,现代人的生活节奏越来越快,紧张感也越来越强。

(2)脑力上的竞争。在工业社会劳动者更多的是使用体力,在高技术的信息社会里劳动者更多的是使用脑力。脑力的竞争,主要表现在看谁能更快更多地接受最新的知识、掌握更高更新的技术,因此,常常使人感到脑子紧张。现代社会的高度竞争,不仅使人与人之间的关系紧张化,而且也给个人带来紧张不安、焦虑、疲劳等不良的心理和生理影响。日趋激烈的社会竞争,加快着人们的生活节奏和紧迫感。一种超出人们生理和心理承受强度的时代病——紧张状态病,接踵而至。

精神紧张是现代社会生活给人类带来的最大影响，也是现代人的主要病症。精神紧张会给身体带来重大的、潜在的、对生理有害的变化。持续紧张将导致人体的适应性明显减弱。如果持续时间过长，肾上腺素分泌过多会导致血压升高和心脏病。研究已经清楚地证明：心理对人体有所影响，而且确实能导致生理机能紊乱，引起"身心相关"的种种疾病，如溃疡、气喘病、头痛、高血压、心脏病及癌症等。

第三节　史罗里·布洛尼克博士谈人生的危机

美国心理学博士史罗里·布洛尼克说，人生的各个阶段都充满了危机。他写了一本书，书名为《人生的危机》①。史罗里·布洛尼克在这本书中通过丰富的实际个人事例，详细地描绘出一个人在事业的各个阶段中可能出现的危机，以及一个人在各个年龄层次对事业所表现出的心理感受。更为可贵的是，他在书中明确相告，怎样对症下药，跨越事业上的危机障碍，拨正航向，成功抵达事业的彼岸。

史罗里·布洛尼克博士说，每个人在人生的事业发展道路上都会碰到各种各样的危机，即使对功成名就者来说也不例外。因此，如果我们能够预先知道人生的每个阶段所可能遇到的危机，并在危机出现之前就能做好思想准备，及时采取对策，这对战胜危机、夺取成功是至关重要的。

《人生的危机》一书，对各个年龄层次可能出现的危机都作了分析，并提出了一些应对策略。

---

① ［美］史罗里·布洛尼克：《人生的危机》，上海翻译出版社 1990 年版。

20 岁:从走进校门到踏向社会①

20~29 岁,大学毕业前后,人生充满戏剧性的变化,几乎人人都会碰到许多个十字路口。

对大多数事业成功者而言,他们在大学毕业后的最初三年中(我们把 20 来岁这段时期划分为两个年龄层,第一个年龄层为22~24 岁;第二个年龄层为 25~29 岁)对任何新鲜事物都非常敏感。

对大多数人来讲——不论他们后来在事业上是否成功——22~24 岁这三年,就是说大学毕业后踏上社会的最初三年,这是一个充满戏剧性的阶段。在这段时期中,他们为了追求事业上的成功,会尝试各种手段,并尽量表现出智慧和魅力,显露出锋芒和高贵的气质。

人们在事业上成功与否的关键是什么呢? 无论从一个人的心理上还是思想的承受力上来看,一个人在事业上成功与否的最关键时期是在 25~29 岁这五年的时间里。因为在这段时期内,那些在事业上有所突破的人会相对地在个性上稳定下来,他们不会像前三年那样个性善变。稳定自己的个性,确定自己事业上的目标,这是在事业上获得成功的相当重要的先决条件。对于处在第二个年龄层的人来说,与其考虑调整自己的个性特点,不如把主要精力放在培养必要的工作能力上,以便使自己将来能担当重任。

例如,哈特在事业上遭到失败,究其原因有二:第一,他不清楚自己真正的才能是什么;第二,他不懂得如何去发挥自己的才能。又如,道格拉斯在事业上成功了,他的成功原因在于:竭尽全力做好工作,立志要培养出一种能使人刮目相看的工作能力,并且表现

---

① 〔美〕史罗里·布洛尼克:《人生的危机》,上海翻译出版社 1990 年版,第 3 页。

出一种对待工作的狂热激情和姿态。在很多情况下,这是一种相当成功的行之有效的方法。

一个人在事业旅途的早期阶段,会在前进的道路上碰到一个影响发展前程的十字路口。如何穿越这个十字路口同一个人的工作能力和个性魅力这两方面的程度有关。

我们应该记住这一点:在工作中了解自己的长处是非常重要的,尤其当一个人在前进的道路上遇到挫折和阻挠时,更要把注意力转到工作上。当一个人运用各种办法都不能奏效时,最好的策略是不要再作任何尝试,他这时应该再度把注意力集中到自己的工作上。

工作在人的生活中是不可缺少的。不管我们是不是喜欢工作,到了成年,大部分人为了生活都得参加工作。

学校的学习生活是短暂的,大多数人在25岁时就告别了学校生活,开始踏上社会。在这段时间,一个人正处在各方面的变化时期,譬如生理上的发展变化,性的成熟以及社会经验的积累、社交和工作能力的发展等。

30 岁:在众人面前极力表现自己[①]

30～39岁,为了追求事业的成功,长期处于紧张的状态,心理上受到很大的压力。

一个人到30来岁时,非常希望自己在工作上的努力能够得到别人的承认。他们可以说出一连串有名望的人的名字,并且渴望自己也能成名,与他们的名字排在一起。

在这个年龄层次中,有相当多的人认为,要实现自己的欲望,只有去做一些受人赞扬的事。正如一个人所说的:"我要是只做分

① 〔美〕史罗里·布洛尼克:《人生的危机》,上海翻译出版社1990年版,第77页。

内的工作,就不能使别人对我注意。"另一个人则说:"你必须想办法让别人'看到'你的表现,否则你就永远不会有出头之日。"

那些努力工作又有才能的人,已经习惯于做比自己分内工作还要多的事,他们的实际工作量远比规定要做的多。

一个人随着年龄的增长,对荣誉的渴望也一年比一年强烈,他们迫切希望获得别人的称赞和认可。然而,要想得到荣誉与功劳,一般都要经过一番辛苦,与同事进行激烈的竞争。

他们不愿成为默默无闻的人,担心自己会被埋没在人群之中。有的人就想调动工作,一旦有机会,就不惜承担风险,渴望自己能一举成名。正因为这样,他们中有不少人跌得很惨。调动工作必须注意的一件事就是关心一下自己未来的顶头上司在单位中的影响力如何。对于求聘者来说,选准自己的顶头上司是件非常重要的事。顶头上司在单位中的影响力大小,同一个人在处理日常事务中是否顺利,两者之间有着十分密切的联系,这是无可否认的事实。

美国有许多人离职后自己开辟道路,取得创业的成功。创业者有五分之四以上都曾在创业的前四年经历过失败的痛苦,他们对可能的挫折与打击早有思想准备。

40 岁:落后于时代的恐慌[①]

40~49 岁,事业上有了一定的成就,但晋升的速度较慢,出现了一种落伍的恐慌感。

这个年龄层,可能会出现强壮之年的茫然。从事各种职业的人们跨入 40 岁大关,在工作上已有丰富的经验,他们有能力去解决工作中遇到的难题。他们如日中天,大有作为,这就是他们给人的总体印象。他们对前途的自我感觉良好。

---

① [美]史罗里·布洛尼克:《人生的危机》,上海翻译出版社 1990 年版,第 165 页。

　　但是,研究表明,40 岁恰恰是事业发展上最危险的阶段。许多人就是在这个时期发挥出自己的全部才能,同时,他们也看破红尘了。他们清楚地认识到,在这不惑之年,自己不再可能青云直上。在这个时期,他们晋升的速度明显地慢了。

　　许多 40 岁的人会在盲目不觉中陷入困境。差不多任何年龄段的人都有一种共同的心理压力,那就是生怕落伍于时代而被排斥在外,而正值事业鼎盛期的 40 岁的人在这方面的担忧比其他人更为严重。唯恐退化的精神上的压力来自两个方面:一是学习新知识的压力;二是人际竞争的压力。知识老化与求知的速度构成了对落伍者的主要压力。这种竞争永远继续下去,独占鳌头者将出人头地,平淡无奇者渐渐销声匿迹,甚至被淘汰。他们担心的不仅是知识,更是人,那些掌握新知识的年轻人。他们对优秀的青年下属奋起直追而超越他们的现象忧心忡忡。

　　面对气势磅礴的年轻人,中年人对自己从事多年的事业存在着一种不安全感。同时,上司对自己的重视程度也会减弱。中年人承受着来自上下两方面的压力。

　　他们的焦虑往往从 40 岁起就如影相随。研究表明,37～53 岁这个阶段,是一个人最得不到赞扬的时期。40 岁这个年龄组正处于这个时期。上司对年轻人的赞扬大多是慷慨的,其目的是以此鼓励他们。60 岁的人往往也受到相当的重视,受到年轻人的敬仰。然而,40 岁的人在事业上最少得到称颂,有的甚至什么也得不到。这时,对自身的满足成了最重要的因素,他们在早期的工作中获得过赞美,在后期若能急流勇退的话,仍会得到崇敬。对于 40 岁的人来说,需要全神贯注热衷于工作,心境和谐,不企求表扬和喝彩,只求真正行进在成功的道路上。

50 岁:培养接班人①

50～59 岁,疾病增加,工作效率降低,职务受到威胁。这个年龄层次,最重要的是培养接班人。

在事业上,一个领导,他的事业要有人来接替。年长的领导,有意无意,往往会挑选一个合适的青年来接替自己。自己不仅是领导,而且还以导师的身份出现。

他们愿意把多年的工作经验传授给青年,而不是将遗产赠送给下属。他们会把一个风华正茂的青年作为培养对象,把来之不易的经验教训传授给他。

他们从经验教训中得知,选择接班人要谨慎,不然错误的选择将造成严重的后果。他们在五六十岁时都会为培养接班人的问题而操心。

他们的成绩越显赫,其传授经验与秘诀给年轻人的欲望就越强。这样做,对双方都是有利的。

接班人的培养并非一朝一夕的事,培养接班人的艺术也不是一天所能掌握的。

良好的师生关系一旦建立,双方的收益都是可观的。在双方都需要相互尊重的基础上,在无拘无束、富有伸缩性的情况下,会产生意想不到的效果。

最佳接班人究竟是哪一种人? 外表竞争力强的人往往不一定是最合适的人选;相反,那些受到尊重、默默无闻的人才是最适宜的对象。

在培养接班人的问题上,最常见的失误就是,对埋头苦干的助手不重视,把重点放在与自己关系较密的人身上。应该懂得,那些

---

① ［美］史罗里·布洛尼克:《人生的危机》,上海翻译出版社 1990 年版,第 195 页。

关系密切的贴心人虽能使自己快乐,但往往不是一个很好的继承者。培养接班人必须选准对象,防止偏离了人才培养的方向。

60 岁:胸怀大目标者的困扰[①]

60～69 岁,为事业耗尽心血,失落情绪加重,漠视从前取得的成就,觉得内心空空如也。这时,应该停一停做好成果记录,避免自己给自己加的压力过大,否则,还将遇到严重的危机。

胸怀大志的人,他们永远到达不了企盼的终点线。他们为了取得成功,有所造就,坚持不懈。他们总是苛刻地对待自己,不满足于已经取得的胜利果实,追求远大的理想永不停息。他们担心丧失意志,失却对工作的热情。所以,他们老是取消终点线,一直前进不停留。他们总是理直气壮地说:"我不能放慢速度甚至停顿下来,因为前进的终点还很远。"他们以为,一旦止步,自己的努力、多年的教育与积累的经验就会付诸东流。

有些人不断放远自己的目标,从不给自己以喘息的机会,这便是他们的问题所在。有进取心或者是以上述方式使自己永远具有对工作的热忱之心的,长此以往是会发生问题的。研究表明,他们之中 70％都发生了严重的问题。为了投身于今天的工作,他们无视昨天的成就,以至于他们的明天将两手空空。

他们深恐自满于已经取得的成就而止步不前,以至于不敢有任何喘息,计划一个接着一个地安排,这样的话,反倒失却了一个欣赏成绩、勉励自己的机会。从心理学角度看,那些富有上进心与事业心的人,他们的错误就是"情绪失落",即故意压抑自己的情绪。结果,他们会觉得内心空荡无物,成功的痕迹被冲洗得干干净净,他们心头超负荷的小舟已经承受不了施加的压力。

---

① 　[美]史罗里·布洛尼克:《人生的危机》,上海翻译出版社 1990 年版,第 227 页。

　　必须提请注意的是,在实现计划的同时,停一停做好成果记录,将有益于将来取得更辉煌的成就。因为这样做避免了自己给自己施加的压力过大。任何事物都应该有个限度,过度了便会有害无益。

　　对劳动成果进行自我欣赏对一个人今后的事业具有重要的意义。具有强烈上进心的人很不容易体验自己的成功。他们对自己已经作出的功绩持怀疑态度。他们周围的人,有羡慕的也有嫉妒的,无论是谁都不否认他们的丰功伟绩,只有他们自己才是唯一不知真情的人。

　　重温业绩,并在完成计划以后稍停片刻,对自身的价值进行自我鉴赏,便是解决这个问题唯一有效的步骤。

第一章　人生挫折的普遍性与钝感力

第一节　人人在摸索中都要走一段黑暗的路

俗话说："不如意事十之八九。"对于每个人的一生来说，难免遭遇挫折与磨难。可以肯定地说，人人在自己的追求中都会遇到诸如顺逆、成败、荣辱、利害、苦乐及至生死等境况。人人在自己的摸索中都要走一段黑暗的路。

在人生的词汇表上，成功与挫折总是共存。鲁迅曾说："我想，苦痛总是与人生连带的，但也有离开的时候，就是当睡熟之际。"

著名学者冯友兰说："人生中有不如意事，亦有如意事。诸不如意事中，有能以人力避免者（例如一部分之病），有不能以人力避免者（例如死）。诸如意事中，有能以人力得到者（例如读书之乐），有不能以人力得到者（例如腰缠十万贯，骑鹤下扬州）。其不能以人力避免或得到之不如意事或如意事，固为人之所无奈何，即其能以人力避免或得到者,亦有人不能避免或不能得到。"①

人类存在一天,挫折与痛苦就存在一天。世界上不论是谁,在一生中都会遇到挫折与痛苦。挫折与痛苦,都是真实的人生不可避免的组成部分。对待人生的险涛恶浪,明智的态度是:一浪上来让你浮就浮,一涛卷去让你沉就沉。这是没有办法回避的。你所能做的就是,利用浪涛的起伏,奋力游向既定的目标。

在错综复杂的人生道路上,不论什么行业的人,不论什么年龄的人,不论什么学历的人,不论什么职务的人,都难免会遭遇挫折与痛苦。

中国明代地理学家徐霞客从 22 岁开始到 56 岁为止,亲身到十几个省区考察名山大川,遭受了许许多多挫折与痛苦。他为了调查清楚长江和西江的河源,找了三个同伴,携带简单的行李,前往西南地区实地调查。出发不到三天,因忍受不了困难的折磨,一个同伴不辞而别。进发到南宁时,另一个同伴不幸病亡。徐霞客毅然和剩下的唯一同伴继续西征。他们风餐露宿,忍饥耐寒,多次绝粮,条件非常艰苦。当到达云南大理后,连最后一个同伴也离他而去。在这种极度困苦的条件下,徐霞客仍然带病坚持考察。徐霞客就这样坚持进行了 34 年的艰苦野外考察,最终写出了 40 万字的地理著作《徐霞客游记》。他一步一个脚印,沿着陡峭的山崖攀登,终于到达理想的境地。在这个过程之中,他经历了巨大的痛苦和艰辛。

凡是一席好菜,必有酸、甜、苦、辣之味。凡是充实的人生,必有喜、怒、哀、乐的感受。一个心存大志的人,他就能够做到:在酸、甜、苦、辣的滋味中品尝人生,在喜、怒、哀、乐的情绪中理解自己,在挫折逆境中强化意志,在艰难不幸中战胜自我。

---

① 冯友兰:《觉解人生》,浙江人民出版社 1996 年版,第 217 页。

200 多年来,人们都赞叹贝多芬在音乐上取得的巨大成就。我们只要读一读罗曼·罗兰写的《贝多芬传》,就会惊叹于贝多芬挑战不幸命运的勇气。贝多芬因家庭贫困没能上大学,17 岁时又得了伤寒和天花。1796 年,贝多芬 26 岁时,患了耳咽管炎,到 1799 年变成严重的中耳炎,随后成为慢性中耳炎,此后耳聋的程度逐年加重。在这一致命打击下,贝多芬几乎想要结束自己的生命。然而,为艺术而献身的理想最终使他重新鼓起生活的勇气。他以惊人的毅力克服了难以想象的困难,创作了大量音乐作品。有时为了听一下曲子的音响效果,他将木棍的一头咬在嘴里,另一头插在钢琴的琴箱里,通过木棍来感受音乐。贝多芬到 39 岁时耳朵全聋了。"耳聋,对平常人是一部分世界的死灭,对音乐家是整个世界的死灭。整个的世界死灭了而贝多芬不曾死!"

贝多芬的一生在爱情上也屡遭挫折。1801 年,贝多芬 31 岁时爱上了一个伯爵小姐。可小姐的父亲却嫌弃贝多芬出身卑微,硬是拆散了他们。1806 年,贝多芬去匈牙利探望他的朋友弗朗茨。那时,他遇见了弗朗茨的妹妹丹兰莎。由于两人朝夕相处,又有相同的志趣,他们很快就产生了爱情。虽然弗朗茨赞成这桩婚事,可是丹兰莎的家长抗不过社会舆论的压力,婚约又被取消了。

真正的强者,不论遇到什么挫折、痛苦、不幸、失败,也不会在生活的激流里沉溺。贝多芬说:"我要扼住命运的咽喉。它绝不能使我完全屈服!"他坚强地沿着美好的生活目标,走完自己不屈的一生。

贝多芬与命运抗争的一生告诉我们:不管遇到多大的挫折与失败,都不要畏缩和沮丧。正像印度诗人泰戈尔所说的那样:"像一支和顽强的崖口进行搏斗的狂奔的激流,你应该不顾一切纵身跳进你那陌生的、不可知的命运,然后,以大无畏的英勇把它完全征服,不管有多少困难向你挑衅。"

　　法国大作家雨果的命运也是多灾多难的。法国 1848 年革命失败后,拿破仑的侄子路易·波拿巴上台执政。他实行独裁统治三年后又组织政变,准备复辟帝制。这激起了资产阶段左派的强烈反抗。他们秘密集合,坚决反对封建与倒退。在这场斗争中,维克多·雨果是站在最前列的一个。路易·波拿巴恨透了雨果,下了通缉令。1851 年,雨果化装逃出巴黎,从此开始了长达 19 年的流亡生活。在流亡期间,雨果承受了命运风暴的沉重打击。

　　雨果的一生,不幸接连不断。他的长女溺水而亡,另一个女儿不幸早逝,而小女儿在一次痛苦的恋爱之后得了精神病。雨果没有被接二连三的厄运所击倒,创作了《悲惨世界》、《笑面人》等一系列文学作品,为世界文坛增添了许多珍品。

　　那些经历常人难以承受的艰难困苦而始终不屈的人,浑身闪射出强者所特有的崇高光辉。雨果正是这样的人。1885 年,雨果在弥留之际,吟出这么一句完美的诗:“白昼与黑夜,不期而遇,在此战斗。”这句诗概括了他的一生,也涵盖了所有人的一生。

　　人们在生活中经常会出现许多挫折与失败。这些挫折与失败常常具有悲剧性质。人生的成功与超越,往往是在经历了挫折与失败之后取得的。自强不息和开拓进取的人生实践势必会把悲剧抛在一边。雨果的一生告诉我们,人应该怎样去超越历史与人生的限制。

第二节　勇于从苦难之中走出来

　　在现实生活中,向自身的生命极限挑战、充分展现生命价值的事例层出不穷。美国教育家海伦·凯勒便是其中的一个典范。海伦出生后一岁半时,一场猩红热使她高烧不退,昏迷不醒。医生断言,这个可怜的女孩子活不成了。可是她却奇迹般地活了下来,不幸的是这场重病夺去了她的视力和听力,随后又丧失了说话的能力。病魔把她抛入了黑暗而死寂的世界。后来,她竟然学会了读书和说话,并以优秀的成绩从大学毕业,成为一名学识渊博的教育家。

海伦在大学里学习的时候,她所需要的各种教材很少有盲文本的。因此,她在预习功课时,不得不请别人帮助,花费的时间要比别的同学多得多。有时,一点小事也要付出很多的心血,就不免急躁起来。但是不多一会儿,她又冷静下来,振作起精神。海伦说:"一个人要得到真才实学,就要独自攀登那奇山险峰。既然没有一条到达顶峰的平坦大道,我就得走自己的迂回曲折的小路。我滑落过好几次,跌倒,爬不上去,撞着意想不到的障碍就发脾气,接着又制服自己的脾气,然后又向上跋涉。啊!登上了一步,我欢欣鼓舞;再登上一步,我看见了广阔的世界。每次的斗争都是一次胜利。再加一把劲,我就能到达璀璨的云端、蓝天的深处——我希望的顶峰。"①

海伦把自己的一生献给了盲人福利和教育事业。她走遍美国各地和世界许多国家,为盲人学校募集基金。她的善举赢得各国民众的赞扬,并得到许多国家政府的嘉奖。1959 年,联合国曾发起"海伦·凯勒"世界运动。

在厄运与不幸的打击之下,海伦并没有屈服,而是顽强地超越了生命的极限。个人生活中的挫折与不幸,并不只是个人生活的重负,它还将成为个人自我磨炼、自我成长的契机。坚强的人就在这种磨炼和攀登中逐步体悟到个人生命的伟大和庄严,也使自己从内心深处激发对生命本身无限的尊重和敬意,从而活出尊严的人性和独特的人生。

---

①　海伦·凯勒:《我生活的故事》,广播出版社 1981 年版,第 4 页。

　　不管我们愿不愿意承认和接受,成功的人生都始终与挫折结伴而行。现代许多杰出人物的经历都告诉我们,他们全部不是以安逸取胜,无一例外都是从挫折中走向人生的成功。董建华就是一个从败局中走出的东方之子。1969 年,经过留学英国、打工美国、领导家族企业在美分公司业务这些磨炼之后,董建华奉父亲之召,回到香港。回港后,董建华全身心地扑在父亲董浩云的航运事业中。董浩云太喜欢船了,船是他的生命,一有机会,他就买船,扩张船队。然而,在 20 世纪 80 年代初,不顾一切地扩张船队,却犯了商家最大的忌讳:战略失误。当时,世界航运开始出现不景气,董浩云没有认识到形势的变化,没有及时改变战略思想。随着船队的迅速扩张,董浩云的负债急剧上升。1980 年,当董氏收购英国富纳西斯公司之后,其负债与资产比率竟高达 83.3%,已经是高风险投资。后来,当董浩云去世时,人们惊异地发现,在他的账户上,现金遗产只有 250 元港币。董建华接管父亲的航运公司后,巨大的灾难降临了,负债最高时达 28 亿美元。董氏家族被拖进了漩涡之底,董建华成为“超级穷人”。1985 年,董建华的事业似已走到穷途末路。1985 年 9 月,汇丰银行会同中国银行向董建华贷出 1 亿美元的备用贷款,解了他被人起诉的燃眉之急。1986 年 3 月,霍英东伸出援助之手,宣布将注资 1.2 亿美元于董建华的新船上。这对董建华来说,无疑是雪中送炭。

　　20 世纪 80 年代末,世界航运业开始复苏。到 1990 年,董建华的航运公司的亏损额度已下降到 600 多万美元。就在这一年,董建华卖掉英国公司之后,偿清了所有债务。1991 年,公司终于拨云见日,开始盈利,税后盈利 740 多万美元。1994 年,董氏家族真正重见天日。

　　董建华从接手父亲的产业开始,经历了整整 15 年的打拼,终于将一艘“沉船”打捞出海,并迅速恢复了往日的尊严和繁荣。面对曾经的巨大挫折与失败,董建华不无感慨地说:"没有什么困难能战胜一个不服输的人。"

人在事业上的奋斗道路并不总是充满诗意,洒满阳光。车尔尼雪夫斯基说:"历史的道路不是涅瓦大街上的人行道,它完全是在田野中前进的,有时穿过尘埃,有时穿过泥泞,有时横渡沼泽,有时行经丛林。"人生路上,风霜雨雪,备受摔打。人生的强者都是从挫折与失败中走出来的。正是挫折,培育了许多栋梁之材;正是挫折,造就了敢当重任的强者。

人总是很难做到坦然地面对挫折的打击,理智地承受失败的痛苦。中国国内出口额第一的创维集团总裁黄宏生,以自己的人生体验告诉我们:从失败走向成功,是人生与事业的普遍规律。

1972年,黄宏生中学毕业后去海南岛五指山插队落户。1977年,全国恢复高考,黄宏生考进华南理工大学电子系。大学毕业后,黄宏生走进了中电华南进出口公司。不久,他萌发了创业的念头,开始了一条令常人难以理解的人生道路。他组织进料加工积累资本,由于基础薄弱,市场不熟,货品难以出手,连连出现亏损,焦急之中他病了三个月。后来,他筹集到有限的资金在东莞办了一个电子企业,生产彩电遥控器,又由于技术失误而失败。接着,他与飞利浦合作开发一种新产品,由于种种原因,损失了500多万元港币。黄宏生接二连三遭受惨败,巨大的债务令他绝望。他曾去跳海,想一死了之,却没被淹死。

黄宏生正视失败,总结教训,尽快站起来,再前进。

1988年,他在香港成立了创维电视技术研究中心,刘小榕等一批来自美国、欧洲、日本、香港和内地的优秀技术人才源源不断地加盟。

1991年,黄宏生又吸引了香港许多具有丰富实践经验的有才之士,开始彩电研究和开发。功夫不负有心人。9个月以后,创维推出了新型彩电。产品在德国展览期间，出人意料地获得 2 万台订单，黄宏生终于得以还债翻身。

1999 年，黄宏生提出了"品牌全球化，市场多元化"的经营策略，沿着"开发在美国，生产在深圳，营销面向全球"的发展模式去运营。

在经历了 10 多年的拼搏之后，黄宏生的创维已经拥有 85 个国家的 3000 多个全球经销商。黄宏生表示，要用世界一流的技术推进中国彩电数字化进程。

黄宏生在总结自己的创业经验时说："不管你多优秀，你仍有可能遇到失败。而只有具备百折不挠的精神，经得起挫折与失败，才能最终看到胜利的曙光。一个人的胸怀越大，他所干的事业往往也越大。"

世界上有许多事情我们是无能为力的，但有许多事情我们是可以通过主观努力加以改变的。一个人出生和生活在何种环境之中，是无法选择的。有时候，一个人所面临的环境是异常险恶的。一个胸怀大志的人，即使身处十分不利的客观环境，也绝不会坐以待毙。那些经受得住挫折考验，披荆斩棘、含辛茹苦的人，才有可能获得真正的成功。

韩美林是中国著名画家。他的动物画堪称一绝。他创作的那些石虎、铜牛、钢马足以说明中国当代艺术之伟大。

艺术是什么？艺术就是通过具体的形象表现出人的精神面貌。我们可以发现，在韩美林的一些动物艺术作品中，表现出一种顽强不屈的精神。这些作品可以视为韩美林曾经的苦难生活的投影。

"文化大革命"开始不久，与"三家村"有牵连的韩美林便掉入了苦海，时间长达 20 多年。他先是被批斗，接着又被投入监狱。韩美林亲身体验着地狱之苦。也许今天的人无法理解他有过这样的经历:在极度饥饿的状态下,韩美林吃下了别人扔掉的、爬满苍蝇的 5 个包子皮。①

经历过大灾大难的磨砺而顶住压力的人,他们都有着一种超强的承受力和惊人的意志力,没有任何苦难能够动摇他们。

韩美林说:"20 多年后的今天,这 5 个包子皮在我身上产生了多大能量? 它成就了我多少事业? 壮了我多少胆?! 它让我成了一条顶天立地的好汉,它练就了我一身铮铮铁骨,它让我悟出了人生最最深邃的活着的真理。我虽然沉入了这无边的人生苦海,我却摸到了做人的真谛。"

人的本质力量总是在与现实困境阻遏的抗争中得到提高和发展的。人在一生中常常被挫折与痛苦包围。成功的出现伴随着艰辛的汗水和煎熬的泪迹。艰难的奋斗历程给予了人们厚实的人生感悟。在人类历史上,人们在遭遇挫折与痛苦的时候,由于缺乏坚韧和毅力而溃退,造成了无数个放弃理想而失败的墓碑。只有那些临挫不惧、遇挫奋起、超越挫折的人,才能绝处逢生,否极泰来。

受过大苦大难的韩美林才能悟出这种人生的真谛,他说:"你们可知道什么是一条汉子吗? 我说,一个多么高多么大的男子汉,就要有多么高多么大的支撑架。但这个支撑架全部是由苦难、羞辱、辛酸、失落、空虚与孤独组合起来的。"

"你得忍无可忍地再再忍,难舍难分地再再舍,我有女儿见不到,我有家庭聚不成,七情六欲被艺术事业夺了个精光,十全十美理想被中伤得缺腿少胳膊。"

"你知道,当一个男子汉是个什么形象吗? 就是那只压在床底垫着床脚鼓着气、瞪着眼而不死的癞蛤蟆。十八层地狱,是锻炼汉子的最高学府。我是从那里来的!"

---

①　韩美林:《我的艺术与人生》,浙江在线新闻网站,2005 年 4 月 10 日。

　　一个人如果能够在苦难与屈辱中不倒下,那么,他的成功将会成为一种必然。

　　韩美林的人生几多波折,受尽折磨,他从苦难之中走出来,全力投入了艺术作品的创作。他每天早上6时起床,一天工作18个小时,不管多忙,每天都坚持画画。由于过度劳累,引起心肌梗死,2001年他做了一次心脏搭桥手术,得到了万分之一的生还机会。只要活着,还有一口气,他照样沉下心来,孕育他的作品。韩美林勤奋多产,涉猎广泛,在绘画、书法、雕塑、布艺等诸多领域皆有所建树。除了广为人知的"福娃"外,他的代表作还有中国国际航空公司的凤凰标志。他自豪的是自己所创作的上万件作品,没有一件诉苦,没有一件悲观。中国美院李梅教授这样评价:"韩美林的作品全都是引导人们积极审美的。"

　　成功者的首要标志,在于他的心态。一个人如果有积极的心态,勇敢地接受挫折的挑战,乐观地面对人生的磨难,那么他首先就成功了一半。

　　有人说:"环境决定了我的人生位置。周围的环境无法改变。"这样说,有一部分是对的,但不是全部对。纳粹德国奥斯维辛集中营中一位幸存者维克多·弗兰克说过:"在任何特定的环境中,人们还有一种最后的自由,就是选择自己的态度。"

　　我们怎样对待生活,生活就会怎样对待我们。我们在人生征途中的心态,决定了我们最后将有多大的成功。心态,比任何其他因素都重要。虽然我们不能左右客观环境,但是,心理环境完全可以由我们自己的态度来创造。当然,积极的心态不等同于事业的成功。但积极的心态肯定会有助于超越挫折、驱除痛苦、追求目标,直至取得最后的成功。

　　生活告诉我们:泄气不如争气,放弃不如努力,消极不如积极。如果人生遭遇了挫折,那不是命运的不公,而是成功对你的考验;

如果失败来到了面前,那不是希望的断送,而是胜利在向你呼唤;如果磨难挡住了你的去路,那不是机会的丧失,而是幸运可能在突破中来临。

这一切决定于人的心态!

面临挫折与苦难,最重要的是要克服消极的心态,形成积极的心态。

一个人面临挫折与痛苦,心理上不要太敏感。应该把它视为一件平常的事。人类之所以能够生存下去,就因为没有在无穷无尽的挫折与痛苦面前退却。人类中那些成大器者,无一不在痛苦中浸泡,在劳累中煎熬。吃苦耐劳,是精彩人生的基本功。有了这种心态,你就能够以不变应万变。如果把你放到冰山,你就是一朵雪莲;如果把你放到大漠,你就是一棵红柳。

第三节　渡边淳一博士谈人生钝感力

我读过日本渡边淳一写的《钝感力》一书,颇受启发。渡边淳一说:"一个人谨小慎微,凡事看得过重的自寻烦恼的时代,应该宣告终结了。钝感虽然有时给人以迟钝、木讷的负面印象,但钝感力却是我们赢得美好生活的手段和智慧。"①

渡边淳一以超越世俗的眼光,对"敏感"与"钝感"进行了对比分析,智慧地揭示出"钝感"的优越之处,对人们如何面对挫折与磨难有莫大的启示和帮助。

通观《钝感力》一书,以下论述给我留下了深刻的印象:

第一,在各行各业中取得成功的人们,当然拥有才能,但在他

---

① 　[日]渡边淳一:《钝感力》,上海人民出版社 2007 年版,中文版序。

们的才能背后,一定隐藏着有益的钝感力。①

人们能否成功,不完全取决于才能。也就是说有才能的人并不一定就能成功。

在文坛上,非要举出什么是成功的必要条件的话,那就是有益的钝感力。毋庸赘言,其前提是需要有一定的才华,而能让才华经过磨炼熠熠生辉的,正是坚韧的钝感力。

钝感就是一种才能,一种能让人的才华开花结果、发扬光大的力量。

第二,做事不要总是思前想后,即使别人说些不中听的话,听完就马上抛到脑后。这种有益的钝感,与精神上的安定和保持心情愉快密不可分。②

对健康而言,最为重要的就是让自己全身的血液总是能够顺畅地流淌。

为此,需要让全身的血管一直处于舒张状态。控制血管的神经叫做自律神经,尽量避免刺激自律神经,让其总是保持一种放松的状态。不管遭到怎样的训斥,都能保持绝妙的钝感,是保证血液畅通无阻、常保健康的重要原因。

第三,自律神经,其中包括交感神经和副交感神经,两者起着相反的作用。随着紧张、烦躁、不安等情绪的不断加剧,交感神经会使人的血管变窄,血压升高。副交感神经的作用正好相反,可以使血管扩张,情绪放松,血压降低。③

人高兴、舒服的时候,神清气爽、开怀大笑,或处于温暖的环境等等,交感神经处于平和、松弛的状态之中,能使血管舒张。保持

① 〔日〕渡边淳一:《钝感力》,上海人民出版社 2007 年版,第 3 页。
② 〔日〕渡边淳一:《钝感力》,上海人民出版社 2007 年版,第 13 页。
③ 〔日〕渡边淳一:《钝感力》,上海人民出版社 2007 年版,第 21 页。

开朗、放松的心态,这是让血液循环畅通的最佳方法。

第四,在恋爱方面,钝感力也是必不可缺的。特别是当男人追求女人的时候,钝感可以成为一种有力的武器,若再加上诚实,则更如虎添翼。[①]

恋爱首先是心灵之间的相互碰撞,其中并不一定有什么理论和道理可言。

男人和女人从根本上就是不同的生物,尤其肉体的原点完全相异。这些差距,不是通过语言上的交谈就能解决的。那么,究竟应该怎样做才对呢? 这里最为关键的就是钝感力。

女人本身就是一种善于逃跑的动物。如何才能不紧不慢、张弛有序地接近对方呢? 钝感力正是耐性的动力所在。

仅被女性拒绝了一次,大多数男人就以为自己没戏了,从而放弃追求。这时需要的就是,即使一而再、再而三地被女性拒绝,也决不灰心丧气的精神。即使进展得不顺利,也能忍受且继续追求。只有拥有这种钝感力的男人,才能赢得最后的胜利。

第五,男女双方无论是生长环境、兴趣爱好,还是个人教养、价值观等不可能完全相同,然而结婚,就是男女在共同的狭小的家中生活。[②]

爱的热情在岁月流逝中不断消失,以前能够容忍的,现在不仅不能容忍,还会变成怒火,一触即发。

多数夫妻,都是在相互容忍中生活的,有时争吵两句,有时改正错误,有时相互妥协。

于是此时,钝感力就变得十分重要了。

结婚时间一长,夫妻双方都不该在某些地方过于在意,应该更

---

① [日]渡边淳一:《钝感力》,上海人民出版社 2007 年版,第 69 页。

② [日]渡边淳一:《钝感力》,上海人民出版社 2007 年版,第 83 页。

不拘小节一些才对。当然,即使如此,有时因一时火起,两个人也会吵起架来。但若双方都是不太在乎的钝感之人,问题应该不会搞得不可收拾。

从某一方面来看,结婚生活就是一条漫长的容忍之路。而在夫妻双方相互容忍的背后,是出色的钝感力一直在支持和守护着他们。

第六,不易患癌症的基础正是钝感力。因此,如果能够重视这个问题,从整体上发挥自己的钝感力,不拘小节、悠闲自在地生活的话,在一定程度上就可以达到预防癌症的目的。①

如果不幸患上了癌症,钝感力也极为有效。同是癌症患者,性格开朗乐观、态度积极、战胜病魔欲望强的患者,癌症治愈率相对就高。相反,一些胆小的、认为自己没救了的患者,由于气馁,所以情绪十分低落,越是那样,治愈率就越低。

即使运气不错,癌症治好之后,钝感力仍然十分重要。应该坚信自己的癌症已经好了。不要一天到晚惶惶不可终日,假如条件允许,应该尽量工作,在繁忙的工作中把癌症忘掉。这时钝感力又变得非常重要。有益的钝感,可以令人忘掉那些讨厌而郁闷的事情,凡事乐观开朗,积极向前地生活下去。

从癌症的预防到治疗,以及治愈之后回归社会,在所有阶段,重要的就是保持良好的心态,也就是所谓的钝感力。

第七,不论是精神上还是肉体上,多数人都认为女性敏感,但事实是否果真如此呢?女性外表虽然纤细柔和,看上去比较娇弱,其实身体却可能十分刚强、坚韧。②

女性在相当程度上具有不怕出血、不怕寒冷、不怕疼痛的特

---

① 〔日〕渡边淳一:《钝感力》,上海人民出版社 2007 年版,第 92 页。
② 〔日〕渡边淳一:《钝感力》,上海人民出版社 2007 年版,第 99 页。

征。这些都是造物主单独赋予女性的能力。

正是因为女性的这种强大,人类才能诞生;也正因为如此出色的钝感,人类才不会轻易灭亡。

第八,在我们身边,会经常发生被朋友或同事嫉妒、中伤和刁难的事情。在这种情况下,人们最为需要的就是钝感力。只要拥有钝感力,不管多么痛苦的事情,都能够转化成为对自己有利的因素,这样才有可能坦然地以积极进取的态度生活下去。①

任何事情都应灵活地从积极的方面进行思考。而钝感力就是这种思维方式的动力。

不要听到一些不中听的话就如临大敌,而应该仔细思考对方那么说的原因,体察对方的心情。

这种胸怀宽广的钝感力,可以在我们的日常生活中起到极大的作用。

第九,能够针对外界的各种变化,及时调整身心状态,很快适应环境,我们一般把这种能力称为"适应环境的能力"。这种能力不仅包括适应外界气温与气压变化,而且也包括适应人际关系、社会状况的能力。②

在如今这个国际化的时代里,无论到哪个国家,无论处于怎样的环境之中,适应能力出色的人都能精神饱满地生活下去。

这种适应环境能力的原点就是钝感力。

凡有宏图大志,希望能在更广阔的天地中成就一番事业的人,都应该首先确认一下自己的钝感力,认为有的话,就要倍加珍惜;觉得自己缺乏钝感力,就要加紧培养。

拥有更加坚强的钝感力,才能融入各种环境当中。

---

① 　[日]渡边淳一:《钝感力》,上海人民出版社 2007 年版,第 117 页。

② 　[日]渡边淳一:《钝感力》,上海人民出版社 2007 年版,第 152 页。

第十,母爱集钝感力之大成。孩子生下以后,母亲对亲生孩子会进行各种各样的照顾。[①]

在育儿过程中,美好的事情、辛苦的事情、郁闷的事情、讨厌的事情等等,可以说数不胜数。

例如,亲自给婴儿喂奶就是其中之一。在给婴儿喂奶的时候,母亲敞开胸膛,露出自己的乳房,让孩子将乳头含在嘴里。在这种时刻,母亲只会为自己的行为感到欣喜,几乎没有什么羞涩或难为情的感觉。

母亲的这种行为,正是一种钝感力的表现。换言之,没有钝感力的话,是绝对做不到的。作为母亲的自信和自觉,使女性掌握了钝感力。

经过分娩的疼痛从自己肚子里生出来的孩子,做什么事都让母亲觉得可爱,亦可原谅。

这种可以原谅一切的情感,正是产生钝感力的原点。

生过孩子的女性和没有生过孩子的女性,以及没有自己孩子的男性,这三者拥有的钝感力存在着决定性的差距,这些差距将会对这三者今后的生活方式产生巨大的影响。

渡边淳一,1958 年毕业于札幌医科大学,医学博士。他行医多年,后弃医从文,开始文学创作,现为日本当代著名作家。

"钝感力"是一种内涵非常丰富的人生智慧。渡边淳一原是一位医生,他常常从医学的角度,论述"钝感力"对于为人处世的极端重要性。他又是一位作家,字里行间充满机智与幽默。

渡边淳一关于"钝感力"的论述,涉及事业、健康、恋爱、婚姻、人际关系等诸多方面。在很大的程度上,"钝感力"与"抗挫力"相关。"钝感"不是单纯的迟钝,而是面临挫折,排除干扰,勇往直前。

---

① 　[日]渡边淳一:《钝感力》,上海人民出版社 2007 年版,第 155 页。

"钝感力"是身处逆境、遭遇挫折,仍充满希望、奋力前行的执著精神。在很多成功人物的言行中,都表现了惊人的"钝感力"。"钝感力"的可贵之处在于,它用开朗的心胸、大度的情怀快速解脱自我、走出困境,以挫折、失败为动力源,不放弃,不抛弃,在积极的努力中积蓄能量,创造收获自我的机会。

第三章　大学生的常见挫折与挫折效应

第一节　大学阶段是挫折频繁发生的时期

在激烈的竞争中脱颖而出的高考胜利者,带着成功的喜悦走进了大学校园。大学阶段是人生发展的重要转折时期,也是挫折频繁发生的时期。

大学生正处在认识自我、思考人生的年龄。大学生的年龄一般为 18 岁至 22 岁,正处于人生成长的特殊发展阶段。这一阶段,有三个明显的变化:一是环境的变化。上大学前,多数学生在家长的精心呵护下成长和生活,对家长存有很大的依赖性。进大学后,离开了熟悉的家庭环境,所见的人和环境都是陌生的,一切都要自己独立地思考和行动,一时难以适应。二是生理的变化。此阶段,大学生的生理活动处于旺盛状态,体内的内分泌发生变化,生理上已经逐步发育成熟。进入青年期之后,随着性生理的剧烈变化,每个人都希望自己能对异性产生更大的吸引力,在男女接触方面会出现各种各样的烦恼与焦虑。三是心理的变化。大学生正处于人生的"多事之秋"。青年期是心理活动最复杂多变，心理矛盾和心理冲突最强烈的时期，成熟与稚嫩、独立与依赖、自尊与自卑、理智与冲动、理想与现实等矛盾交织在一起，使大学生常常处于情感的波涛之中。相当一部分大学生的心理素质适应不了人生这一发展需要，内心敏感而又脆弱，极易受到伤害，常常体验到强烈的挫折感。

大学校园不是风平浪静的港湾，学习的紧张、竞争的激烈、人际交往的矛盾、情感活动的纠葛等等，都会使一些大学生遭受挫折。

大学生涉世不深，在相对比较优越的环境中成长，成就感强，绝大多数大学生没有经历过人生大风大浪的洗礼，对可能遭遇的种种挫折缺乏心理准备，对挫折的承受能力和应对能力都比较弱。一旦遭受挫折，常常会引起相当剧烈的反应。

什么是挫折？从心理学的角度看，挫折是指人们在某种动机的推动下，在实现目标的活动中，遇到了难以克服或自以为是无法克服的障碍和干扰，使其需要或动机不能获得满足时所产生的消极的情绪反应。

随着社会的发展，人们的生活质量逐渐提高，新的需求也不断产生。人们各有需求，也就互有竞争，于是，出现挫折是必然的。挫折的概念有广义和狭义之分。广义的挫折，泛指一切能够引起人们精神紧张、情绪苦恼和心理变化的刺激性生活事件。狭义的挫折，专指有目的的活动受到阻碍而产生的消极情绪反应。

人们通常所说的挫折，在结构上包括两方面内容：一是挫折情境，即阻碍个体实现目标、满足需求的情境和事物，也称挫折源；二是挫折感受，即指个体由于面临挫折情境而产生的心理感受和情绪状态等。

　　挫折情境又包含两种状况:一是实际挫折,即个体客观上遭受的实际挫折;二是想象挫折,即个体主观上预期的想象挫折。

　　研究和实践都发现,实际挫折对人的影响是有形有限、可以估量的;而想象挫折的影响,则往往是无形无限的、难以估量的,它会随着人们的想象发生泛化,无限扩大,大得可以覆盖一切、吞噬一切。所以说,主观想象的挫折往往比人们实际遭受的挫折更为可怕。因此,端正对挫折的认知就具有重要的意义。

　　挫折情境与挫折反应的关系是通过挫折认知来确定的。挫折反应的性质及程度,主要取决于挫折认知。不同的人,处于同样一种挫折情境中受到强度相同的挫折时,由于挫折认知的不同所产生的挫折反应也不相同。

　　世界卫生组织、我国卫生部、浙江省卫生厅花了五年时间,在浙江省做了一次精神卫生调查。全省接受抽样调查的共有 1.5 万人。被调查者主要分为五个年龄段:15～19 岁;20～29 岁;30～39 岁;40～49 岁;50～59 岁。

　　在上述五个年龄段中,40～49 岁年龄段的人精神疾病患病率最高。此结果显示,中年人活得很累,他们上有老、下有小,社会负担重,工作压力相对也较大。

　　另一个值得注意的数据是:在 15～19 岁的青少年中,23.2%的人心理情况属于"高危"。心理"高危"的青少年中,有自杀念头的达到了 9.4%。

　　青少年开始接触人生重要课题,遭遇了许多困难与挫折,加上认知等方面的偏差,出现了很多心理问题。[①]

　　国内外专家研究的结果显示,在人生的各个时期,比较而言,青年时期是一生中情绪起伏最剧烈、情感体验最深刻的时期。在

------

　　①　参见《杭州日报》2006 年 3 月 28 日第 5 版。

青年期,遇到了众多人生重大课题,如学业、交往、爱情、就业等。大学生正处于人生发展阶段的青年期中后期,他们遇到的挫折常常与自我期望、自我认识、性心理、自信程度等有关。

美国社会学家戴维·莱文森认为,一半以上的年轻人在18岁到25岁期间都会遇到人生重大挫折,这些挫折包括失恋、就业不如意等。

美国心理学家黛丽·阿普特,曾对600名年龄在18岁到25岁的年轻人进行了跟踪调查,结果显示,有50%的人在受到重大挫折后认为自己可能永远无法达到目标,自信心受到很大的打击。

第二节 大学生常见的心理挫折

据我们观察,在校青年大学生常常会遇到种种心理挫折。大学生的心理问题在不同阶段表现的突出问题有所不同。一般而言,大一学生的突出问题是适应问题;大二学生的突出问题是人际交往问题;大三学生的突出问题是恋爱与情感问题;大四学生的突出问题是就业问题。有些问题在某一阶段可能同时存在,有的问题在各个阶段可能都存在,甚至延续到大学毕业之后。

一、适应问题

大学是一个不同于中学的新的成长环境。大学生,特别是低年级学生,面临着大量的适应问题。在经济来源、生活习惯、专业学习等方面经常会遇到各种各样的挫折。

大多数大学生在校学习期间的经济来源主要依赖父母。由于角色和环境的改变,大学生的经济开支大大多于中学生。不少大学生在经济上的压力很大,比如,学习消费、生活消费、设备消费,还有生日消费、恋爱消费、美丽消费、冲动消费等。许多同学寅吃卯粮,加入了"月光族",一个学期下来也就成了一个"负翁",只有极少部分同学可称为"理财高手"。

根据学生调查,追求时尚和名牌商品是大学生消费的共同特点,这其中最突出的表现就是追求高科技新产品。有一个班级,几乎所有的学生拥有手机,90％的学生拥有 MP3,有些学生还拥有数码相机、电脑等高端电子产品。大学生尤其是大学女生在发型、服装、饰物、生活用品上追求潮流,像兰蔻、雅诗兰黛、艾格、Only 这些白领才消费的品牌也逐渐在大学女生群体中扩散。有些同学为了拥有一款最流行的手机,情愿节衣缩食,甚至牺牲自己的其他必要开支。这些都反映出一些同学不懂得量入而出,在虚荣心的驱使下形成了无休止的盲目攀比心理。①

许多同学进入大学后,在生活习惯上感到不适应。现在的大学生独生子女居多。过去在家里,为了让子女集中精力学习,生活上的许多事情父母都给包办了。现在远离父母,生活上的一切事情都得自己独立完成,有些大学生感到苦不堪言。

一些来自城市的独生子女,初次离家,对家的想念没有一刻忘怀过。一个月中因想家而郁闷半个月的大有人在。据调查,大一学生非常想家的占 33％,一般的占 52％,不怎么想的占 11％,不想的仅占 4％。有些同学在学习上接受能力很强,但在生活上独立处理事务的能力很差。从过去依赖家长过渡到现在独立自主,由于存在实践空白,让他们难以很快适应。②

专业学习上一个突出的问题就是自卑。自卑感是大学生中具有普遍性的问题。大学生都比较优秀,为什么还自卑呢?这主要是由于期望值过高,对自己、对周围环境的期望过高,出现了期望

①　据浙江财经学院 07 汉语言文学 2 班李丽调查
②　据浙江财经学院 07 汉语言文学 1 班陈益、徐璐等调查。

挫折。

在校大学生,过去在中学里都是佼佼者,鹤立鸡群,众星拱月,拥有一种强烈的优越感。许多大学生都有一个心理定势:在大学里我也要成为最棒的!永远要成为鸡中之鹤!可是,大学的环境与中学的环境不同。大学里高手云集,好汉如林。再说,在同一个班里,"最棒的"总是少数。于是,许多大学生就承受不了,产生了自卑情绪,出现了期望挫折。

自卑的产生,与比较不当也有关系。比较有三种方法:一是平行比较;二是上行比较;三是下行比较。大学生由于知识和社会地位层次较高,往往倾向于同高处比,这是上行比较。与同类人相比,这是平行比较。与不如自己的人相比,这是下行比较。一个人如果彻底排除和拒绝进行平行比较和下行比较,对自己的要求太苛刻,往往会自己击败自己,自己毁灭自己。

一个人如果一味地同高处比,而自己的条件又不具备,就必然会使自己的价值感和幸福感降低。所以,作为一个理智的人,一方面要腾飞进取、振翅高翔,另一方面也要面对现实、期望适度。许多大学生往往期望过高,于是出现期望挫折,就会感到自卑。

青年时期,都是处在现实的我与理想的我的矛盾之中。每个人都发生着自我分裂,即自信与自卑、希望与绝望的矛盾存在一身,这就要求统一。统一有两种,一是积极的统一,二是消极的统一。积极的统一的过程就是自我强化的过程,即把自卑统一到自信,把绝望统一到希望。

二、人际交往问题

人不能离群索居,不能只活动在个人小天地里。人是群居的高等动物。人们在工作、学习、生活中,必然需要相互交往。人际交往中,会发生各种各样的情况。

人们交往中最好的情况是亲密型。俗话说:"至亲莫如父母,至爱莫如夫妻,至交莫如知己。"世上大概只有这几种关系,才是亲密型。父母与子女之间,有血缘之亲,养育之恩,这种亲密程度,是无以复加的。夫妻之间耳鬓厮磨,生死与共,结伴共度生命全程,这是最为亲密的。知交密友,互相理解,心心相印,这种亲密是人生的财富。

比亲密型次一等的是团结型。人与人之间态度友好,感情融洽,配合默契,协作共事。这种情况应该说是相当不错的,在生活中也是比较普遍的。

比团结型次一等的是和睦型。所谓和睦就是相互合得来,没有闹矛盾。虽然不是团结得很紧,却能相安无事。人与人之间既不是十分融洽友好,但也没有明显的矛盾纠纷。

比和睦型次一等的是维持型。维持型是保持一定的联系,但关系比较一般。人与人之间虽然有矛盾,有摩擦,但矛盾没有激化。

比维持型次一等的是冲突型。冲突型是指人与人之间经常发生矛盾,发生冲突,不能维持正常的联系。冲突型使人与人的关系处于紧张状态,影响学习和工作。由于心理紧张,对心理健康也会产生不良影响。

人与人的交往,是知识、能力和思想的整体作用,哪一方面的欠缺都会影响交往的质量。有的人知识很丰富,但能力和思想有缺陷,最终导致交往失败。

人们得以生存发展的一个主要条件是人与人之间能够进行正常的交往,建立各种关系。人际交往不仅是一个人生存发展的需要,而且是保持心理健康的需要。如果一个人交往的需要得不到满足,甚至出现障碍,情绪就会低落,心理产生不平衡,导致身心疾病。如果一个人交往的需要被伤害,势必产生十分恶劣的后果,甚至会酿成人生的悲剧。

　　1997 年 11 月 5 日,到美国刚刚两个月的中国留学生葛海雷在哈佛大学图书馆四楼坠楼自杀,在美国和中国教育界引起很大的震动。27 岁的葛海雷是家中独子,1992 年毕业于北京大学计算机系,在同届 90 多名同学中成绩名列第三。毕业后在著名的四通公司工作过五年。他以优异的成绩被哈佛大学博士班录取,有全额奖学金。葛海雷既无经济压力,又无感情方面的压力,他为什么自杀呢？据同在哈佛留学的中国学生分析,葛海雷的导师曾找他谈研究近况,表示不太满意。葛海雷在国内时学习和工作一帆风顺,处处领先,常常受到赞扬,没有想到哈佛的导师对他不予肯定。他感到非常没面子,甚至感到没有前途。由于葛海雷在与导师的交往中出现冲突,关系紧张,精神上感到极端痛苦,不幸走上了绝路。

　　中国高校学生在交往中遭受挫折较为普遍,这与中国的教育体制有关。中国教育,从幼儿园开始,到小学、中学、大学,直到研究生教育,一以贯之的是应试教育。应试教育特别看重分数,心理素质成为应试教育的盲区。在应试教育中,学生升入高一级的学校,主要通过考试,以分数论成败。因此,中国高校学生在价值观的取向上有分数绝对化的倾向,他们习惯于个体学习,人际交往能力普遍较差。葛海雷的心理缺陷,根源在于应试教育。他在交往中稍微遇挫,整个精神即被击溃。

三、恋爱与情感问题

　　伴随着青春的脚步,爱情悄悄地降临到大学生身上。爱情激动着一颗颗年轻的心,也留下了无数令人痛惜和酸楚的爱情悲剧。年轻人的心常常是大雾弥漫的,有时候会看不清自己感情的港湾究竟在哪里。所以,法国大作家巴尔扎克曾说:"爱情是人生最难的学校。"

真正的爱情把理性与非理性、本能与精神美结合在一起,表现为一种稳健的、有理智控制的感情。但是,有些大学生带着浓烈的性冲动因素,狂热迷恋,头脑发昏,受情欲本能的摆布,做出轻率愚蠢的举动。所以,中国著名作家丁玲告诫年轻人:"恋爱是火,火是不能随便玩的。"

由于生理的发育和情感的需要,加上社会环境的影响,处于恋爱中的大学生还是越来越多。但大学生恋爱的成功率不高,据抽样调查统计,大学生谈恋爱的成功率仅为 30%。其余 70%恋爱中的大学生都将遭受失恋的打击,而失恋的打击,对大学生来说是一种严重的挫折。

一个人一生中最重要的事情是什么? 除了事业,就是婚姻。婚姻涉及一个人一生中最重要的人和最重要的事。可是,决策这件重大事情的时间,往往是在一个人心理上还不十分成熟的时候。一个还不太成熟的人去决策一生中最重要的事,有可能会造成很多失误。所以,不少大学生饱受失恋之苦,陷入情感的漩涡不能自拔,严重的甚至痛不欲生。

失恋是恋爱过程的中断,在客观上表现为与相爱者的分离;在主观上表现为失恋者体验到忧郁、悲伤、虚无、绝望等创伤性情绪,在行动上多表现为冷漠、颓丧、烦躁、攻击等。有一位男生向一位女生求爱,女生不答应。男生十分沮丧,他想起了一句话:"男人最怕女人的眼泪,女人最怕男人的下跪。"他想到这儿,就扑通一声跪在女生的面前。没有料到,那位女生还是不答应。结果,这个男生用刀子捅自己的肚子,捅了好几刀,鲜血直流,被送到医院抢救。

资料显示,大学生中的自杀者,75%以上是由失恋、情感受挫、心灰意冷造成的。有的研究生心理承受能力也很脆弱,情感受挫以后也出了问题。1999 年 11 月 4 日深夜,上海一名女研究生因婚姻问题遭受挫折,从学校主楼第 18 层顶层跳楼身亡。

恋爱的过程中,并非都是一帆风顺的。恋人双方观点不同是常有的,如果处理不当,则会酿成大祸。四川绵阳某大学学生杨蜀国和绵阳师范学院女生小苏谈恋爱,因出现意见分歧,女生提出分手。杨蜀国接受不了,认为自己的情感遭受严重打击,产生了怨恨情绪和自暴自弃的想法。2006 年 3 月 31 日,杨蜀国约女友小苏到校外投宿旅馆,在女友熟睡后,杨蜀国用铁锤猛砸女友的头部,然后又用双手卡住女友的脖子,致使该女生窒息而死。经法院审理,杨蜀国被判处死刑。

湖南理工学院数学系大三学生龙苏民与本校管理系大三女生齐靖谈恋爱。齐靖这位女孩子非常优秀,入学前是村里唯一考上县一中的"女状元",是当地村民教育子女时的一个榜样。进入大学后,齐靖表现得很出色,可以称得上是一位"很完美的女生"。而男生龙苏民进大学以后,曾先后两次受过学校的处分,还得了一种很难治愈的病,承受着多重心理压力。他疯狂地追求齐靖,又怕自己因条件悬殊得不到,内心产生剧烈的冲突,结果走上了极端的道路。2006 年 7 月 27 日,龙苏民约齐靖一起住到一家私人旅馆,这个热恋中的男生竟丧心病狂地在女友身上砍了 76 刀,然后他自己喝下两瓶农药,一对大学恋人就这样双双丧命。

恋爱是甜蜜的,失恋是痛苦的。丘比特神箭给恋人们带来这两种完全不同的心理体验。大学生中情感受挫的问题十分突出。大学生遭受挫折的原因之中,发生率最高的是人际交往问题,而伤害最大的是情感受挫。情感挫折被认为是人生的一种严重挫折。

爱情,这个迷人的字眼,古往今来吸引着、激荡着一代又一代年轻人的心。它能使人快乐、向上、奋发、幸福,也可能给人带来痛苦、颓唐、消沉、不幸。爱情赐予不同人生的命运就是这样迥然相异。

　　失恋犹如观看晚霞,有时人们未及饱览,夜幕就匆匆降临。这时最好把一切即逝的美景藏于记忆深处。是遗憾吗? 当然。然而,以超然的心境站在审美的高度来反观这场遗憾时,也不乏一种曾经拥有的满足。许多失恋者往往看不到这种悲凉里蕴藏着的美丽,从而深深陷入痛苦的泥潭。

　　男女大学生之间曾经恋爱的时间越长,对恋爱关系的感情投入越多,失恋所产生的伤害就越大。一个人面对生活中的"重要的丧失",势必对心理健康产生巨大的影响。心理学中所谓"丧失",是指所看重的人和事或关系的失去,所谓"重要的丧失",是指重要人际关系包括亲人的失去。对大学生来讲,重要的人际关系除包括与家庭和亲人之间的关系以外,最重要的就是恋爱关系了。这种丧失一般都会产生强烈的情绪反应,从而在情感生活中留下深深的印记。大学生对恋爱关系的看重与其他亲密关系相比更加突出。这使得他们对恋爱关系的看重甚至超出了对与父母之间感情的看重。因此,恋爱关系是不能由其他亲情、友情所代替的。一旦这种恋爱关系出现挫折,对大学生的情绪影响是非常强烈的。所以,在大学校园里,常常出现相爱不成反成仇的惨剧。

四、就业问题

　　随着我国经济的快速发展,就业工作也取得了明显的成效,但就业的形势依然较为严峻。

　　自 1999 年以来,我国高等教育的发展规模以前所未有的速度快速扩大,高等教育已经步入大众化时代。从 2001 年起,高校毕业生的人数每年大幅上升。近年来,每年以 20%～30% 的速度增长。

　　就业弹性系数理论认为,经济每增长一个百分点,可提供约

80万个就业岗位。如果今后中国经济继续以7%以上的速度增长,每年可以新增就业岗位560万个以上。这么多的就业岗位看似可以满足每年大学毕业生的就业需求,但现实情况并非如此,大学生就业形势不容乐观。为什么? 因为每年的求职人员除了快速增长的大学毕业生,还有大批城乡适龄就业人员加入。特别是近年来,城市化进程加快,大批农村劳动力进入城市,需要就业的人员大幅增加。于是出现了这种现象,大学生的就业高峰与全社会的就业高峰重叠,增加了大学生的就业压力。

香港《南华早报》曾发表一篇文章,题目是《大陆劳动力市场错位严重》[①]。文章说,中国劳动力市场的一个突出矛盾就是:廉价劳动力不足,而受过高等教育的人却过剩。2006年,全国高校毕业生总人数达到413万人。这一年全国需要的高校毕业生比2005年减少22%,但应届毕业生人数却比上年增加了22%。这篇文章指出,中国大陆高校毕业生就业的总体形势不容乐观。

目前,高等学校毕业生就业压力大是一个全球性的大难题。在日本,对于大学生而言,找一份理想的工作就像一场战斗。在韩国,大学生就业率也不高。韩国就业综合网站"JOBLINK"进行的一项问卷调查表明,从申请到成功就业,求职者平均应聘26.3次。在加拿大,一些博士毕业生找工作也相当困难。

移民加拿大的蒋国兵获得博士学位不久,因就业问题的困扰,选择了自杀。蒋国兵1979年以湖北省理科第一的成绩考入清华大学攻读核物理专业,后获得硕士学位。由于他在核物理领域的研究成就突出,蒋国兵在31岁时被清华大学破格提升为最年轻的副教授。1996年,蒋国兵到美国普度大学攻读核物理博士学位,于2000年获得博士学位。2002年,蒋国兵又进入加拿大多伦多

---

① 见《参考消息》2006年5月11日。

大学攻读博士学位,并于 2006 年春天获得了博士学位。他是一位拥有美国、加拿大两国博士学位的高级知识分子。由于在加拿大找不到合适的工作,蒋国兵的心情十分沮丧。他承受不了沉重的就业压力和生活压力,44 岁的蒋国兵于 2006 年 7 月 21 日在多伦多高速公路立交桥上跳桥自杀身亡。

世上万事万物普遍具有两重性。大学生遭遇挫折同样也是如此,它既有消极效应,也有积极效应。

挫折的积极效应,在于它可以激发人的进取心,促使人为改变境遇而奋斗。它使人更清醒地认识自己,更深刻地认识环境,从而进行必要的调整,以更好地适应环境和改造环境。因此可以说,人们遭遇一个又一个挫折,便是构成了一个又一个认识、改进、完善个人和社会的契机。人们正是在与挫折的不断抗争中,变得更加成熟,更加坚强。

挫折的积极效应,还在于它给人带来了珍贵的精神礼物:把受挫的压力变为事业的动力,促使个人最大限度地开发身心的潜能,使自己的智力、能力达到激活状态,从而做出惊人之举,功成名就。

大量事实证明,人们成就事业的过程,往往也就是战胜挫折的过程。强者之所以为强者,并不是因为他们在生活中没有受到挫折的打击,而是因为他们面临挫折表现得更加勇敢和顽强。正如奥斯特洛夫斯基所说:"人的生命似洪水在奔流,不遇着岛屿和暗礁,难以激起美丽的浪花。"生活中相当一部分杰出的人才,是在挫折中磨炼成熟、在困境中奋斗崛起的。生活的磨难锻炼了他们的意志和体魄,激发了他们的智慧和潜能,使他们对错综复杂的环境和处境不利的自我具有一种超乎寻常的把握能力,因而做出了超人的业绩。这就是挫折两重性的体现。法国作家巴尔扎克说得好:"不幸,是天才的晋身之阶,是信徒的洗礼之水,是强者的无价之宝,是弱者的无底深渊。"

中国古代孟子说过一段名言:"天将降大任于斯人也,必先苦其心志,劳其筋骨,饿其体肤,空乏其身,行拂乱其所为,所以动心忍性,增益其所不能。"①

第三节　情绪性反应的主要表现

面对挫折这冷酷无情的方式,弱者接受不了,驾驭不了。弱者面对挫折,在生理、心理与行为方面都会产生消极效应。由于当代大学生以往的生活相对优越,缺乏磨难的历练,所以,他们遭遇挫折时,所产生的情绪性反应往往十分强烈。

情绪性反应是指人们在遭遇挫折时伴随着强烈的紧张、愤怒、焦虑等情绪所作出的反应。情绪性反应多为消极性反应,主要表现为焦虑、冷漠、退化、幻想、逃避、固执、攻击、自杀等。

一、焦虑

人们在遭受挫折之后,都会伴随着复杂的情绪反应,焦虑便是此时产生的一种突出的情绪感受。焦虑是预感到某种不祥的事情或不良的后果将要发生而又无能为力时,所产生的一种模糊的、紧张不安的情绪体验。它是一种处于边缘状态的情绪,有许多其他情绪体验参与其中,诸如焦急、忧虑、惧怕、不安、压抑、愤怒等。

焦虑与恐惧有密切的关系,两者在内心体验上有许多相似的

---

① 《孟子·舜发于畎亩章》:世上成大器者,通常都是在艰难曲折的环境中经受磨炼,然后才有所成就的。孟子列举舜、管仲、百里奚等名人在困苦中得到发展的史实,得出"生于忧患而死于安乐"这一结论。古今中外许许多多作过大贡献的人,都经受过艰难挫折。这些艰难挫折,增长了他们的阅历,锻炼了他们的意志,坚忍了他们的心性。真正有作为的人必然珍惜自己这一段困苦生活的经历,而从中汲取营养。

地方,但它们又有明显的不同。恐惧是对一个特定刺激的反应,主要是对当时已经出现的情景进行反应。焦虑通常是尚未见到具体的不祥情景,它主要是对于将来可能出现不祥的关注。

个体面对强大的挫折源,一时难以排遣,往往会产生强烈的失望乃至绝望感,这时容易造成焦虑。

个体如果在一件事情上多次失败,其成就动机得不到满足,降低或丧失了自信心,这时也容易造成焦虑。

适度焦虑具有一定的积极作用。焦虑提示人们出现了某种值得关注的情境,对人的行为具有一定的警醒、调节作用。适度焦虑有助于人们唤起警觉,活跃思维,集中精力去应对挫折或即将到来的挑战。

但过度焦虑会使人情绪不宁、心情烦躁、神经过敏,致使认知能力、思维能力、适应能力显著降低,如不及时调整,长期不能保持心理平衡,可能会导致心理障碍,引起焦虑症等。

二、冷漠

冷漠是指当一个人遭遇挫折时,表现出的一种无动于衷、漠不关心、毫不在乎的态度。这是一种复杂的心理挫折反应。表面上的若无其事,并不意味着当事人的内心没有反应。冷漠只是个体把痛苦的内心体验暂时压抑,以间接的方式表现出来而已。这种内心深处隐藏着很深的痛苦,而表面显得冷淡镇定的现象,是一种受压抑的情绪反应。一般情况下,对挫折的冷漠反应是由于一个人长期遭受挫折,感到没有希望消除困境时产生的。例如,长期遭受疾病折磨的人,特别是身患绝症者,自知病情已经无法挽回,在行将去世之前,反而会表现得出奇的平静,对所受的痛苦能够忍耐,并会去安慰亲人不要为他的离去而难过。

三、退化

退化又叫倒退或回归,是指个体在受到挫折时所表现出的与自己的年龄和身份不相称的幼稚行为。在正常情况下,不同年龄阶段的人有着不同的行为模式。随着年龄的增长和阅历的丰富,在社会环境的影响下,人们在情绪和行为方面会日益成熟起来,使自己逐渐学会控制自己,在一定的场合表现出与自己年龄相符的情绪反应和行为。但是,当一个人遭遇挫折时,可能会失去这种控制,而以简单、幼稚的方式应对挫折,以求得别人的同情和照顾,这就是退化。退化是一种由成熟向幼稚倒退的反常现象,这种情况往往当事人并不能清醒地意识到。如有的成年人在受挫之后号啕大哭、捶胸顿足,有的上级在不顺心的时候对下级大发脾气、暴跳如雷,有的大学生考试不及格后蒙头大睡或离校出走,等等。这些都是常见的倒退行为。倒退行为不但不能有效地应对挫折,反而会使人的认知水平下降,甚至使人缺乏主见,盲目相信别人、跟从别人。

四、幻想

幻想是指一个人在遭遇挫折时企图以自己想象的虚幻情境来应对挫折。通过幻想,人们可以暂时脱离现实,在虚构的情境中使自己的需要和欲望得到满足。心理学家把这种心理现象称作“白日梦”。一个人毫无幻想、毫无想象,是不可能的。想象如果去掉虚幻的迷雾,逐步走向现实,也许是实现目标的先导。当人们遭遇挫折时,暂时的幻想可以使人在一定程度上缓冲挫折情绪。但是,幻想本身并不能解决实际问题。如果一个人一味耽于幻想,长期处于幻想状态,脱离现实,想入非非,不但于事无补,而且在成为习惯之后,必将有碍于对现实生活的适应。

有的大学生在现实生活中屡遭挫折,就喜欢在幻想中虚构美妙景象,以体验成功的喜悦。如一个大学生多门课程考试不及格,但他在幻想中想象自己完成了学业,得到人们的称赞,受到用人单位的欢迎;一个大学生恋爱受挫,失去了他的恋人,但他在幻想中想象有多位妙龄女子向他求爱,他是如何高贵而浪漫。现实中的挫折越是使他感到痛苦,幻想中的成功就越是使他感到愉快。一个人如果长期依赖幻想不能自拔,严重的会导致精神疾病。

五、逃避

逃避是指个体不敢面对挫折情境,逃避到比较安全的环境中去的行为。有些人本来在现实生活中是有所追求的,但他们在追求过程中遭遇了挫折,不敢正视,放弃了原来所追求的目标。逃避最普遍的一种类型就是:从现实的这一方逃向现实的另一方。个体追求某一个目标遇到失败时,心灰意冷,消极倦怠,不思进取,力求从其他事物中寻找解脱。如有的大学生没有被选上社团干部,从此不再关心和参与社团活动,而是一心只读专业书去了。逃避的显著特点就是,"一朝被蛇咬,十年怕草绳"。遇到挫折,心有余悸,一蹶不振,不再尝试。逃避是以消极的态度躲开挫折现实的一种挫折反应方式,它与挫而奋起、不屈不挠是完全对立的。逃避常常使人害怕困难,不求发展,长期下去必将大大降低人们的适应能力和自信心,甚至可能会导致适应不良。

六、固执

固执是指个体在遭遇挫折后,仍然采取刻板的方式盲目重复某种无效行为。尽管这种行为并无任何积极意义,但是刻板式的反应依旧继续进行。一般来说,当个体受到某种挫折时,需要有一种随机应变的行为反应。但是,有的人却不是这样,他们遭到挫折后,还是一意孤行地坚持自己原来的做法,重复某种行为,其结果往往使个体失去改变困境的机会,在挫折中越陷越深。固执的特点就是,行为呆板无弹性,具有很大的强制性,没有被更适当的行为反应所取代。

固执不同于习惯,尽管两者有某些相同之处。习惯的行为表现为,遭遇挫折后常常可以改变;与此相反,固执的行为表现为我行我素,很难改变,往往被个体不自觉地重复下去。固执反应通常是由个体多次遇挫,没有正确总结教训,从而个体判断和学习新问题的能力降低所致。

七、攻击

攻击是指当个体遭遇挫折时,为了将愤怒的情绪发泄出去,或者为了对构成挫折的对象进行报复而产生的攻击性行为。挫折与攻击之间并没有必然的因果关系,但攻击却是情绪反应中最为常见的一种表现形式,常常是遭遇挫折后立即出现的一种行为反应。攻击性行为按其表现方式,可分为直接攻击和转向攻击两种。

直接攻击是指个体遭遇挫折以后,把愤怒的情绪直接发泄到构成挫折的人或物上,通过动作、言语、表情、文字等形式表现出来。大学生正处于生理、心理发育的旺盛时期,许多人争强好胜,自控能力又比较差,因而受挫后很容易出现直接攻击行为。

转向攻击是指把愤怒的情绪发泄到其他人或物上的一种变相的攻击方式。当个体觉察到引起挫折的真正对象不能直接攻击时,就迁怒于别的人或物。当个体找不出造成挫折的对象时,也容易将"不明之火"发泄到毫不相干的人或物上去。当个体对自身缺乏信心或悲观失望时,则往往把攻击的对象转向自己,这就是自我折磨、自我虐待。

八、自杀

自杀是个体遭遇挫折后的一种极端反应方式。当一个人遭受意想不到而异常沉重的挫折,或长期受挫而不能自拔时,就会深深陷入万念俱灰的泥潭,这时就可能产生自暴自弃、厌世轻生的想法,采取上吊、跳楼、投河、服毒等方式自杀。

我国在校大学生自杀率每年约为万分之二。自杀的原因是多方面的,忍受不了挫折,是大学生自杀的主要原因。自杀者的一般心理行为过程是:挫折→对生活事件的曲解引起心理巨大压力→对人和社会的报复心理→绝望→自杀强迫意念→自杀。

天津某高校一名数学系新生,在中学里是老师喜爱、同学羡慕的"数学尖子",升入大学后不久,在一次新生摸底考试中因试题偏难而未能及格,他的自信心顷刻间坍塌,在一个寒冷的早晨跳楼身亡。

广西有一名学习成绩不错的大学生自杀身亡,其绝命书上写道:"本人身高仅 1.55 米,体重 65 公斤,超过标准 10%,实属肥胖型,已无意活在人世,以投江为好……"他背负着沉重的心理包袱,在形貌焦虑的阴影中自暴自弃,最后走进生命的死角。

华东师范大学一位博士、很有才华的青年文学批评家,一个雨天,在楼下的小路上徘徊了很久,最后从楼上跳了下来,自杀身亡,使所有认识他的人都感到惋惜。

高校学生的自杀行为通常是在挫折的打击大大超出自身承受能力的情况下发生的,特别是当受挫者将受挫的原因归结为自身,并对自己完全丧失信心,将自己作为迁怒的对象时更容易导致自杀行为。

第四章　挫折的归因、防卫与超越

第一节　正确归因是战胜挫折的基础

构成挫折的原因是多方面的和复杂的,既有自身因素,又有外界因素。我们在应对挫折时,要学会对挫折进行正确的归因。社会心理学的归因理论认为,人对挫折的归因分为两种类型,即外归因和内归因。倾向于外归因的人,习惯于认为自己的行为结果是受外部力量控制的,这种外部力量是无法预料和支配的因素。倾向于内归因的人,则习惯于认为自己的行为结果是受内部力量控制的,这种内部力量包括自身的能力、技术以及努力程度等。

正确归因,就是要对构成挫折的原因进行实事求是的分析。正确的分析和归因,是应对和解决挫折情境的必要基础。如果不问青红皂白,把挫折一概归因于外部因素,则不利于对行为作自我控制和自我调节,从而不能尽自己的最大努力去克服困难和改变挫折情境。如果不加具体分析,把挫折一概归因于内部因素,过多地责备自己,则不能对自己的行为结果负起合理的责任,不利于有效改善挫折处境。只有以实事求是的态度冷静地分析遭受挫折的主客观原因,才能找出挫折的症结所在,从而促使挫折情境改变,获得人生追求的最佳状态的成功。

正确归因是一个人主观能力的重要体现之一。具备了这种能力,就不会对挫折的看法失之偏颇。要做到全面地看待挫折,就需要具有缜密的思维。面对挫折,要思路清晰、推理严谨、判断准确,找出遇挫的真正原因,总结问题的教训,选择日后努力的方向。

美国心理学家韦纳提出的成败归因的模型值得我们参考。韦纳认为,人们的行为成败主要归于四个方面的因素:努力、能力、任务难度和机遇。这四种因素又可以按内外因、稳定性和可控制性三个维度来划分。从内外因方面来看,努力和能力属于内部原因,而任务难度和机遇属于外部原因。从稳定性来看,能力和任务难度属于稳定因素,而努力和机遇属于不稳定因素。因为一个人的能力和他面临任务的难度一时是很难改变的,而一个人的努力程度和是否遇到适当的时机是不断变化的。从可控制性来看,努力是个体可控制的因素,而任务难度和机遇都是不以个体的意志为转移的。

人们把成功和失败归因于何种因素,对于以后工作、学习的积极性有很大影响。韦纳的研究指出,把成功归因于内部原因(努力、能力),会使人感到满意和自豪;把成功归因于外部原因(任务容易或机遇),会使人产生惊奇和感激的心情。把失败归因于内部原因,会使人产生内疚和无助感;把失败归因于外部原因(任务太难或没有机遇),会使人产生气愤和敌意。把成功归因于稳定因素(能力强或任务容易),会提高以后的工作积极性;把成功归因于不稳定因素(碰巧或努力),以后工作的积极性可能降低也可能提高。把失败归因于稳定因素(任务难和能力弱),会降低以后工作的积极性;把失败归因于不稳定因素(运气不好或努力不够),则可能提高以后的工作积极性。

这样,归因可以分为如下六种模型:

第一种:内部归因,把成败归因于自己的努力和能力;

第二种:外部归因,把成败归因于任务难度和机遇;

第三种:稳定归因,把成败归因于任务难度和能力;

第四种:不稳定归因,把成败归因于机遇和努力;

第五种:可控归因,把成败归因于努力和部分能力;

第六种:不可控归因,把成败归因于任务难度和机遇。

一个人是否能对自己的成败作出正确而恰当的归因,会影响以后的学习、工作情绪和目标、期望,而这一切将会影响以后学习、工作的积极性(努力程度)。

有些事情的成败不能仅仅作单一的归因,而要作多因素的归因。一旦归因趋于准确,明确了症结所在,治起来就容易一些。根据归因,总结经验教训,从而调整目标、理顺情绪、改进方法、激发潜能、增强动力,这样离成功也就近了一步。

人类的每一个个体,只要善于总结遭受挫折和失败的教训,那么,挫折和失败总是暂时的。彻底的失败者是那些没有从自己的挫折和失败中取得经验教训的人。所以,一个人在被挫败以后,要静心想一想,从这里得到了什么启示。一旦你拥有了挫折和失败的教训,就意味着缩短了与成功之间的距离。实际上,挫折和失败的教训已经把成功的希望带给了你。从这个角度来说,挫折和失败也可以看作走向成功的一个因素。

第二节　挫折的心理防卫机制

人们在现实生活中,各种各样的需要与欲望是不可能都得到满足的,或多或少总会遇到挫折。一个人在对某一事物追求的过程中,当主观动机与客观现实出现矛盾的时候,往往会产生情绪上的焦虑、紧张、烦躁和不安。从心理学的观点来看,在人们的精神生活中,存在着一种倾向,即自觉或不自觉地对主观与客观之间所发生的问题,尤其是对自己不利的问题,用自己比较能接受的方式加以解释,以减轻挫折和焦虑情绪对自己的损害,减轻挫折造成的心理压力。这便是挫折的心理防卫机制,也称挫折防卫机制。

挫折防卫机制分为两类:一类是消极的,如文饰、压抑、推诿、反向等。另一类是积极的,如补偿、仿同、幽默、升华等。下面我们对以上各种防卫方式略加讨论。

一、文饰:文过饰非

文饰是指个体因自己的行为未达到所追求的目标,而寻找种种理由替自己辩护。在别人看来,这些理由是不合逻辑的,但其本人却能以此安慰、说服自己,并感到心安理得。《伊索寓言》中有一篇著名的寓言《狐狸和葡萄》。这篇寓言只有两句话:"狐狸饥饿,看见架上挂着一串串的葡萄,想摘,又摘不到。临走时,自言自语地说:'还是酸的。'"这就是"酸葡萄作用"的来源。酸葡萄作用,就是指个体在追求某一目标失败时,为了冲淡自己内心的不安,常将目标贬低,以此安慰自己。

二、压抑:故意遗忘

压抑是指个体遭受挫折之后,用意志的力量压制住愤怒、焦虑的情绪反应,或者把意识所不能接受的使人感到困扰或痛苦的思想、欲望等,压抑到潜意识之中。所以,压抑又称为动机性遗忘。

但是,受到压抑的意识活动进入潜意识后,并非从此偃旗息鼓,而是形成各种情结,常常会从梦境、失言、笔误中反映出来。压抑虽然能暂时减轻焦虑，但按捺不住内在的情绪纷扰。

三、推诿：转嫁失误

推诿是指个体总结受挫原因时，把本该由自己负责的事情一律归咎于自身以外的原因。推诿的特点就是，没有一丝一毫自责的意思，不论什么情况一旦受挫，就把责任推给别人或客观。缺乏自知、没有悔悟是推诿者的心理弱点。虽然推诿之后可以暂时摆脱痛苦、焦虑、内疚，但是它不明责任主体，导致最终还不能摆脱受挫的困境。有的人应该完成、能够完成的任务没有完成，却推说"谋事在人，成事在天"，便是一种典型的表现。

四、反向：内外不一

反向是指个体受挫后，采取与动机方向相反的行为。这种内在动机与外在行为不一致的现象，称为反向。它实际上也是对个人的欲望或冲动进行压抑的一种心理表现。有的人自己的动机在现实生活中不能实现，就故意表现出与此动机相反的行为。这种表现一般出于以下考虑：一是为了避免再次受挫；二是为了掩盖动机，伺机攻击。例如，一个男生对某个女生有好感，但得不到期望的反应，于是后来与她见面时，故意采取冷淡的态度；与情敌见面时握手言欢，可能正是为了掩盖其憎恨的情绪。这些都属于反向行为。

五、补偿：更替目标

补偿是指个体遇到挫折，原来的目标无法实现，就以新的目标代替原有的目标，以现在的成功体验去弥补原有的失败痛苦。它既可以是更替目标，也可以是改变途径。补偿不只限于个体自身。当实现自己的某种目标受阻时，也可能转向亲人或他人身上来求取补偿。

　　女舞蹈家崔善玉，正当她走向艺术成熟时期，"文化大革命"开始了。她被剥夺了跳舞的权利，到农村插队劳动。她在遭受挫折时，没有放弃对舞蹈艺术的追求，只是改变了形式和途径。她动员和组织农村姑娘学习和表演舞蹈，深受农民的欢迎。崔善玉通过农村姑娘，把舞蹈艺术奉献给人民，内心感到极大的满足和幸福。她说，在人生的旅途中，得与失总是相伴而行的，它们相得益彰，互补互偿。

　　一个心理健康的人，在追求实现目标的征途中，遇到障碍或挫折，能够随时调整自己的目标，寻求新的实现自我的途径。此路受阻彼路通，此山不绿彼山青。正如诗人道格拉斯所言："如果你不能成为山顶的一株劲松，就做一丛小树生长在山谷中。如果你不能做一条公路，就做一条小径。如果你不能做太阳，就做一颗星星。"

　　六、仿同：效仿榜样

　　仿同是指个体受挫时，效仿他人获得成功的经验，以增强自己夺取成功的信念。也就是说，以自己所尊崇的榜样来鼓励自己，从而奋发进取。由于仿同的对象，常常是被个体所崇拜的偶像，其所具有的个性特质，又往往是个体自身所短缺的，所以，仿同有助于个体优良品质的发展。

　　中国汉代的司马迁下狱受刑，被男性看作是根的生殖器遭割除，他的人生受到沉重的打击。他之所以能够忍天下人所不能忍、为天下人所不能为，与他心目中榜样的激励是分不开的。司马迁在《报任安书》中写道："文王拘而演《周易》，仲尼厄而作《春秋》，屈原放逐，乃赋《离骚》，左丘失明，厥有《国语》，孙子膑脚，《兵法》修列，不韦迁蜀，世传《吕览》，韩非囚秦，《说难》、《孤愤》，诗三百篇，大抵圣贤发愤之所为作也。"显然,司马迁以前贤圣哲们为榜样,在逆境中隐忍受辱、发愤抗争。司马迁虽然"肠一日而九回,居则忽忽若有所失,出则不知其所往",但榜样如巍巍高山。正是这种坚不可摧的榜样的力量,帮助他摆脱了挫折的困境。

七、幽默:自我化解

法语中有"humeur"一词,英语中有"humour"一词,汉语中的幽默一词,显然与它们有关。

幽默的卓越价值是在 20 世纪的黎明时分被发现的。诗人和作家马克斯·雅各布最先给幽默下了这样的定义:"一种掩饰着情感的闪光,一种婉转的回答。不会伤害对方,却使对方开心。"[1]马克斯·雅各布以其深刻的创造性发现了幽默的社会意义,即把幽默视作一种驱除现代社会人类烦恼的方法。

法国埃斯卡皮说:"在我们这个极度紧张的社会,任何过于严肃的东西都将难以为继。唯有幽默才能使全世界松弛神经而又不至于麻醉,给全世界以思想自由而不至于疯狂,并且,把命运交给人们自行把握,因而不至于被命运的重负压垮。"[2]

马克斯·雅各布、埃斯卡皮的见解,实际上已经涉及幽默对人的心理健康的作用。现在,心理学界已经普遍认为,幽默是个体遇到挫折、处境困难时,风趣、机智地化解困境的一种方式。幽默常常能使人从负性情绪中很快解脱出来,让人重新获得心理上的平衡。

会幽默的人,常常在挫折面前来个幽默,即使失意、失败时也显得潇洒。幽默有助于防御现实所加于个体的痛苦和不幸,体现

---

① [法]埃斯卡皮:《论幽默》,上海社会科学院出版社 1992 年版,第 80 页。

② [法]埃斯卡皮:《论幽默》,上海社会科学院出版社 1992 年版,第 83 页。

一种积极的心态。善用幽默的人心情舒畅，乐观豁达。

幽默体现了人生博大的智慧、宽阔的心胸、高雅的风度和愉快的精神。它以超越的勇气、深邃的笑意面对人生的矛盾与缺憾、痛苦与哀伤。

含着笑容去面对人生中的矛盾或冲突，易于从困境中获得解脱。笑对人生，愁云便为之驱散。笑声能把生活逗得妙趣横生，使青春格外美丽。在人们的精神世界里，幽默和笑实在是一种丰富的养料。如果你能常常与幽默和笑为伴，那么，你就会拥有一份多彩多姿的生活。

八、升华：转移情感

升华原是弗洛伊德精神分析学说中的一个术语，意指一些本能的冲动或欲望是意识所不能接受或不能容忍的，而且与社会道德或法律相违背，不能直接发泄出来，必须以不同的方式来表现。在这里，升华指一个人遇到挫折后，转移了原有的情感，求得了心理平衡；同时，以较高的思想境界表现出来，又创造了积极的人生价值。

比如，法国启蒙时代的思想家卢梭，他一生历尽坎坷，但他没有在挫折面前倒下，而是把痛苦的情感升华为创作，写下了《忏悔录》等不朽的作品。晚年的卢梭是孤独的，远离社会，生活在绝望的深渊。他"像一只衰老的、悲鸣着的夜莺在寂寥的林中发出低低的奏唱"（罗曼·罗兰语），临终前写了《忏悔录》的续篇——《孤独散步者的遐思》。《遐思》是卢梭跟自己的心灵亲切交谈的产物，是对自己心灵的分析和解剖，是他对人生感悟的升华。卢梭说："在人世间，一切都在不停地运动，任何东西都不可能具有固定的形式。我们周围的一切都在变化。我们自己也在变化，谁也不敢说他明天还继续爱他今天所爱的东西。"①卢梭还说："凡事有所失必有所得。这样的乐趣显然既难得又短暂,但当它们出现时,我却更加尽情欢享,比经常享受的乐趣还要欢畅。我经常回忆、反复咀嚼这种乐趣;不管这种乐趣是如何难得,只要它是纯洁无瑕的,那我就感到平步青云般的幸福。"②晚年的卢梭投入了大自然的怀抱,他在孤独中也能品尝到人生的幸福。正如他所说："人在世上越离开尘俗,越接近自己,就越幸福。"③卢梭回忆苦难坎坷的一生,也常常出现"忘我的乐趣",这正是情感升华的产物。

一个人善于运用积极的心理防卫机制来应对面临的挫折情境,有利于走出挫折的阴影、求得心理平衡和自我完善,这也是一个人健康人格发展的重要内容之一。

挫折对于人生是难以避免的。一切希望成功的人都会受到失败的困扰。积极的心理防卫机制可以起到缓冲心理挫折、减轻焦虑情绪的作用,并且为最终战胜挫折提供时机。而消极的心理防卫机制,虽然也能起到暂时缓解心理矛盾和冲突的作用,但它常常阻碍个体面对现实,过分运用可能会引起心理的疾患。

第三节　战胜挫折的四大关键

面对挫折运用心理防卫机制,进行心理调节,这只是化解挫折情境的第一步,更重要的是要提高对挫折的认知水平,增强转化挫折的实力,善于抓住机遇,并且完善人格,提升人生境界,才能最终超越挫折,战胜挫折。

① [法]卢梭:《孤独散步者的遐思》,华龄出版社1993年版,第133页。
② [法]卢梭:《孤独散步者的遐思》,华龄出版社1993年版,第139页。
③ [法]卢梭:《孤独散步者的遐思》,华龄出版社1993年版,第3页。

挫折广泛存在于每一个人的生活之中,贯穿于人的一生,遍布于生活的方方面面。从本质上讲,心理健康的焦点集中于挫折及对挫折和环境的适应这一问题上。正是这一点,构成了心理健康的绝大部分问题。

如何超越和战胜挫折?需要把握四大关键。

一、端正认知

在一般意义上说,挫折就是事情进展不顺利。从心理学角度看,挫折是指人们在某种动机的推动下,在实现目标的活动中,遇到了难以克服或自以为无法克服的障碍和干扰,使其需要或动机不能获得满足时所产生的情绪反应。

挫折包括三个因素:一是挫折情境;二是挫折认知;三是挫折反应。当三者同时存在时,便构成心理挫折。但如果缺少挫折情境,只有挫折认知和挫折反应这两个因素,也可以构成心理挫折。在三个因素中,挫折认知是最重要的,挫折情境与挫折反应没有直接的联系,它们的关系要通过挫折认知来确定。挫折反应的性质及程度,主要取决于挫折认知。不同的人,处于同样一种挫折情境中受到强度相同的挫折时,由于挫折认知不同所产生的挫折反应也不相同。

据法国《世界报》报道,法国每年大约有 650 名青少年自杀,年龄最小的是 12 岁。[①] 据笔者所阅读到的资料,中国青少年自杀者中年龄最小的是 9 岁。杭州地区某小学三年级学生徐健(9 岁),从跨进小学的那天起,成绩就一直保持着全班第一,年年是班上的优等生,并被选为班长。徐健平时学习很自觉很刻苦,上进心和荣誉感非常强烈。在三年级的一次考试中,他的语文成绩为 98 分,

---

① 《青少年自杀需要全社会预防》,见《参考消息》2005 年 2 月 5 日。

保持班上第一名,而数学成绩为 90 分,是班上第五名,没有达到他所期望的全部第一的目标,这个期望挫折摧毁了他的心理承受极限。结果他喝下农药,因抢救无效而身亡。

这是一场不该发生的悲剧。徐健把挫折的后果想象得过于严重,认为一次失败,就是全部失败。再说,数学得 90 分,全班第五名,也不是失败。他在挫折认知上存在很大的偏差。

中国青少年自杀者中学历最高的是茅广军。2005 年 9 月 14 日,中国科学院理论物理研究所的博士后茅广军跳楼自杀身亡,年仅 36 岁。

茅广军遇到的挫折,一是婚姻问题。他曾经有过一段婚姻,后来妻子不辞而别,登报找了很长时间也没有找到,最后按照"爱人失踪"这个理由作离婚处理。这段婚姻波折对茅广军打击很大,他很长时间没有走出这段婚姻的阴影。茅广军遇到的第二个挫折,就是工作问题。他因没有通过中科院三年一次的考核而被解聘了,中科院让他把房子交回,并在一年内另找单位离开。他于 2005 年 8 月 12 日去了北京航空航天大学,但一个月后,就在中科院宿舍楼跳楼自杀了。

茅广军也是把挫折的后果看得太严重,接受不了,以致摧毁了自己。这也是在挫折认知上出现了偏差。其实,婚姻受挫,他可以重组家庭;工作受挫,他可以再创辉煌。他把这两个挫折视为不可超越,结果走上了不归路。

一个人遇到挫折之后,关键是要冷静下来,分析原因,思考对策,端正认识。在挫折面前,不要怨天尤人,也不要垂头丧气。黑龙江有一位女青年,名叫司晶。她出生之后 9 个月就患了小儿麻痹症,全身瘫痪,只有左手正常。经过 30 多次手术,才能够坐起来,她以超人的毅力活了下来。她 17 岁的时候,从糊在墙上的旧报纸上认得第一个字,两个月后就能阅读长篇小说。她身残志不残,后来靠自学获得两所高等院校的毕业证书。司晶说:"我感到人对这个世界不要有太多的抱怨,人不能狭隘地只为自己活着。人需要磨炼自己的意志,人需要坚强,人需要有一种美好的精神。"

最让人可敬可佩的就是那些面临挫折精神不死的人。无论是远古,还是现在,只有那些精神不死的人才能奏出动人的生命之歌。

有一位大学生,名叫邱海泉,个子长得矮小,只有1.49米。1984年参加高考,在江西农村他的成绩名列全县第二名,分数超过了当年北大在当地的录取分数线。因为太矮,他被重点大学拒之门外,后来被江西大学录取。大学毕业后,他一边工作,一边利用业余时间继续自学,复习功课,报考硕士研究生。他考了9次,都以失败告终。在大学毕业后的第18年(2005年),他第10次考研,终于成功了。他考上了华南农业大学,攻读科学技术史专业。邱海泉屡战屡败,但他屡败屡战。

司晶、邱海泉,生理上都有缺陷,曾经产生挫折感,但他们能够正视现实,正确认知,接纳自己,加倍努力,最后都取得了成功。所以说,要超越和战胜挫折,第一个关键是认知问题。

每个人在一生中都会遇到挫折。不要一遇挫折,就埋怨自己特别倒霉,好像自己是世界上最不幸的人。少遇挫折是人们的愿望,不遇挫折只是天真的梦想。

人的成长,人类的成长,都离不开苦难。人类社会只要存在一天,苦难也就会存在一天。一个人如果没有苦难意识,必将会在苦难来临时失去应有的风度。苦难犹如磨刀石,将生命之刀打磨得闪闪发亮。历经苦难的生命,非但不会失去光泽,反而会变得更加熠熠生辉。

成功是一个过程。成功的过程意味着在克服种种苦难和挫折后达到了预定的目标。没有经历苦难和挫折的过程只是幸运,不是真正意义上的成功。

许许多多成功者,在他们奋斗的过程中,都经历了种种苦难和挫折。不管何人,人生道路绝对没有笔直的。坎坎坷坷、弯弯曲曲才谱写了人生那首平凡而又动人的歌。英国作家迈克尔·怀特在《最后的炼金术士——牛顿传》中说了一句话:"真实的人生并不都是美丽的。"同样,我们可以说,成功的人生并不都是顺利的。正态的人生常常伴随着苦难和挫折。

有人请教美国的皮尔博士:"什么地方没有挫折?"皮尔博士说:"在伍德荣公墓,有几千人躺在那里,那里没有一个人有任何挫折。"凡是生活在社会上的人都会有挫折,只有躺在坟墓里的人,他们安息了,才没有挫折。从某种意义上说,挫折和苦难正是人生充满活力的象征。人生之海正是因为有波浪,才更有气势;生活之路正是因为有艰险,才更加动人。所以,问题不在于一个人有没有遇到挫折和苦难,而在于从中学到了什么,在于对待它们的态度。

在智者的眼里,挫折和苦难来得越早越好。挫折和苦难对人的成长具有一种特殊的激励价值。它使主体处于一种应急状态。在一般平稳的状态中,主体的能量很难最大限度地发挥出来。而在应急状态中,主体为了自身的生存和发展,不得不最大限度地发挥它的主动性和创造性,倾注最大的激情,奋斗拼搏,结果出现了种种奇迹。就好像一条溪流,流到了悬崖峭壁,凌空一跃,构成了一道瀑布,蔚为壮观。

心理学有一个重要原则,就是一个人相应的心理过程和特点都是在活动中形成的。这一重要原则在个性的意志范围内表现得特别明显。正是由于人实行意志行动,进行意志努力,克服内部阻力和外部障碍,所以在此过程中形成了许多优良的品质。心理学研究的成果表明,没有任务东西会比战胜困难和挫折的实践更能形成人的一系列有价值的品质。

美国作家海明威在《老人与海》中描写了古巴老渔夫圣地亚哥不怕失败的不屈形象。圣地亚哥在连续 84 天没有捕到鱼的情况下,在第 85 天终于捕到了一条大马林鱼。这条鱼实在太大,把他的小船在海上拖了三天三夜,才筋疲力尽。于是,圣地亚哥把这条马林鱼杀死绑在小船的一边。老人驾着小船在回来的航程中一再遭到鲨鱼的袭击,最后回港时这条马林鱼只剩下鱼头鱼尾一条脊梁骨。圣地亚哥败而奋起,继续搏斗。他说了一句话:"人不是为失败而生的,一个人可以被毁灭,但不能给打败。"圣地亚哥因此被人们看作是"永不言败"的英雄。

海明威说:"只有阳光而无阴影,只有欢乐而无痛苦,那就不是人生。以最幸福的人的生活为例——它也是一团纠缠在一起的乱麻。丧亲之痛和幸福祝愿彼此相接,使我们一会儿伤心,一会儿高兴……在人生的清醒时刻,在哀痛和伤心的阴影之下,人们最能呈现真实的自我。"

有一次,我与我的学生讨论意大利音乐家吉乌赛培·威尔第。吉乌赛培·威尔第是世界著名的音乐家。他早年儿子夭折,接着妻子病故。后来他的生活又陷入困境。威尔第的一生中遇到过很多挫折和苦难。我与大学生们讨论他的一生。一位大学生说:"生命是美丽的,人生是痛苦的。"还有一位大学生说:"人生很短,痛苦很长。苦命的人要在挣扎之后,坚强地站起来。"吉乌赛培·威尔第就是这样,他在遇到严重挫折之后,坚强地站了起来,后来他以自己创作的歌剧《茶花女》闻名于世。

英国科学家斯蒂芬·霍金的奋斗与成功也是一个雄辩的事例。霍金在 21 岁就得了肌肉萎缩这种不治之症,43 岁时又丧失了说话的能力。他曾经很绝望,认为生活对他很不公平,自己很不幸。他在极度痛苦之中想到那些比他更不幸的人。他在医院里看见一个小孩患白血病死了,比起这个小孩,他还是幸运的,他毕竟还活着。后来,他振作起来,终于战胜了挫折。他虽然被困于轮椅上长达 40 年之久,但他并不消极,一直致力于科学研究,成为著名的科学家。霍金的经历也印证了一句话:"世界上超越自然的奇迹,总是在对厄运的征服中出现的。"①

中国有一位著名的画家,名叫吴冠中。吴冠中非常勤奋,肯吃苦。他出去写生,常常住大车店、工棚、破庙,啃干馒头,穿破衣服,别人误以为他是修雨伞的,是要饭的。

历经苦难,吴冠中终于成为大师,但他从来不以大师自居。他说:"所谓大师,只是失败最多的劳动者,打工最多的劳动者。"不断地失败,不停地劳动,这是吴冠中一生最纯朴的生活方式。吴冠中说:"一日的劳动,可获得安眠的夜;一生的劳动,可换取安宁的死。"

著名作家汪曾祺年轻时从西南联大毕业以后,只身来到上海,过了很长一段时间,还找不到工作。他灰心丧气,认为老天爷要在大上海给他一条绝路。他给远在北京的沈从文写了一封绝笔信。沈从文接到这封绝笔信以后,马上回信。沈从文给他当头棒喝:"因为一时的困难,就这样哭哭啼啼,甚至想到自杀,真是没出息。你手里有一支笔,你怕什么?"

汪曾祺阅后如梦初醒。他重新振作精神,抖掉了身上所有包袱,不久就在上海的一所民办学校谋到了一份工作。沈从文的一句"你手里有一支笔,怕什么",挽救了一个 26 岁青年绝望的心灵,还拯救了一个无所适从的灵魂。"怕什么"三个字,为汪曾祺指明了应对人生挫折的正确态度。

2008 年,杂交水稻专家袁隆平已经 78 岁了,仍然坚持工作在科研实践第一线。袁隆平说:"这么多年来,我有失败的时候,但没

---

① 〔英〕弗兰西斯·培根:《培根随笔选》,上海人民出版社 1985 年版,第 52 页。

有灰心的时候。"

　　什么叫"灰心"？就是因遭到困难、挫折、失败而意志消沉。袁隆平认为，一些人的成功是因为命中注定，大多数人的成功是因为决心已定。何谓"决心"？按照袁隆平的解释，就是"决不灰心"。失败了，再干！不断行动！这就是袁隆平对待失败和挫折的态度。与其抱怨一万次，不如向前爬半步。无穷埋怨无济于事，不断行动才是希望之星。实践证明，生活绝不会辜负一个辛勤的耕耘者。

　　生活中许多事是必须完成一个过程的，春天播下粒粒种子，等待秋天去收获硕果。这期间，等待也不是无所事事，辛勤耕耘是收获的必备条件。你一生辛劳，在暮年将有资格赢得岁月的馈赠。

　　古今中外无数杰出的人物，都是面对挫折奋斗不止的。他们的人生就是一部奋斗史。大危机孕育大才华，大磨难铸就大智慧，大挫折预示大发展。当我们面临挫折的时候，一方面要接受那些已经出现的本人无法改变的事实，另一方面要想办法改变那些本人可以改变的东西。我们不能改变充满挑战的现实，我们只能改变自己，来更好地适应这个竞争激烈的社会。

　　最可贵最难得的是面临挫折，仍然努力奋斗。奋斗是人生的主旋律。只有不懈地奋斗，生活才会向你高唱一曲春天的歌，岁月才会给你开辟一条闪光的路。

　　一个人滑到了人生的低谷，要勇于在挫折中崛起。一个能够在挫折中挺起胸膛的人，才算英雄好汉。著名社会学家费孝通说："很多人天天在那里做事情，但是他们并不认识自己。"认识自己，对战胜挫折具有重要的意义。我们要在全面了解自我的基础上，勇敢地承认自我的不足，理性地面对人生挫折。"知耻近乎勇。"成功特别青睐勇敢。所以，我们要努力做到：使弱者强，使强者智，使智者勇，使勇者胜。对待人生的挫折与失败，最需要的是勇敢，是挺起胸膛。勇敢者是百折不挠的。正如大海的落潮并不是怯懦的表现,而是为了再一次冲击!

每个人的心里都有一对希望的翅膀,都盼望高高地飞翔在人生辽阔的天空。但是,飞翔的过程中,可能遇到暴风雨,可能遇到挫折。即使有一天翅膀折断了,我们的心也要继续飞翔!历史上、现实中,那些有智有勇之士,对待每一次挫折,总是以更大的进步加以补偿。

一个人出现心理挫折,在很大程度上由于自己对人和事过分理想化所致。过分理想化常常会造成个人与社会之间一种难以调和的差距。要解决它,需要人生体验和人生智慧,需要对各种不测因素做好充分准备。

人生在世,不如意事十之八九。那些美事、幸运事请都请不来,那些不顺心事、不幸事挡都挡不住。所以,要活得从容自在,对有的东西,特别是不完美的东西,要"有准备";对有的东西,特别是那些完美的东西,"不必准备":

对祸从天降要有准备,对天赐馅饼不必准备;

对祸不单行要有准备,对福喜双至不必准备;

对处处碰壁要有准备,对一路顺风不必准备;

对不断失败要有准备,对大获成功不必准备;

对不测风云要有准备,对好运连连不必准备。

在大江大海上,我们不能左右风的方向,但是,我们可以调整自己心中的帆。让我们重温爱因斯坦的一句名言:"通向人类的真正伟大的道路只有一条——那就是历尽艰险苦难的道路。"

二、增强实力

增强实力,也是超越挫折、战胜挫折的一个关键。一个人要想有所作为,必须有志气、有大气、有才气。志气,指的是抱负;大气,指的是胸怀;才气,指的是实力。所谓实力,就是实在的力量。我们遭遇挫折,从主观上讲,往往是自己还没有做好充分的准备,实力不够,离真正的强者还有差距。

实力需要不断积累。一个人经过长期磨炼,长期努力,长期行动,功到自然成,实力必然随之增强。中国古籍《周易》提出一个重要的命题:"天行健,君子以自强不息。"天道有常,有志气的人要不畏艰难,不断努力行动。人生最怕停滞和空虚,努力行动会使人生富有活力和增强实力。人只要活着,这种努力就不应停息。

"子贡倦于学,告仲尼曰:'愿有所息。'仲尼曰:'生无所息。'"孔子从人生使命的角度提出,一个人不能停息自己的努力。每一个人都负有自己的使命,在完成使命的过程中,是不允许有所懈怠的。

孔子本人就是"生无所息"的榜样。孔子从 15 岁志于学,一直到 73 岁辞世,终生都在勤学不倦。孔子以食无求饱、居无求安的顽强精神全面学习和熟练掌握了礼仪、音乐、射箭、驾车、书、数这六种当时知识分子必备的基本知识和技艺。他穷数十年之功研究、删定、编撰被后世尊称为"六经"的《诗》、《书》、《礼》、《乐》、《易》、《春秋》。孔子勤学笃行,毕生努力,创立了著名的儒家学派。孔子以他的实力,被人们称为智慧的象征。

一个人的实力靠长期行动的积累。老子说得非常形象:"合抱之木,生于毫末;九层之台,起于累土;千里之行,始于足下。"①意思是说,两臂合抱的大树是从细小的萌芽生长起来的;极高的土台是从一筐筐土开始堆积而成的;千里的远行是从脚下第一步开始的。老子说:"上士闻道,勤而行之;中士闻道,若存若亡;下士闻道,大笑之。"②意思是说,智慧最高的人听见"道",就身体力行;智

—————————————

① 《老子·六十四章》。

② 《老子·四十一章》。

慧中等的人听见"道",将信将疑;智慧下等的人听见"道",不屑一顾。老子鼓励人们:勤而行之。积累实力,需要积极行动。人生的道路,是通过自己每天一步一步走出来的。自强不息,勤而行之,实力才能日有所增。

在竞争激烈、优胜劣汰的现代社会,一个人要想在社会上有立足之地、求得发展,就必须有一定的实力,不是一般的实力,而是特殊的实力。

你想具有特殊的实力,你就必须创新。唯有创新,才会形成特殊的实力。最有意义的人生,就是不断创新的人生。《周易》中说:"天地之大德曰生。"这"生"字,就是创新的本质。所谓"生",就是说世界并非本来如此,也并非一直如此,而是生生不息,日新而月异。

只知道或掌握别人已知的东西,最多使你成为一个优秀的普通人;而要使自己出类拔萃,有所成就,则必须在创新上下工夫。唯有创造,才能超越。

你能够别开生面,在别人认为"不可能"的地方,实现了"可能",这就是创造。茅以升写了一本书,叫《钱江轶话》,其中谈到"无中生有"。茅以升认为,创造就是"无中生有"。千百年来人们都说,钱塘江无底,不可能造桥。茅以升就是在无底的钱塘江上,造起了中国第一座现代化桥梁。钱塘江底的流沙厚达41米,江水变化莫测,还受下游海潮涨落的制约,江面常现汹涌翻腾之势。茅以升克服了许多困难,运用了新的方法,终于造成了钱江大桥,在中国桥梁史上是一个创新。茅以升因此被称为中国现代桥梁之父。

有实力的人才常常在创新中脱颖而出。实力,也靠反复的磨炼。哪怕是困难和挫折的经历,也可以增强一个人的实力。在人生这部雄伟的交响曲中,困难和挫折常常被谱成第一乐章。困难和挫折是人生旋律中的低音区。越过了这个低音区,才会上扬到人生乐章的高潮。

对一个人来说,要想取得事业的成功,必须打好功底,具备有利于事业发展的实力。特殊的实力靠与众不同的出色创造。平时的积累是基础,实力的显示主要在于创造。创造性是一个人特殊实力的突出特征。

在人类的一切才华当中,创造性是最有价值的一种才华。创造性才华能使人更快地做出与众不同的成绩,因而在促使人发展方面有着明显的优势。所以,现在中外高等教育都十分重视培养学生的创新能力。

2002 年 7 月 22 日至 8 月 1 日,中国高等教育历史上规模最大、人数最多、层次最高的中外大学校长论坛在北京举行。哈佛大学、牛津大学、斯坦福大学等世界著名学府的 16 位校长与中国 81 位大学校长齐聚一堂,研究高等教育问题。许多世界著名大学的校长都特别强调学生创新思维、创新能力的培养。英国牛津大学校长卢卡斯说:"中国学生质量很高,聪明、勤奋、有纪律,但要注意培养独立思考的能力。"原浙江大学校长潘云鹤在校长论坛上提出了一个观点,震动了中国教育界。潘云鹤说:"大学应打破专业的界限,允许学科交叉,培养'不伦不类'的'四不像'学生,以充分发挥学生的主动性,培养他们多方面的素质和创新能力。"他强调学科交叉,文理渗透,扩大知识面。实践证明,在不同学科的结合点上,最容易产生创新的思维。

潘云鹤本人就是一位具有创造性的有特殊实力的人才。他的人生旅程也有许多不顺利,可以说屡遭挫折,但他都一个一个战胜了。每战胜一个挫折,就增强一分实力。

潘云鹤初中毕业后考进杭州艺术中专美术系,读了一年,运气不好,学校停办了。年仅 15 岁的潘云鹤只得到一家工厂当了油漆工。一年后,由于工厂精减用人,潘云鹤运气不好,又下了岗。后来他在杭州大街上看到钱江中学招生的海报,马上去报考,运气又不好,招生名额已经满了。怎么办呢?他去与校长商量,说自己会画画、会油漆,愿意为学校做一些义务劳动,他终于以自己的特长争取到一个增加的名额。他一边为学校干点杂活,一边读书。高中毕业那年,他以优异的成绩考入同济大学建筑专业。

大学毕业后,他被分配到湖北省一家只有 47 个人且没有炼铁炉的炼铁厂。厂里让潘云鹤设计炼铁炉。他是厂里唯一的一名大学生,二话没说,他去买来有关技术资料,请教了专家,参观了别的工厂,然后画好了图纸,把炼铁炉建成了,还炼出了铁。

1978 年,潘云鹤考上了浙江大学研究生,开始了计算机人工智能的学习和研究。他综合发挥了多方面的才能,经过潜心研究和实践,成为我国 CAD 领域的开拓者,取得了一系列创造性的成果。1997 年,他当选为中国工程院院士。2006 年,潘云鹤任中国工程院副院长。

潘云鹤在人生的旅程中每克服一个挫折,就增长一分实力。后来,他把不同专业的知识结合起来,在计算机上进行设计,获得了开创性的新成果。现代科学技术的发展证实,在各个学科之间的空隙与联系中进行探索,最容易发现新问题,产生新成果。促进学科的交叉发展,是提高创新水平的重要途径。仅仅囿于专门化的知识,会极大地压缩创新的境界。对不同学科进行相互联系性的探求,有利于人们的智慧获得最理想的开掘。创新思维总是生长在与众不同的知识结构上。

工程技术需要创新,艺术表演也需要创新。东方歌舞团表演艺术家朱明瑛是一位有实力的演员。朱明瑛以她能歌善舞的特殊才能给中外观众留下了深刻的印象。朱明瑛不仅会唱歌,而且外语也不错,还有多年的舞蹈训练基础。她充分发挥这三方面的特长,把音乐、舞蹈、外语的才能结合起来,别具特色地走出了一条边舞边唱的新路子。这就是艺术表演的创新。她能用 26 种语言演唱,表演不同国家、不同民族风格的歌舞。她出访过 19 个国家,她那载歌载舞的演唱魅力,征服了世界各地的观众。她那自由奔放的艺术音符传播到了辽阔的空间。朱明瑛的独特性延长了她的艺术生命。

朱明瑛说:"一个艺术家如果没有特色和个性就很难立足。和科学一样,你不同于别人,勇于发明创造,才能站得住,才有生命力。"

在人生的赛场上,实力是决定胜负的举足轻重的因素。中国女排的成长史,也雄辩地证明了实力是取胜的不可或缺的依靠。

2003 年,在第九届世界杯女子排球赛上,中国女排在最后一场以 3∶0 战胜日本队,夺得世界冠军。日本报纸评论说:"日本队与中国队的实力相差太悬殊,中国队的快攻、强攻使日本队简直无法招架。"两个 25∶18,一个 25∶13,中国女排在这场比赛中,让顽强的日本队和 1 万多名日本观众明白,仅仅有顽强是不够的,中国女排取胜靠的是绝对超强的实力。中国女排用全胜的战绩,展示了自己的实力,赢得了一个令人信服的世界第一。

这次荣获冠军来之不易。主教练陈忠和说:"一支球队,不经历风雨,不经历挫折,肯定不可能成长。拿冠军,夺取好成绩,要靠什么? 没有任何捷径可走,靠的是自己的实力。"为了抓紧训练,增强实力,从 2000 年到 2003 年,三年来,中国女排没有放过一个整天以上的假,这三年的苦是用语言无法说清楚的。中国女排的实力就是这样炼出来的。2004 年 8 月,在第 28 届雅典奥运会上,中国女排迎战劲旅俄罗斯队,在先失两局的不利情况下,反败为胜,以 3∶2 的战绩夺取了冠军。这固然与临挫不惧的心理素质有关,更重要的是有实力垫底。

两年后,在2006年世界女排大奖赛上中国女排却遭遇惨败,早早地被挤出四强,只获得第五名。在2008年世界女排大奖赛上,中国女排的最终排名还是第五名。与欧美球员相比,中国队员在弹跳高度、滞空能力和扣球力量上都有所欠缺,实力不够。接着,在2008年北京奥运会上,中国女排在艰难中挺进四强,靠着顽强斗志,最终收获了一枚铜牌。这是中国代表团在北京奥运会上取得的唯一一枚大球集体项目的奖牌。与世界强队相比,目前,中国三大球实力的差距有目共睹。

郎平执教美国女排三年多来,让这支队伍发生了翻天覆地的变化。美国女排因为郎平的到来,提升了实力。在北京奥运会上,美国女排以自己的实力夺得了一枚银牌。

在北京奥运会上,巴西女排以其强大的实力,始终保持着场上的优势。从2005年起,巴西女排开始显露王者实力。2006年,巴西女排包揽了瑞士女排精英赛冠军、泛美杯冠军和世界女排大奖赛冠军。2008年,在北京奥运会上巴西姑娘以一场未败的战绩,第一次获得了一个真正意义上的世界顶级大赛冠军。

人们清楚地懂得:"尽力"很重要,而"实力"更重要。

三、抓住机遇

一个人在人世间生活,一切都靠命运和一切都靠自己,这两种观点都是片面的。"一切都靠命运",就往往会放弃自己的努力;"一切都靠自己",就往往会不去争取客观环境提供的机遇。

机遇到底有没有?笔者认为,机遇还是有的。人们遭遇挫折,从客观上讲,往往是机遇未到。机遇是人生发展过程中最好的时刻。对于机遇,民间传说很多,充满了神秘的、不可知的色彩。何以如此?主要由机遇的特征所决定。机遇有五个主要特征:一是偶然性。它往往在人们无意识的情况下就来到了你的面前。二是瞬时性。它像天上的流星,来得突然,去得迅速,转瞬即逝。三是隐蔽性。它总是隐蔽在某种特定的条件之中,需要人们去发现它、利用它,才能发挥出它的特有的价值。四是时效性。它总是受制于一定的时间和空间,错过了时空条件,它就消失了。五是一次性。相同的机遇绝不会第二次光顾。

所以,你要战胜挫折,争取成功,就必须善于捕捉机遇。谁最早洞察它、捕捉它,谁就可能获得成功。捕捉机遇需要超前的意识。机遇在初露端倪时,是很难察觉的。当人人都知道它是机遇的时候,机遇也在消失,机遇也就不成其为机遇了。谁早一步看到、抓到,谁就有可能早一步赢得机遇,取得成功。

不是每一个人都能做到这个"早一步"的。如果一个人的成功欲望较强,社会交际面较广,信息来源较多,本人的知识也比较丰富,那么,这个人遇到机遇的概率就会比他人多。机遇不会从天而降,关键在于个人的主观状态,以及本人对待机遇的态度是否积极。数学家华罗庚曾说:"如果说,科学上的发现有什么偶然的机遇的话,那么这种'偶然的机遇'只能给那些学有素养的人,给那些善于独立思考的人,给那些具有锲而不舍的精神的人,而不会给那些懒汉。"

一个人怎样才能赢得机遇呢?

它取决于一个人对待机遇的态度。一个人如果志存高远,不甘平庸,面临挫折,顽强地抗争,不屈服于命运,那么,他就容易把握机遇。

它取决于一个人对社会和对自己的责任。一个对社会、对自己有很强责任感的人,他不会消极处世。不论处于顺境或逆境,他都能积极地创造命运,从而赢得机遇。

它取决于一个人的不屈不挠的意志。一个意志坚强的人,总会能动地适应或改变环境,变不利为有利,劈波斩浪,抓住机会,使人生旅程放射光辉。

它取决于一个人的敏锐。敏锐的人,善于识别机遇。当机遇来临的时候,他不会混然不觉,让其擦肩而过。他会凭借自己的能力毫不犹豫地与机遇拥抱。

2001年"9·11事件"以后,美国人安全意识增强,晚上到酒吧、电影院、夜总会的人少了,更多的人待在家里。过去,美国人买彩电只是为了看看新闻,了解时事,对屏幕尺寸的要求不高,现在看电视节目、看DVD片成了美国家庭里的一种主要娱乐方式,因而大屏幕彩电的市场需求急剧上升。当时,长虹公司总裁倪润峰敏锐地捕捉到这个机遇,2001年11月,他及时到美国,得到了大屏幕彩电的大批订单。

头脑敏锐的倪润峰为长虹电视赢得了一个又一个的发展机遇。现在,长虹已经在全球100多个国家申请注册了商标。长虹品牌和技术输出也在加快进行着。俄罗斯长虹、澳大利亚长虹、印尼长虹等家电生产企业相继诞生。长虹海外市场拓展进入了快速良性循环的发展轨道。

对许多成功者来说,与其说是捕捉机遇,不如说是开拓机遇。机遇是成功的重要因素,但真正起作用的还得靠人的奋斗。机遇总是垂青那些努力奋斗的人。机遇选择有充分准备的头脑。机遇是对一个人长期努力奋斗的一种肯定和回报。从这个意义上说,机遇也是人自己创造出来的。

弱者错过机遇,智者寻找机遇,强者创造机遇。对于那些不努力、不奋斗的人,机遇老是擦肩而过。中国有句古话:"扶不起的阿斗。"对"阿斗"来说,任何机遇都是不起作用的。

机遇与懒惰的人无缘,机遇偏爱与奋斗的人拥抱。也可以说,机遇是一个人付出艰苦劳动以后换来的果实。

一个人有了实力,不一定马上有机遇,这就需要必要的等待。

有一位到美国留学并取得学位的计算机博士,毕业后在美国找工作,好多家公司都不录用他,他没有施展才能的机遇,感受到遭遇挫折的痛苦。他想来想去,决定以退为进,以一种"最低身份"去求职。后来,他被一家公司录用为最普通的程序输入员,这对他来说无疑是大材小用,但他对待工作一丝不苟,干得非常认真,非常出色。不久,老板发现他非一般的程序输入员可比,这时,他亮出了大学本科学位证书,于是,老板给他换了一个与大学生相应的专业岗位。他继续埋头苦干,过了一段时间,老板又发现他远比一般大学生要高明,这时,他又亮出了硕士毕业证书,于是,老板又提升了他。他在工作中更加尽心尽力,充分展现了自己的聪明才智,又过了一段时间,老板发现他比一般的硕士胜出一筹,就对他进行详细了解,这时,他才拿出了博士学位毕业证书。于是,老板毫不犹豫地重用了他。

你具有实力,但表现实力也有一个过程。别人了解、信任你,也需要一定的时间。所以说,机遇需要等待。但等待不是无所事事,等待的过程,是不懈努力、展现实力、创造机遇的过程。

在机遇还未来临的时候,必须耐得住寂寞。有时候,一个人要获得决定性的成功机遇,需要长期的等待和长期的努力。喜剧演员游本昌就有这样的经历。游本昌在少年时,就热爱表演。凭着良好的表演天资,他被保送到上海戏剧学院深造,并在大学毕业后非常幸运地进入中央实验话剧院。然而,他未料到,跨入当时中国一流剧院的这一年,也正是他不走运的开始,接下来是长达30年的默默无闻。这30年,对游本昌来说,可以说是一大挫折。在这30年里,游本昌所扮演的几乎都是小角色、小人物,没有形成大的社会影响。直到他52岁时,机遇来了,他在电视连续剧《济公》中演了主角,游本昌的名字才连同"济公"这一艺术形象深深地印在亿万观众的脑海之中。

一个人能够耐得住寂寞，才能最终不寂寞；而耐不住寂寞的人，偏偏最终要寂寞。是玫瑰总会开花，是金子总会闪光。如果你现在才华横溢，但怀才不遇，请不要泯灭自己的志气和追求。一个人只要全身心地追求自己的目标，他总会找到属于自己的机遇。

即使机遇暂时没有降临，有志者总是在不断地努力，不断地奋斗。开始时他在追寻机遇，而一当他们自身的努力和奋斗达到一定的程度时，机遇便会登门拜访。事实上，机遇往往是一种条件苛刻的社会资源，要得到它，必须付出相当的代价和成本，必须具备相应的足以胜任的资格，而这一切都离不开长期的艰苦准备和耐心等待。只有我们自身准备充分，一旦机遇来临，就可以迅速地毫不犹豫地把它牢牢掌握在手中。

对一个强者来说，就是机遇来了，还是要继续尽心尽力，卧薪尝胆。人们都说，苦尽甘来，苦中有甜。许多成功者都有这个心理体验。电视连续剧《钢铁是怎样炼成的》于 2000 年获得中国最佳电视剧奖、最佳导演奖。导演之一嘉娜说："一个人一生中有太少的机会能够最大限度发挥自己的特长，我赶上了，所以觉得所有的苦里面都有幸福的感觉，都有一种超越自我极限的快感。"嘉娜还深情地说："在遥远的乌克兰，三百多天夜以继日地奋战，失去了不少青春少女亮丽的光泽，却经历了一场心灵的洗礼。"

有时候，机遇以挫折的形态或者不幸的面目出现。一个人遭受挫折和痛苦，在某种意义上看，也是一种机遇。人生的发展就是对各种各样挫折和痛苦的不断超越。人生正是在不断地同挫折和痛苦的抗争中，获得了机遇，取得了成功。灿烂的生命之花，在挫折和痛苦的荒原上破土怒放。

人的生活与环境息息相关。人的生存和发展，离不开所处的时代。一个好的时代，能够为人的生存和发展提供更多的机遇，它让人有更多的自由去选择自己的命运，去改变自己的命运。

对于人们的发展来说，一个好的时代，往往是大变动的时代、大变革的时代。这样的时代，能够为人们大显身手赢得更多的机遇。所以，在历史发生重大变化的那些关键时期，总是人才辈出的时期。

现在，在中国，在世界，时代给我们，特别给青年人提供了前所未有的机遇和发展可能。整个社会都充满了对人才的渴望和呼唤。

假如你昨天失去了美好的机遇，今天不必悔恨与消沉。在过去与现在的交汇点上，重要的是把握住今天。

面对充满生机和活力的时代，我们最好的行为方式，就是顺道而行，按照时代的要求去努力。我们最现实的明智之举就是准备好自己，使自己成为真正的人才。这样就会使可能的机遇变为可把握的机遇。

四、提升境界

一个人要彻底战胜挫折，还有一个关键是要提升人生境界。北京大学教授、著名美学家朱光潜曾经说过："人要有出世的精神才可以做入世的事业。一个人不斤斤计较于利害得失，才可以有一番真正的成就。伟大的事业就出于宏远的眼界和豁达的胸怀。"

一个人在干事业的过程中，常常会遭遇挫折和失败。当然，一个人遇到挫折和失败是痛苦的，特别是当遇到大委屈、大冤枉、大挫折、大失败的时候，所受的痛苦更大。那时，就要及时宣泄、排解、调节情绪，这样可以减少痛苦。一个人要真正超脱痛苦、战胜挫折，直至取得新的成功，需要人生大境界。"宠辱不惊，看庭前花开花落；去留无意，望天空云卷云舒。"这是人生大境界。人生大境界是人世间痛苦聚集、升华出来的产物。有大境界的人，才能超越人世间的千难万险，攀登事业的高峰。相反，境界很低，只能导致失败。

1991 年 11 月 1 日,在美国爱荷华大学校园内发生了一起枪杀血案。凶手是一个中国博士生,名叫卢刚。卢刚的博士论文没有得奖,而他的同学单林华的博士论文得了奖,他不能忍受。于是,在那一天,他枪杀了他的导师,又枪杀了系主任,还枪杀了系里另一位教授和一位副校长,接着枪杀了他的同学单林华博士,最后自杀。短短十分钟,一共死了六个人。这起恶性案件,震动了美国和中国的教育界。

卢刚所追求的目标没有达到,他遇到了挫折,可是,他竟用这种方式对待挫折! 这是一种心胸狭隘的报复,这是一种境界低下的表现。

有一个大学生谋财害命,从而走向毁灭。他的名字叫任何。任何 1997 年大学毕业后,一心想走一条暴富的捷径。开始时,任何去抢劫,一次、两次、三次,得逞了,就像吸毒者对毒品的依赖一样,时间一长,越来越依赖于这种用黑钱换来的满足感。

后来,任何竟恶性地发展到去杀人。从 2000 年 12 月至 2001 年 6 月,半年之内,他先后杀死了 14 个人。为了"短期暴富",任何从一个大学生变成了一个"杀人魔王"。他为自己"活"、自己"富",竟然残暴地谋财害命,成为十足的败类。他已经没有什么境界可言了,他的境界在零分以下。

多行不义必自毙。2001 年 9 月 30 日,任何被警方提拿归案,受到了应有的严惩。

河北省原国税局局长,39 岁的李真,才华横溢,年轻有为。可是,2001 年发现他收受贿赂 1084 万元,2003 年 10 月 9 日,李真被终审判处死刑。

李真的失败,不是败在才华上,他有才华;也不是败在机遇上,他有机遇,他是败在人生境界和人格水平上。一个人的人生境界和人格水平一旦降到临界线以下,那就必然面临灭顶之灾!

在李真临刑之前,记者问他:"你现在最珍惜是什么?"李真回答:"是自由,不是金钱。"可惜他觉悟得太晚了。疯狂的贪欲和低下的境界毁灭了他。

2004年11月2日,在湖南长沙发生了一起大学生强奸、杀害自己暗恋的女教师的案件。那天下午,长沙某高校25岁的女教师陆灿昱,被自己的学生敖力诱骗到学校附近的私租房内,两人因情感问题发生剧烈争吵。当日晚8时,敖力到公案机关自首。公安人员迅速赶到现场,发现陆灿昱颈部、头部被刺13刀。据法医鉴定,陆灿昱是被凶手用被子活活捂死的,而且遭到了性侵犯。

被害人陆灿昱是一名英语老师,在同事和学生中口碑甚好。凶手敖力是她教了近两年的学生。敖力家境贫困,父母离异,学习比较努力,陆灿昱与敖力一向关系较好,平时多以姐弟相称。敖力对陆灿昱一直心存爱慕,以致发展到单相思。当得知陆灿昱即将与一位硕士、多年的男友结婚的消息后,他接受不了这个事实,产生了一种情感挫折。结果,自卑变成了自私,用非常残忍的手段把陆灿昱杀害了。敖力被终审法院认定犯有故意杀人罪和强奸罪,依法判处死刑,并于2005年9月2日执行。从实质上说,敖力的人生境界极其低下,以致杀害老师酿成这场惨剧。

"境界"一词原出佛经。佛经所说的"境界",本来是指禅义或禅法所达到的深度。人生境界就是一个人在现实生活中对人生的体验、认识、调整和控制的程度,是一个人在生活中达到的总体的精神状态和修养水平,指个体人格的层次。

一个人要取得真正的成功,必须健全自我人格。在争取成功的过程中,经历挫折和失败,而又能够理性地对待,这就需要人格力量的支撑。一个人具备健全的人格,是战胜挫折的支点。

一个人有了健全的人格,才能在艰难之中继续奋斗,才能最终战胜挫折。人生的价值,不仅看一个人是否成功,主要看一个人是否奋斗。从这个角度看,人生的价值,必须通过自己勇敢的奋斗,在与命运的抗争中才能实现。当厄运降临到自己的头上时,人生的价值并不意味着一定被摧毁。一个有着健全人格的人,永远不会在厄运面前屈服。人生所有的成败,都归结为一种人格的成败。人格,是人生成败的出发点,也是人生价值的归宿。

变不可能为可能,变办不到为办得到,变不成功为成功,除了必要的知识和能力之外,很大程度上取决于一个人的人格层次。境界是人格的标志。境界高,标志着人格层次高。境界高的人,能够居高临下,能够看得更清楚,哪些地方该直着走,哪些地方该绕过去,哪些地方该退几步。

为人好,境界高,可以帮助你取得事业的成功。2001 年,美国《时代》杂志评出"全球最有影响力的商界领袖",中国大陆柳传志榜上有名。柳传志经常说:"办公司就是办人。"他以自己的人格吸引了许多人才,大家齐心协力,干出了大事业。联想集团现在已经成为中国电子计算机行业的龙头企业之一。柳传志现在是联想集团董事局主席。他待人真诚、理解、尊重、关心,体现了他的精神境界。柳传志的成功,在根本上是他境界和人格的成功。

人与人之间拼到最后,拼的是境界和人格,赢也赢在境界和人格上,输也输在境界和人格上。

任何人的心灵都是一个善恶对峙的世界,人生的每一步都面临着善与恶的抉择。人的内心世界既有天使在飞翔,也有魔鬼在狂奔。一个人无论具有怎样出众的才华,如果丧失理性的制约,最终必然会被社会所唾弃。

人的情感是从动物本能的情绪和情欲演化而来的,里面多少保留着某些原始、粗野的成分。所以,人的情感不仅有高级和低级之分,而且有高尚和鄙俗之别。这种差别从根本上说取决于情感与理性结合的程度,即取决于一个人的精神境界。

德国美学家席勒说,在人身上存在两种相反的要求,即感性本性的要求和理性本性的要求,这使人受到两种相反力量的推动,从而造成了人性的分裂,感性与理性、主体与客体、个人与社会相互分离。要消除这种状态,一个人就要尽可能达到感性与精神力量的整体和谐,使理性在人的人格中树立起来。

一个人要在社会上站住脚跟,不仅需要丰富的知识、必要的能力,而且更需要健全的人格。

我国教育家陶行知说的一句话极富哲理,他说:"不做人上人,不做人下人,要做人中人。"这就是说,做人要有一个恰当的定位。怀着一颗平常心,甘做一个平常人,这样我们的心态就会平衡。心态的调节,必须有一个人格的维度。

21世纪的人类在追求什么?人们在追求一种个体与社会、物质与精神、感性与理性高度融合的自由境界。这种境界就是一种审美境界。审美境界是一种真、善、美和谐统一的境界,这也是人的现代化的最高境界。

社会发展了,人们不仅求知、求富,而且还求美。人的美包括外在的人体形态美和内在的心灵情操美。随着物质的逐渐富裕,人们有条件对外貌美给予更多的重视。

德国妮维雅公司中国经理霍多克说:"过去,美丽在中国是禁忌话题,如今它变得尤其重要。尽管妮维雅产品比中国同类产品要贵3倍,但其男性护肤品销售额却连年剧增。许多中国女性甚至拿出月收入的1/4用于皮肤护理。在中国,无论男女,都很重视美好的外表。"

季羡林曾说:"纵观动物世界,我们会发现,在雌雄之间,往往是雄的漂亮、高雅,动人心魄,惹人瞩目。……但是,一讲到人美,情况竟完全颠倒过来。造物主创造出来的女子美妙、漂亮、悦目、闪光。造出来的人中雄,显得有点粗陋。"①现在,中国的"人中雄",也越来越重视外表的美化。

一位大学生问笔者:"怎样使生命变得更加美丽?"笔者回答:"使生命变得更加美丽有三种形式:第一种,对生命形体外表的美化;第二种,对生命本体机能的美化;第三种,对生命整体精神的美化。"就上述话题,笔者曾经与大学生进行了一次讨论。

第一种,对生命形体外表的美化,追求的是形美。你可用各种洗发露美化头发;用润肤霜美化皮肤;用你喜欢的服装美化自己的外表。

现代人对服装十分重视。服装的形式美与人的外表美紧密相连。在远古社会中,人们为了御寒,就用树叶、兽皮遮体。现在服装不仅具有御寒遮体的实用价值,而且还具有高度的美学价值。因此,在现代人的生活中,服装的选择已经成为审美的最重要的方面之一了。一个人的服装之美,是由多种因素构成的,包括格调、款式、色彩等。在选择服装时,要从年龄、身份、季节、体型诸方面进行考虑,并且要善于搭配,使自身与服装具有相宜之美。

第二种,对生命本体机能的美化,追求的是力美。你可用运动器具或其他方式锻炼自己的肌肉和体型,使自己充满活力,给人以美感。

据一次调查,中国华东地区城市男子体型偏胖的占 60%,A型体型的偏少,D型体型的偏多。这提示人们,除了注意科学饮食之外,还要重视锻炼。

据《国际先驱导报》报道,美国前国务卿赖斯,为了保持自己体型的美丽,每天早晨锻炼 45 分钟,从来没有间断过,包括体操、举重等运动。

---

① 季羡林:《我的美人观》,见《病榻杂记》,新世界出版社 2007 年版,第 234 页。

罗丹说:"人体,由于它的力,或者由于它的美,可以唤起种种不同的意象。"①人的体型、肌肉、肤色蕴含着无比的美。人体的力美,在很大的程度上,靠的是长期的锻炼。

第三种,对生命整体精神的美化,追求的是神美。人的精神的美化是最高品位的美化。它不能用化学的、物理的方式来完成。神美给人以独特的韵味,会产生仪态万方的魅力。

精神的美化,关键抓什么?关键是抓人格。人格是做人的根本。正如诗人歌德所说:"你如果失去了金钱,你只失去了一点;你如果失去了名誉,你就失去了很多;你如果失去了人格,你就失去了全部。"

一部人类社会的发展史,既是一部生产力和经济发展的历史,也是一部人类自身素质逐渐完善和人格境界不断提升的历史。真、善、美的和谐统一,是人格的最高境界。

在现代社会,主导性的世界观是审美世界观。何谓审美世界观?审美世界观是一种主张人—社会—自然和谐协调发展的世界观。其内涵包括人类应该审美地对待他人,审美地对待社会,审美地对待自然,审美地对待自身,做到人与人、人与社会、人与自然、身体与心理和谐协调发展,逐步进入审美生存的境界。

从审美生存的角度来看,人生的痛苦和快乐都具有审美价值。人生在世,人们追求快乐,这是理所当然的。快乐在人生中无疑具有审美价值。快乐比痛苦好,但在人生中往往痛苦比快乐多。痛苦和快乐具有相对性和转化性。如果一个人能够在主观上利用遭遇到的挫折和痛苦,使自己的感情得以磨炼和升华,那么,他在挫折和痛苦中的所得会超过在顺利中的所得。

整个人生的意义和价值,都是与美分不开的。一个热爱美的

---

① 《罗丹艺术论》,人民美术出版社1978年版,第62页。

人,总是对生活充满着希望,充满着梦想。美是一个人奔向未来的彩虹。

每一个成功者,都曾经是一个梦想家。每一个伟大的成功者,都曾经是一个伟大的梦想家。人在追求梦想的过程中,难免会遭遇挫折和痛苦,这种挫折和痛苦便是一片到达梦想彼岸的心灵沼泽地。

一个人临挫不惧、遇挫奋起、超越挫折,人生之美就会闪耀出迷人的光芒。

人生的发展就是对各种各样挫折和痛苦的不断超越。在很多时候,人们所进行的过程往往是失败的,即使是失败的过程和结局也能为人们的前进提供有益的教训和养料,因而也具有审美价值。

强者总是这样对待生活:也许我会有100次失败,但是我仍然会有第101次追求。每个人的成功都是独特的,不会有两个人取得完全一样的成功。成功不只是与他人相比,更重要的是要认识自我,发掘自我,超越自我,以锲而不舍的追求去铸造一个更好的自己。

有的人,一根稻草掉在头上也大哭大叫;有的人,泰山压顶不弯腰。他们所不同的,就是对待人生的态度。人生态度是人的心灵的反映。

比尔·盖茨说:"成功来自积极的努力。"积极的努力,是一种极佳的人生态度。积极的努力,将会点燃自身每一处火种,让整个心灵处于一种亢奋的状态,"劳于形"却不会"苦于心",潜能也在这种孜孜不倦的努力中得到充分的挖掘。积极的努力,是一种对自我的肯定和排除外界干扰的自信。

一个人在积极努力的过程中,即使遇到挫折和失败,也能把它转变为继续前进的动力。他在超越无数的挫折和失败后,视野必将变得更为开阔,人格必将炼得更为伟大。

　　一个人最大的成功是心灵和人格的成功。一个人最重要的美化是心灵和人格的美化。一个人最宝贵的财富是心灵和人格的财富。

　　人死了,心灵和人格会继续活下去,活在他的创举与事业之中。

第五章　人格塑造及其对人生发展的意义

第一节　教育在本质上是人格的教育

人格指个人在一定社会中的角色、尊严、权利和作用的统一体,是具有个体心理特征的表里一致的做人的资格和品格。简言之,人格即做人的根本之格。人格是在生理遗传的基础上,经过后天教育和实践逐渐形成的,是现实中体现个人特色的思想和行为的综合。

人的生理是人格结构的一部分,它只是人格发展的生理基础。从综合的角度考察,人格结构主要包括人的生理、人的心理、人的智能、人的性格、人的思想、人的道德。从本质上看,人格是社会关系在个人身上内化的产物和表现。个体素质中所包含的诸多方面的发展都取决于人格发展的水平。

一个人人格的形成过程,就是社会向人内化和人向社会外化的双向作用、辩证统一的过程。所谓社会向人内化,是指社会文明发展的成果向个人渗透、转化,为个人吸收、消化和掌握,从而形成人的社会特质。这种内化实质上就是社会对人的创造。所谓人向社会外化,是指人的本质及其力量向社会渗透、转化,给社会文明创造价值贡献。这种外化实质上就是人创造社会。这种内化与外化的统一过程,便是人格形成的过程。一个人形成了健全的人格,也就是塑造了美的人格。

随着中国教育水准和教育普及率的提高,整个民族整体素质有了较大的提高,但中国人的素质也还存在许多问题。国务院研究室的解思忠研究员长期从事教育、科技、文化、卫生等方面的情况调查、政策研究和管理实践,大量的典型个案和数据统计信息使他看到,中国人素质方面所存在的种种缺陷已经阻碍了现代化的进程。他在《国民素质忧思录》一书中,对中国人的素质分别从人格、精神、道德、文化、科学、健康、职业、审美等8个方面进行了考察,归纳出了24种缺陷,并追溯了造成这些缺陷的总根源。他认为总根源在教育上,位列第一的就是"近乎空白的人格教育"。① 这是很长时期以来实施传统的应试型教育的必然结果。

传统的应试型教育偏重于知识、技能的传授和培养,比较忽视人格教育。有关资料表明,所受的应试型教育越多,人格发展越是不平衡,具有心理问题或心理障碍的人数越多。"在小学阶段,有心理和行为问题的学生约占13%;在初中阶段,具有明显心理障碍学生的比例约为15%;在高中阶段,这个比例达到19%;而在大学阶段,这个比例增长到20%以上。"②学生心理障碍人数的比例由小学至大学呈增长的趋势,这种现象与片面强调知识、技能的传统应试型教育有直接的关系。

---

① 解思忠:《国民素质忧思录》,作家出版社1997年版,第236页。
② 郑雪:《人格心理学》,广东高等教育出版社2006年版,第430页。

现代教育理论对人格教育的高度重视,促使我们认真思考教育的新模式。近年来,中国已经开始重视素质教育。素质教育要求我们,通过必要的方式和途径,使人的各方面的素质得以协调发展。素质教育的过程就是人格整合的过程,是个体的综合素质整体优化的过程。人格是个体综合素质中十分重要的内容。人格教育在素质教育中处于核心地位。在现代社会,如果教育中舍弃了人格教育,那就等于舍弃了根本。一个人有了健全的人格,才能达到素质的全面提高。人格塑造是素质教育的出发点和归宿。

教育在本质上是人格的教育。人格教育,是一种以发展学生心理素质,培养与适应现代社会需要的人格为目的的教育。人的发展,不仅是身体的成长、知识的增多、技能的形成,而且是需要、动机、个性、性格、价值观、人生观等的全面发展。人格教育与传统教育是有所区别的。传统教育偏重于知识的传授和技能的培养,而人格教育着眼于人格的全面发展和培养。在传统教育中,虽然包含了某些人格教育的成分或因素,但这种人格教育的成分或因素没有明确的目的,只是一种附带的、无意识的和经验式的人格教育,它仅仅是传统教育的一种补充。传统教育在本质上是一种片面的教育。片面的教育不利于学生心理的平衡发展,从而导致不健全人格的形成。人格教育是以促进学生健全人格发展为目的的教育。人格教育主要关心的是学生的人格发展,帮助学生开掘和发展潜能,探索自我发展与环境的关系,以创造人生的价值和意义。人格教育的着力点是:促进个体对自我内心世界的了解;形成对周围环境客观和全面的认识;调动自身的积极性,把握自我的价值和人生的意义,导向健全的人格发展。

人格教育有助于个体良好的人格品质的形成与发展。一个人潜能的开掘和发展,不仅有赖于适当的社会环境条件,而且需要个人具有良好的人格品质。国内外关于智力和非智力因素关系的研究表明,好奇心、求知欲、进取心、坚持性等非智力因素或人格特征对于人生发展有重要的促进作用。传统教育未能很好地处理智力因素与非智力因素的辩证关系,过分强调知识、技能的因素,着眼于当前的考试分数,而忽略个体非智力因素或人格特征的发展,致使有些教育对象求知欲减弱、厌学、浮躁情绪滋生等等,从而阻碍了潜能的发挥。

现代社会是一个日新月异迅速发展的社会,知识更新越来越快,"知识的兴衰期"越来越短。随着经济、政治、文化、科技等方面的剧烈变革,人们生活节奏不断加快,社会竞争日趋激烈。社会竞争归根结底是人才的新思想、新知识、新观念的竞争。现代人只有获得学习知识的能力和创造知识的能力,才能在激烈的社会竞争中立于不败之地。

世界上国与国之间综合国力的竞争,从根本上说取决于教育、人才与国民素质的竞争。各个国家都在想方设法进行教育改革,提高人才素质。因此,素质教育成为国际上教育的主流。素质包括身体素质、文化素质、专业素质、品德素质与心理素质等。心理素质的内涵包括广泛的兴趣、积极的情绪、奋发的进取心、坚强的意志力等。

人格教育的总目标是促进教育对象心理健康,培养教育对象良好的人格品质与健全的人格。国际心理学界对心理健康的认识日益深化,现在普遍认同这个观点:"心理健康不仅指个体没有心理上的疾病或变态,而且在身体上、心理上和社会上均能保持最高、最佳的状态。"①这就是说,心理健康包含有生理、心理、社会三方面的含义:

就生理层面而言,一个心理健康的人,其身体状况,尤其是中

---

① 郑雪:《人格心理学》,广东高等教育出版社 2006 年版,第 437 页。

枢神经系统应无疾病，其功能在正常范围，并无不健康的体质遗传。这种生理上的健康是心理健康的前提条件。

就心理层面而言，一个心理健康的人，能正确地认识自我，明确自己的长处和短处，认识系统和环境系统能保持正常而有效率，在自我发展上与人际和谐方面均能兼顾。

就社会层面而言，一个心理健康的人，在社会环境中能有效地适应，其行为符合生活环境中文化的常模而不离奇古怪，角色表现符合社会要求，与环境保持良好的接触。

心理健康是达到健全人格的基础。健全人格的内涵除了包括人的生理、心理之外，还包括人的道德观念、法律法纪观念以及价值观、人生观等多方面。健全人格是个体人格与社会人格的有机统一，既表现个体在社会生活中的价值取向，也反映社会对个体的价值认定。

人格健全的人，他的追求和行为已经处于一种自觉的状态。这种自觉的状态体现于"自爱、自尊、自律、自强"这八个字。自爱：始而表现为求生存的欲望，继而表现为自觉的人格追求，渴望被他人接受，被他人理解，被他人尊重。自尊：表现为承认和重视自我在社会中的存在价值，喜欢和热爱自我的情绪以及接受自我的意志。自律：表现为自觉地按照"应当如何"的要求对自己的行为所产生的约束力，体现了一种深刻的理性精神，个体懂得如何去约束和选择自己的行为，从而凸现出人格的力量。自强：这是自爱、自尊、自律的升华，蕴含着一种不满足现状、不断向上的奋进精神。有了这种精神，一个人便处于一种自觉的、积极的状态之中。

人格健全的人，他具有朝着生活目标奋进的坚忍不拔的意志力。他毫不畏惧地面对前进过程中出现的种种困难和挫折。他对自我的洞察力和对环境的适应力达到了一种理想的状态。

第二节　奥尔波特、马斯洛、罗杰斯的人格理论

一、奥尔波特的人格理论

美国心理学家奥尔波特(1897—1967)对人格的研究作出了开创性的建树。他的父亲是内科医生,母亲是小学教师。他于1915年考入哈佛大学。读完本科和研究生课程后,于1922年获哲学博士学位。1922—1924年,他先后就读于柏林大学、汉堡大学和剑桥大学。1924年,他回哈佛大学任教,开设了美国最早的人格心理学课程。1937年,出版了名著《人格:心理学的解释》。书中概述了他的人格特质理论,受到许多心理学家的肯定。奥尔波特是心理学界研究人格心理学的元老。他于1939年任美国心理学会主席,1963年获美国心理学基金会金质奖章,1964年获美国心理学会杰出科学贡献奖。

奥尔波特关于人格的许多观点对学术界影响很大。他的一系列研究成果对我们理解人格和健全人格极有价值。奥尔波特认为,人格就是真实的人。后来,他作了补充:"人格是人所想的和所做的,存在于行动的后面、个体的内部。"接着又提出:"人格是个体内部心身系统的动力组织,决定人行为和思想的独特性。"奥尔波特的人格定义反对当时心理学中的两种倾向。一种倾向认为,人格不存在;另一种倾向认为,人格在个人所不知道的心灵阴暗的隐蔽处。奥尔波特强调人格的确存在,并指出了人格的独特性和整合性,认为人格是一个心身系统,具有推动和引导个体行为的能力。

奥尔波特把特质视为人格的基本结构单位。他曾列举了10种人格的基本单元:智能、气质特点、潜意识动机、社会态度、认知

方式、图式(看世界的方式)、兴趣、价值、表述特点、语体特点。奥尔波特认为,特质是一种神经心理结构,除了能对刺激产生行为外,还能主动引导行为,使许多刺激在机能上等值起来,使反应具有一致性,即不同的刺激能导致相类似的行为。例如,一个具有"谦虚"特质的人,对不同的情境会作出相类似的反应。反之,具有不同特质的人,即使对同一个刺激物,反应也会不同。

特质有以下主要的特点:一是特质存在于个体内部,是个体内部的神经心理结构。二是特质是对习惯整合的结果。特质比习惯更具有概括性、普遍性和一般性。例如,一个人每天在早晨和饭后刷牙,这是习惯,以后刷牙这一行为融化在更为广泛的习惯系统中,又进一步整合在个人的清洁倾向中,爱清洁就成为这个人的特质。三是特质具有动力性,是行为的基础和原因,支撑、指导着人的行为。四是特质的存在,不能直接观察到,但可以进行科学验证,从观察一个人多次重复的行为中证实。五是两个人的特质之间并非完全独立,它们之间的区分没有严格的界线。奥尔波特认为,人格是一种网状、相互牵连、重叠的特质结构,这些特质之间仅仅是相对独立,"特质不是孤岛"。

奥尔波特把特质分为共同特质和个体特质两类。

第一类:共同特质。

共同特质是指同一文化形态下群体都具有的特质边缘是在共同生活方式下形成的,普遍存在于每一个人身上。每一种共同特质都是一种概括化的性格倾向。

奥尔波特又将人格的共同特质划分为表现特质和态度特质。

表现特质在支配适应行动的动机系统中使行动具有一定的特征,包括支配性—顺从性、扩张性—退缩性、坚持性—动摇性。

态度特质指对特定情境的适应行为中具有的对己、对人和对价值的态度,包括外向性—内向性、对自己的客观态度—自我欺骗、自信—自卑、对他人的合群性—孤独性、利他性—自私性、社会智力高—社会智力低、对价值的理论性—非理论性、经济性—非经济性、审美性—非审美性、政治性—非政治性、宗教性—非宗教性。

第二类：个人特质。

个人特质为个人所独有，代表个人的性格倾向。奥尔波特认为，世界上没有两个具有相同个人特质的人，只有个人特质才能代表个人。他主张人格心理学家集中精力研究个人特质，并认为用个人的史实记录（如日记、信件和自传等）来研究人格特质最有效。

奥尔波特按个人特质对个格的影响和意义，将它们划分为三个重叠和交叉的层次：首要特质、核心特质和次要特质。

首要特质是个人最重要的特质，代表整个人格，在人格结构中处于支配地位。这种特质具有极大的弥散性和渗透性，影响一个人的全部行为。例如，创造性是爱迪生的首要特质，吝啬是葛朗台的首要特质，等等。

核心特质最能说明一个人人格的特质，是人格的"构件"。一个人的人格由几个彼此相联系的核心特质组成，核心特质虽然不如首要特质那样对行为起支配作用，但也是行为的决定因素。例如，奥尔波特认为詹姆斯的核心特质是快乐、人道主义和社会性等。

次要特质是个人无足轻重的特质，只在特定场合下出现，不是人格的决定因素。例如，某人有恐高症，等等。

奥尔波特花了许多时间做了一个著名的个案研究。他通过对一位叫珍妮·马斯特森（化名）的老妇人的研究来说明个人特质的研究方法。在《珍妮的信》（1965 年）一书中，他研究了珍妮 12 年中所写的 301 封信，确定了珍妮的 8 个核心特质：爱争吵—多疑、自我中心、独立性、戏剧性、艺术性、攻击性、愤世嫉俗、多愁善感。奥尔波特花了大量时间，勾画了一个真实而生动的珍妮。

　　奥尔波特对人性的看法是乐观的。他选择健康成人作为主要研究对象,他的理论体系是面向健康人的。他认为,健康人在理性和有意义的水平上活动,他们活动的力量完全是能意识到的,可以控制的。健康人的视线向前,指向当前和未来的事件,而不是向后。

　　奥尔波特提出了以下健康人格的特征:

　　(1)自我意识广延。心理健康的人,活动丰富多彩、范围极广,他们有许多朋友和爱好,并且积极参加政治、社会或宗教活动。

　　(2)人际关系融洽。心理健康的人与别人关系亲密,但没有占有欲和嫉妒心。他们具有同情心,并且能容忍别人与自己在价值观上的差异。

　　(3)情绪上有安全感和自我认可。心理健康的人能够忍受生活中不可避免的冲突和挫折,经得起一切不幸遭遇,对自己有积极的看法。他们具有积极的自我意象,即良好的自我形象和对自己乐观的态度,明显不同于那些充满自卑感和自我否定的人。

　　(4)具有现实的知觉。心理健康的人能够准确、客观地知觉周围现实,而不是把它们看作是自己希望的东西。这种人善于评价情境,作出判断。

　　(5)专注地投入工作。心理健康的人形成了自己的技能和能力,能全心全意地投入工作,高水平地胜任工作。专注地投入自己的工作是健康人格的一个重要特征。

　　(6)现实的自我形象。心理健康的人能够正确理解真实自我与理想自我之间的差别,也知道自己对自己与别人对自己看法之间的差别。他们的自我形象客观、公正,他们知道自己的优点和缺点,对自己了解全面。

　　(7)统一的人生观。心理健康的人具有统一的人生观和价值观,并能将其应用于生活的各个方面。他们面向未来,行为的动力来自长期的目的和计划。他们一生都在向着经过考虑和选择的目标前进,有一种主要的意向。

二、马斯洛的人格理论

人本主义心理学是 20 世纪 60 年代在美国兴起的一场心理学革新运动,因强调人的本性及其主观经验的重要性而得名。

美国心理学家马斯洛(1908—1970)是人本主义心理学的创始人。他于 1908 年生于美国纽约州,童年时孤独而不幸。年轻时学过法学、文学。早年信仰华生的行为主义,曾根据行为主义理论来教育自己的孩子,但失败了。他指出,任何有孩子的人绝不可能是行为主义者。第二次世界大战期间,他深深地意识到战争给人类带来的悲剧,决心通过对健康人或自我实现者的研究,证明人类有能力战胜仇恨,征服毁灭。马斯洛 1934 年获威斯康星大学博士学位。毕业后,在哥伦比亚大学与桑代克共事,在布鲁克林学院执教 14 年。1951 年去邦迪斯大学工作。他于 1967 年当选为美国心理学会主席。

需要和动机是马斯洛自我实现理论的重心和精髓。他认为,需要有一种渐进的层次,必须先满足某些需要,才能满足另一些需要。只有低级需要基本满足后,才会出现高一级需要;只有在所有需要相继满足后,才会出现自我实现的需要。马斯洛认为人类的需要是一个按层次组织起来的系统,从低到高纳入一个连续的统一体之中。

马斯洛最初提出人类有五种基本需要:生理需要、安全需要、归属和爱的需要、尊重需要、自我实现需要。后来,他又在自我实现需要下面增加了审美需要、认知需要。

(1)生理需要。生理需要是人和动物共有的,直接与生存有关,具有自我保存和种族生存的意义。它包括食物、水、性交、排泄、睡眠等需要。其中以食物和水的需要最为重要。生理需要满足后，人类就被更高一级需要所支配。

（2）安全需要。生理需要得到基本满足后，安全需要就会作为支配动机出现。人要求安全、稳定和保护，等等。首先是要求减少生活中的不确定性，需要各种生活常规，否则就会焦虑。此外，父母离婚、争吵和意外事件的干扰，也会给子女带来不安。

（3）归属和爱的需要。生理需要和安全需要得到基本满足后，个人就会受归属和爱的需要支配。归属需要就是参加一定的组织或依附于某个团体等的需要。爱的需要包括接受爱和给予爱，实质上也是一种归属需要。

马斯洛认为，爱与性不是同义词。他认为，弗洛伊德把爱情归结为性欲是个极大的错误。爱的需要受到挫折，是心理失调的主要原因，爱就像盐或维生素一样不可缺少。成熟的爱是人与人之间彼此关心、尊重和信任。人需要爱别人，也需要得到别人的爱，否则就会感到孤独和空虚。马斯洛指出，现在人们强烈地感受到缺少朋友、知己，渴望与人的亲密关系，尤其是在群体或家庭中。

（4）尊重需要。上述三种需要得到满足后，个人生活就会受尊重需要支配。马斯洛把这种需要分为两种基本类型：自尊的需要和受他人尊重的需要。一个人如果尊重需要不能满足，就会产生自卑、无助、沮丧的情绪。

（5）认知需要。马斯洛认为，人有求知和理解的欲望，并把它看作克服障碍和解决问题，从而满足基本需要的工具。他指出，认识能力是一种顺应工具，除了其他功能外，还有满足人类基本需要的功能。因此，求知和理解的欲望与基本需要相关联。

（6）审美需要。这种需要包括对对称、秩序、完整结构以及对行为完满的需要。他认为，审美需要与其他需要的关系还不清楚，但是，这种需要在每一种文化中，甚至洞穴人的文化中都是存在的,在自我实现者的身上有最充分的表现。

(7)自我实现需要。马斯洛认为,上述六种需要满足后,并不一定就会有自我实现的需要。这决定于个体是否具有"B-价值"(即永恒的真理)。具有"B-价值"的人,会受永恒真理的驱使去自我实现。

马斯洛认为,自我实现需要是创造的需要,是追求自我理想的需要,是个人特有潜能的极度发挥,是个人想做一些自认为有意义和有价值的事。马斯洛指出,一个音乐家必须作曲,一个画家必须画画,一个诗人必须写诗,一个人能做什么,他就必须做什么。我们可以把这种需要称为自我实现。他认为,对于大多数人来说,自我实现需要的满足,仅仅是达到个人的奋斗目标;只有少数人,才能达到真正的自我实现境界,成为自我实现者。

马斯洛认为,自我实现者能够充分发挥自己的才能,全力以赴地工作,把工作做得最出色。绝大多数人只能在归属和爱的需要与尊重需要之间的某一层次上度过一生,只有百分之一的人才能成为自我实现者。自我实现者大多数是中年或年长的人。

马斯洛通过研究,概括出了自我实现者的积极特征:

①现实知觉良好。

②对人、对己、对大自然表现出最大的认可。

③具有自发性、单纯性和自然性。

④以问题为中心,不是以自我为中心。

⑤有独处和自立的需要。

⑥有较强的自主性和独立于环境和文化的倾向。

⑦对生活经验具有永不衰退的欣赏力。

⑧有周期性的神秘和高峰体验。

⑨关心社会。

⑩喜欢与人打成一片,但仅对少数人产生深厚的个人友谊。

⑪有深厚的民主性格。

⑫有明确的伦理道德标准。

⑬具有富有哲理的幽默感。

⑭富有创造性。这与一般所说的创造性不同。人们以与众不同的方式去完成一项任务时所表现出来的,就是自我实现的创造性。例如,教师创造性地提出新的教学方法,即想出新办法来解决老问题。

⑮受自己做人原则的支配,而不消极地适应现存的社会文化类型。

一项相关研究是苏格曼于 1986 年完成的。苏格曼的研究表明,自我实现者具有以下 12 种人格特质。这些人格特质基本上与马斯洛的研究结果相一致:

①现实知觉准确。

②能接受自己和他人。

③有自发性。

④集中在自身以外的问题上。

⑤喜欢独处。

⑥能够自治,并不随波逐流。

⑦欣赏美好的事物。

⑧有强烈的高峰体验。

⑨人际关系密切。

⑩能尊重别人。

⑪有明确的伦理道德准则。

⑫富有创造性。

希尔经过 25 年的研究,分析归纳出成功者的 15 种人格特质:

①目标明确。

②自信。

③有储蓄的习惯。

④有进取心和领导才能。

⑤有想象力。

⑥充满热忱。

⑦有自制力。

⑧付出多于报酬。

⑨有吸引人的个性。

⑩思想正确。

⑪专注。

⑫有合作精神。

⑬敢于面对失败。

⑭宽容他人。

⑮己所不欲,勿施于人。

成功者的 15 种人格特质都重要,其中"目标明确"和"专注"最为重要。成功者在这两个人格特质上的得分几乎都是满分(100分)。

马斯洛和苏格曼在归纳自我实现者的人格的特质时都提到"高峰体验"。什么是"高峰体验"? 高峰体验是一种超越一切的体验。其中没有焦虑,人感到自我与世界和谐统一,感受到暂时的力量和惊奇。这是自我实现或创造性潜能带来的最高喜悦。

马斯洛认为,许多人都有片刻的高峰体验,但这种体验对自我实现的人来说,远比一般人频繁、强烈和纯粹。高峰体验可以在不同场合发生,强度也不一样,但时间不会长久。人们在发现真理时,家庭生活和谐时,陶醉于文艺欣赏时,对自然景色迷恋时,都有可能出现高峰体验。马斯洛把高峰体验比喻为"到自己心目中的天堂去旅游"。他认为,高峰体验非常短暂,但对于自我实现是意义重大的。自我实现是一个实现个人潜能的过程。因此,要不懈努力,在不断追求的过程中完善自己,发展自己。

马斯洛研究的是人格健全的人。他认为,人类生活中存在着对真理、善良、美好事物的追求。这无疑对心理学的健康发展有一定的积极意义,推动了积极心理学的形成。马斯洛的需要层次理论和自我实现理论也为心理、教育和企事业界广泛使用。

三、罗杰斯的人格理论

美国心理学家罗杰斯(1902—1987)是人本主义心理学的一位大师。他提出了人格的自我理论,并进一步把人本主义理论扩展到了社会生活中的许多领域。

罗杰斯提出,每一个人都以一种独特的方式看待世界,这些知觉就构成个人的现象场。现象场由知觉的总体组成,关键是自我。自我是个人经验中的一个重要部分。从 1947 年开始,罗杰斯强调自我概念是人格的一部分。在以后的 40 年中,他更强调自我的重要性。

理想自我是个体最希望拥有的自我,即个人向往的自我,包括与自我有潜在关联、个体赋予高度价值的感知和意义。现实自我是个体对自己在与环境相互作用中表现出的综合现实状况和实际行为的意识。研究表明,心理健康的人的现实自我与理想自我非常接近。如果两者完全一致,相关系数就是＋1.0。在实际生活中,这样的人是很少的。如果现实自我与理想自我无关,就是零相关。如果现实自我与理想自我相反,就是负相关。研究表明,现实自我与理想自我一致或接近者,其人格特质表现为容易相处、合作性强、工作效率高和适应性强等。两者相反,其人格特质则混乱、不友好、迟钝和笨拙等。

罗杰斯认为,自我实现是人格结构中的唯一动机。自我实现是个体力图在遗传的限度范围内发展自己的潜能。人格就是一个人根据自己对外在世界的认识而力求自我实现的行为表现。

自我实现倾向是生命的驱动力量,它使人更成熟,更独立,机能更健全。罗杰斯认为,机能健全者具有下列特征:

(1)经验开放。机能健全者认为一切经验都不可怕。所有的经验都被准确地符号化,变为意识。因此,他们的人格更广泛、更充实和更灵活。

(2)自我与经验和谐。机能健全者的自我结构与经验协调一致,并且具有灵活性,以便同化新的经验。机能健全者在评定事物价值时,总是以自己的机能经验为参考体系,不大为外界力量所左右。

(3)人格因素发挥作用。机能健全者较多地依赖对情境的感受。他们常常根据直觉行动,行动带有自发性。他们的行为既受理性因素的引导,也受潜意识和情绪因素的制约。他们的所有人格因素都在起作用。

(4)有自由感。机能健全者能接受一切经验,生活充实,信任自己,有很大的自由。他们相信自己能掌握自己的命运,在生活中有很多选择余地,感到自己所希望的一切自己都有能力去达到。

(5)创造性高。机能健全者在他们所做的一切事情上都表现出创造性。他们的自我实现伴有独创性和发明性。即使已经满足了原始性动机,并已达到平衡状态,个体仍然活泼、主动、积极地去做事情。

(6)与人和睦相处。机能健全者乐意给他人以无条件的关怀,生活与他人高度协调,同情他人,为他人所喜爱。

怎样才能成为一个机能健全者呢?罗杰斯认为关键在于自我结构与经验的协调一致。这就要求有一个无条件积极看待的内外环境。个体需要他人的积极看待,同时,也需要自己对自己的积极看待。

　　罗杰斯认为,个体充分发挥潜能的最高境界就是成为自我实现的人。他对自我实现者的描述是:"个体感到自己在充分地发挥作用。"所以说,自我实现的人也就是充分发挥作用的人。他感到自己比其他任何时候更聪明、敏锐、机智、强健,处于自身最佳状态。

　　以马斯洛和罗杰斯为代表的人本主义心理学为人格研究开辟了一片新天地。在他们之前,弗洛伊德的精神分析法和华生首倡的行为主义心理学都对人格问题进行了研究。弗洛伊德对人格心理学的发展作出了卓越的贡献。但是,弗洛伊德过分强调无意识过程,而贬低意识过程;扩大了性本能的作用,而忽略了人特有的各种社会需要;太多依赖有关非常态的或变态心理现象的材料,而忽视了对正常人,特别是健康人的人格心理资料的收集和研究。这使得弗洛伊德理论难以全面揭示人格的本质和规律,导致了弗洛伊德对人的片面理解,把人看成是不健康的或残缺的。华生是美国行为主义心理学流派的开山之人,他所倡导的行为学习观后来成为美国心理学界的研究范型,并且传播到世界各地。但是,华生过分强调对行为的研究,完全抛弃对精神状态的观察;片面认为人格不过是个体一切行为的总和,而忽视人格的其他特征;把环境的作用提到绝对化的高度,根本无视人的潜能的发挥。这就使得华生割断了精神与环境的互动联系,成为一个极端的环境决定论者。他甚至主张通过控制环境,可以随心所欲地塑造出任何一种人来。这就完全否定了个体在塑造自身人格过程中的能动作用。

　　以马斯洛和罗杰斯为代表的人本主义心理学的人格理论,反对弗洛伊德的生物还原论和华生等人的行为主义的机械还原论,克服贬低人格的倾向,恢复了人的尊严,以人为本,重视人自身潜能的发挥,重视正常健康的人,重视塑造人格的积极方面,把人格心理学的研究范围扩大到人类精神生活的许多方面。尽管他们的理论还有某些缺陷，但相对于精神分析理论和行为主义理论已经有了重大突破。马斯洛和罗杰斯的人本主义理论的核心是重视了"人"，它对塑造健全人格、提升人生价值具有非常积极的意义。

第三节 完善人格是人生发展的需要

在现代社会，一个人能够取得成功，不仅要看他在学校学习时的成绩，而且更重要的是要看他的人格。人格，使一个人的魅力得以展现，使一个人的道德影响得以产生，使一个人能赢得世人的尊重。人格是一个人征服他人的武器，是一个人崇高地位的基础，是一个人真正的桂冠和荣耀。英国塞缪尔·斯迈尔斯曾说："人格就是力量，在一种更高的意义上说，这句话比知识就是力量更为正确。没有灵魂的精神，没有行为的才智，没有善行的聪明，虽说也会产生影响，但是它们都只会产生坏的影响。"[①]

现代社会的学生要更加重视对于自身的人格、知识、能力的全面培养。现代社会并不全是流光溢彩、鲜花簇拥的时代，也会有险峰突起、荆棘载途。现代社会的青少年要有一种耐挫能力和战胜危机的能力。

李开复说，因为学校过于注重成绩、考试、智商，却没有在心理素质、人际关系、团队精神、道德人品方面给予学生足够的指导，近期学生的自杀率和恶性事件有所增高。他主张学生在智商（IQ）、情商（EQ）、灵商（SQ）三个方面要均衡发展。高智商不但代表着聪明才智，而且也代表着善于独立思考和解决问题。高情商表明一个人有很强的认识自我、控制情绪、激励自己、处理人际关系、参与团队合作等相关的个人能力。高灵商代表有正确的价值观，能

---

① ［英］塞缪尔·斯迈尔斯：《自己拯救自己》，燕山出版社1999年版，第352页。

分辨是非,甄别真伪。那些没有正确价值观指导,无法分辨是非黑白的人,其他方面的能力越强,对他人的危害也就越大。

李开复鼓励中国的学生:"当自己在充满险阻的人生道路上碰到挫折时,用三个原则去渡过难关,这就是:胸怀、勇气、智慧。有胸怀来接受不可改变的事情,有勇气来改变可以改变的事情,有智慧来分辨两个不同的事情。"①李开复应对挫折的"三原则",已经上升到人格的高度。

"有胸怀来接受不可改变的事情",就是指用中国式的忍让谦恭的度量来培养自己的修养,学会承认和接受真实的、不完美的甚至不公正的既成事实。

"有勇气来改变可以改变的事情",就是指用西方式的积极进取的心态,以永不放弃、永不消沉的主动人生态度,激励自己继续努力,以求达到目标。

"有智慧来分辨两个不同的事情",就是指使用自己的智慧,主动发展,选择最完整、最均衡、最恰当的态度,并通过这一选择获得成功。

李开复在进一步诠释智慧时,提出了八种"选择智慧",充分地表达了他对现代人格的追求。八种"选择智慧"如下②:

(1)用中庸拒绝极端。中国古代的中庸理论告诉我们的最重要的一点,就是要避免并拒绝极端和片面。

(2)用理智分析情景。学会在作出决定之前,用理智全面衡量各种因素的利弊以及自己的能力和倾向。

(3)用务实发挥影响。以务实的行动全面投入自己的影响圈,在这样的过程中不断获得进步。

---

① 李开复:《与未来同行》,人民出版社 2006 年版,第 40 页。
② 李开复:《与未来同行》,人民出版社 2006 年版,第 77 页。

（4）用冷静掌控抉择。用冷静的态度掌控每一次抉择的全过程。

（5）用自觉端正态度。自觉选择做自己能够胜任的工作，自觉选择做能够得到满足感的工作。

（6）用学习积累经验。不仅从正确的选择中学习，而且从错误的选择中学习，吸取足够的经验教训。

（7）用勇气放弃包袱。在适当的时候，勇敢地放弃已经拥有但已成为前进障碍的东西。

（8）用真心追随智慧。真心，就是内心深处的价值观、理想和兴趣，它们可以帮助自己作出正确的抉择。

有许多青少年，在遭遇人生挫折时，没有从人格角度对挫折进行深入的思考，结果被挫折击败了。

1986年，研究生刘兵因出国受阻用刀把导师单林教授杀死。刘兵6岁上学，15岁考取华东地质学院，21岁在华东地质学院攻读硕士研究生学位。刘兵智商高，学习成绩很好，尤其是英语成绩出色，英语口语达95分，还自学了日语。但他心胸狭窄，嫉妒多疑。刘兵一心想出国，怀疑导师不帮他等等，产生了报复杀人的恶念。单林教授死时50岁，生前是我国地质界一位知名教授，是核工业部评出的劳模。

从心理学上分析，刘兵的人格有很大的缺陷：自我评价过高，对他人特别嫉妒，常常怀疑别人存心不良，偏执、敏感、多疑。一旦受挫，即出现极端行为。1987年12月29日，刘兵以故意杀人罪，被判处死刑。

1990年，上海交通大学一男生因情感受挫而杀人。这个男生热烈地追求一个女生。由于女生的父母对这位男生不满意，所以，那位女生始终没有向男生明确表示建立恋爱关系。于是，这个男生心理无法平衡。一天，这个男生把女生骗到校园的一个角落，强迫女生表态,得不到满意的答复,便残暴地把女生卡昏,并用小刀割断女生的血管,以致女生流血过多而身亡。

　　情感受挫,对大学生来说是一种严重挫折。情感遭遇挫折往往会激起当事人的怨恨情绪,一旦失去理智,就会铤而走险,相爱不成反成仇。

　　1993年,诗人顾城杀死妻子,震动了全国文艺界。顾城是中国当代著名的诗人,是中国20世纪80年代"朦胧诗"的三大龙头之一。当时,顾城与北岛、舒婷一起在中国诗坛上掀起了"朦胧诗"的热潮。顾城8岁开始写诗,之后便一发不可收,他写诗的最高纪录是两天写了84首,那是在追求他的妻子谢烨的时候。谢烨是新生代诗人。他们于1983年结婚,1987年双双应邀出国讲学,随后移居新西兰的奥克兰市。1993年10月8日,顾城与谢烨发生争执,谢烨要离家出走。顾城追了上去,用斧头砍杀了谢烨,然后自己上吊自杀。那一年,顾城37岁,谢烨35岁。

　　顾城为什么会走上残酷的杀妻自绝的人生之路呢? 关键在于顾城的人格问题。他的神经极为脆弱,稍有挫折,便容易产生消极念头。由于心理障碍和人格缺陷,一种深沉的悲剧情调,一种艺术气质的心理失衡倾向以及奇异的幻想和逃避人生的退缩,构成了一系列的危险因素。而这些危险因素潜伏在顾城情感起伏的心灵之中,最终造成了他生命的危机。

　　所以,一个人只拥有才华是远远不够的。人格的充分发育和完善,不仅是个人身心安全的需要,更是适应社会生活的需要。

　　2005年,北京大学学生安然用刀砍死了他的情敌。安然是北大大二学生,他与崔培昭原是室友。他们共同追求一位女生,但女生与崔培昭好上了。2005年6月25日,安然与崔培昭在教学楼相遇,崔培昭没有想到一场大祸来临了。安然用菜刀猛砍崔培昭数十刀,崔培昭因伤势过重而死亡。

　　崔培昭是以全乡第一名的成绩考上北大的,结果学业还未完成就死于非命,年仅21岁。安然杀人的动机起于情感受挫。如此残忍地杀害了他的情敌,充分暴露了他人格的低下。从他扭曲的爱情观中,反映出他生命意识的淡薄,对生命意义的漠视。

　　对他人、对自身的生命应该怎么看?这涉及一个"生命意识"问题。生命是自然的产物,它本身是有限的存在。每个人的生命都是独一无二的。每个人的生命都是不可重复的。每个人的生命都是无法替代的。所以,人应该珍爱生命,不仅要珍爱自己的生命,而且还要珍爱他人的生命。珍爱他人生命的底线就是同情他人的生命,不危害他人的生命。

　　在当今中国,市场经济体制的确肯定了人们对利益最大化的追求,使为数不少的人沉迷于金钱和物质的欲海之中,从而凸显了精神的危机。我们常常可以体味到世态炎凉——人们表现出来的对他人生命见危逃避、见死不救的有之,为争得利益、满足私欲而伤害他人生命的有之。其原因除了价值观的扭曲之外,就是生命意识的淡漠、生命意义的丧失。

　　作家梁晓声曾经讲过一段他的亲身经历。20世纪90年代,一所大学邀请他去作讲座。梁晓声讲到发生在深圳的一件事:在一家玩具厂打工的几十名打工妹,在一场火灾中被活活烧死:因为被老板上了锁的铁门,阻断了她们逃生的唯一出路。梁晓声在讲述之际,不免动容。这时候,他收到了一张条子,上面写的是——"中国人口太多,烧死几十个打工妹和计划生育的意义是一致的,你何必显出大发慈悲的样子?"梁晓声针对这张条子进行了言辞激烈的批评。讲座结束以后,学生会一男一女两名学生干部拦了一辆"面的"送梁晓声回住所。途中,那名女学生说:"改革开放总要付出点儿代价。农村妹嘛,她们要挣钱,就得变成打工妹。既然变成了打工妹,那就得无怨无悔地承受一切命运。没有必要太同情那些因企图摆脱贫穷而付出惨重代价的人们。她们不付出代价，难道还要由别人替她们付出么?"听了这番话,梁晓声当时的感受是:"如酷暑之际中寒。"他无言以答这番没有"人味"的议论,请司机立刻停车,自己下车回住所,不要他们陪送。梁晓声所批评和气愤的就是有些人对生命原则的漠视和践踏。①

北京大学伦理学教授何怀宏说:"生命的原则有三层含义:第一层含义是,人的生命本身是宝贵的,所谓'本身是宝贵的',就是说,这个宝贵是不能作为手段和工具的宝贵,它是作为目的的宝贵。这种宝贵不在于他们能打仗,能生产,能作出多大贡献,而是说生命本身就是宝贵的。第二层含义是,任何一种享有生命的人,任何一个活着的人,他们的生命都是同等宝贵的,每一个人的生命都应当受到尊重和珍视。在生命和生存这个层次上,所有人都没有差别。不仅说'我'的生命是最宝贵的,而且是说所有人的生命都是同等宝贵的。第三层含义是,保存生命、尊重生命这样一个原则,在次序上是最优先的,优先于所有其他的道德原则。尊重和保存生命的原则是明确的,是最基本和最起码的。"②

生命的原则是超越时空的。在正常时期和非正常时期,人们对生命的珍爱都是一致的。当许多人的生命受到威胁的时候,人们的生命危机感骤然上升,挽救和保存生命的行动立刻处于优先的位置。2003年,非典型性肺炎一时猖獗肆虐,成为全国乃至全世界关注的焦点。病毒吞噬了许许多多人的生命。当时一些被非典病毒感染的人被及时地隔离起来,为的是有效切断病源,防止更多的人受到感染。大家都非常配合。笔者亲历那场灾难,至今记

---

① 梁晓声:《再谈"冰冷的理念"》,《中国青年报》1998年12月8日。
② 肖英:《生命的原则——访北京大学教授何怀宏》,《中国青年报》1998年12月9日。

忆犹新。当时,女作家张抗抗说过一段话:"在这样一个非常时期,每个人既要保护好自己,珍惜个人的生命健康,同时更要建立一种'他人'的观念。不能只顾自己不顾他人。其实,不考虑他人,自己最终也会成为受害者。虽然,被隔离者的个人生活和工作都会受到影响,这是非常无奈的,但这是公民的起码道德守则和义务,大家只能'万众一心,共赴国难'了。"笔者深切地体会到,在对付那场灾难的环境中,人们的生命意识得到了增强,人们的人格境界得到了提升。

第四节　人格在应对挫折和磨难中的作用

任何人在一生中都会遇到种种人生的障碍。上至国家总统,下至普通百姓,要想一生中永远顺利是绝对不可能的。"人生失意无南北","不如意事常八九"。成功者的奥秘在于:面对挫折和磨难,不断完善人格,从而求得人生更大的发展。

下面从人格塑造的角度,提出应对挫折和磨难的五条对策。

一、提高自控能力

朦胧诗人顾城在与妻子争吵之后,如果自控能力强一些,也不致于用斧头砍死自己的妻子。

美国哈佛大学教授、行为与脑科学专家丹尼尔·戈尔曼写了一本名为《情感智商》的书。他在《致简体中文版读者》一文中写道:"我写此书时深感美国社会危机四伏,暴力犯罪、自杀、抑郁及其他情感问题急剧增多,尤以青少年为甚。依我看来,我们只有积极致力于培养和提高自身及下一代的情感智商与社会能力,才能有效应对这一严峻的局面。""在现代社会中,人生成功所需的不仅仅是学业优异,还有更多其他方面的能力。当代中国正在开辟一条迈向成功的新道路,高情感智商将帮助人们在这条成功之路上遥遥领先。"

　　丹尼尔·戈尔曼向人们证实:"在当代时代,情感智商的重要性绝不逊于智商,它是理性与感性的平衡器。徒有智能而心灵贫乏,则无法适应这个纷繁多变的社会。"他说:"进化过程发展到今天,为什么情感占据了人类精神世界的核心地位?社会生物学家指出,危急时刻情感高于理性发挥主导作用便是其原因。当我们面临危险、破产、丧亲、屡遭挫败,或求偶、结婚成家等事件时,仅靠理智不足以圆满解决问题,还需情感指引方能作正确的反应。每一种情绪都好比是起跑前的'各就各位',使机体做好准备,正常运行,应付生活中的一切挑战。"①这一生动而精辟的论述,阐明了情感对于调控心态的巨大作用。一个人提高情感智商,必定会增强自我调控能力。

　　笔者和同事曾经对那些不惧怕挫折的大学生做过抽样调查,发现他们往往家庭贫困或父母亲及自己在人生道路上多坎坷、多磨难,而他们却能够在艰难困苦的环境中顽强成长。有一位男生,在小学四年级时,父亲抱病不起,落下终生残疾。家中还有弟弟和妹妹,全靠母亲一个人支撑全家五口人的生活。作为长子,他放弃了应届高考,参加了工作。他说:"当时只要能挣到钱,什么苦活脏活都干过,直到弟妹参加工作。即使在最艰难的时候,我都没有失望,没有放弃努力。等到弟妹参加工作后,我作为社会青年考上了大学。现在回想起来,感到挫折并不可怕,只要咬紧牙关挺过去,挫折也会退缩。我体会到挫折能够锻炼人,使人更能经得起风浪。现在,有的同学看作大挫折的事,在我的眼里只是小事一桩。"

　　这位大学生身上所表现出来的自强挺进的精神,以及良好的

---

　　①　丹尼尔·戈尔曼:《情感智商》,上海科学技术出版社1997年版,第10页。

自控能力、社会适应能力,正是情感智商的成功展示,也是健全人格的具体表现。那些在人生旅途中,无论遭遇何种挫折和困境,都能把理性与情感结合起来,保持积极向上的乐观态度,克服重重障碍去实现自己目标的人,他们的未来必定是充满希望的。

二、培养良好个性

个性是指一个人在其内在生理素质的基础上,在一定的社会历史条件下,通过社会生活的实践逐步形成的具有倾向性的、稳定的、本质的心理特征的总和。

当今时代是一个强调个性的时代。心理学的研究表明,处在集体中的个人,交往的范围越广泛,与周围生活的联系越多样,他自己的精神世界就越丰富,他的个性发展也就越全面。可见,培养人际交往能力,有助于形成良好的个性。

著名作家王蒙总结自己的人生感悟,写了一本书叫《王蒙自述:我的人生哲学》,书中写了他的 21 条人际交往准则,非常好。其中第 18 条说:"寻找结合点、契合点,而不是只盯着矛盾分歧。永远安然坦然,心平气和,视分歧为平常。"其中第 21 条说:"用在人际关系上,用在回应摩擦上,用在对付攻击上,最多只发三分力,最多发力 30 秒钟,然后立即回到专心致志地求学与做事状态,再多花一点时间和气力,都是绝对地浪费精力、浪费时间、浪费生命。"①王蒙一生坎坷,人际关系上多有碰撞,结果大彻大悟。

人们常说:"性格决定命运。"什么是性格? 简单地说,性格就是人在处理人与人、人与事的关系中所表现出来的心理特征。进一步说,性格在人的个性特征中具有核心意义。性格是表现在一个人对周围事物比较稳定的态度和与人相适应的习惯化的行为方

---

① 　王蒙:《我的二十一条人际准则》,《作家文摘》2003 年 1 月 31 日。

式上的心理特征。

具备良好的性格品质,有助于一个人赢得好的机会。美国公布的一份权威调查报告显示,美国近 20 年政界和商界的成功人士的平均智商仅在中等,而情商却很高。情商的要素基本上都包括在性格之中。①

良好的性格中,无疑包括良好的人际交往和沟通能力。"沟通能力",这是现代生活中被频频提及的一个词。然而,人们的沟通能力远非理想。据央视于 2006 年发布的《中国居民沟通指数2005 年报告》,中国城乡居民沟通指数的总体得分为 66.84 分,也就是刚刚及格,远未达到善于沟通的程度。

从 2001 年到 2005 年,"杭州市青少年热线"(87065454)接听来电达 1859 个,这其中大部分是 17 岁至 26 岁的青少年打来的,年龄最小的为 6 岁。"青少年热线"的负责人说,这些来电反映的问题背后,很多都牵涉到沟通问题。

2006 年 1 月 22 日,《杭州日报》发表了一份调查报告,调查对象为杭州市 20 岁至 50 岁的已婚公民,收回有效问卷 198 张,其中男性 97 位,女性 101 位。调查显示,在婚姻方面,15.7%的人表示双方都不主动沟通;11.2%的人沟通有障碍,不太了解"另一半"的真实想法。两项合计约占 27%。33.3%的人曾经跟"另一半"发生了 3 天以上的冷战。②

目前,在青少年中"自我为中心"的现象十分严重,这对人际沟通十分不利。据调查,约有 40%的家长怕影响孩子学习而不愿让孩子参加必要的家务活动。许多父母出于爱子心、舐犊情,甘愿像仆人一样侍奉子女。全国政协副主席徐匡迪说:"现在,我觉得问

---

① 张钧等:《性格与命运》,时代文艺出版社 2000 年版,第 3 页。

② 范琛:《看看你有几个靠得牢的朋友?》,《杭州日报》2006 年 1 月 22 日。

题很大的不是孩子们是否能够学好科学,学好电脑,学好英语,因为他们在这些方面的条件都胜于上一代。我担心的是,整个环境会养成他们的'自我为中心'。"①这样的教育方式和教育环境,使孩子产生一种绝对优势地位的心理,容易衍化为"自我为中心"的不良心态。在与人交往中,他们常常感到不适应,甚至容易与人发生冲突。

由此看来,培养青少年良好的性格,包括与人交往的能力是一项迫切的任务。当然,很少有人在性格上是完全成熟和完美的,但是我们应该去培养、去完善,尤其要提高人际交往和沟通的能力。

沟通的要素是爱。一个人生活在社会中,需要具备爱别人的能力。一个健康的、成熟的人能够从爱别人中得到乐趣,同时,也乐于接受他人的爱。一个心理健康的人,会表现出对他人的宽容和谅解。具备这些重要的心理素质,一个人就容易进行成功的沟通。通过沟通,可以清理淤泥,抛掉包袱;可以减少偏激,多些理解;可以缩短距离,趋向亲密。

心与心之间架起一座桥梁,让对方先行,自己便也能行得顺畅。人生道路上这座沟通的桥梁,它架设的前提是以人格品质为钢筋,以爱心宽容为水泥,以诚实守信为桥墩。有了这座桥梁,人生的道路将越走越宽,越走越远。

生活如网,在你来我往中,人们给自己编织了一个又一个"社交圈"。人们为之神往的是快乐的"社交圈"。然而,有的"社交圈"令人感到压抑。由于抱有太强的功利目的,"圈子"成了"圈套",常常给自己带来焦虑和不安。那种受利益驱动的商业化的"社交圈",给人的感觉往往是骚扰和厌烦。

所以,现在人们欢迎一种"绿色社交圈",在这种"圈子"里,人

---

① 李慧珍:《警惕中国"自我"一代的潜在危险》,《参考消息》2005 年 11 月 23 日。

与人之间没有烦人的功利目的,有的是共同的爱好及纯洁的友谊。在这里,朋友聚会,能够卸下生活压力,抛却功利目的,进行心灵的交流,这是人生的一大精神享受。

三、培养健康生命观

前文提及的那些用残忍的手段杀害他人的凶手,其生命观大有问题。在他们身上,没有丝毫的人性可言。他们对别人的生命太不珍惜了,简直像野兽一样凶残。一个人无论怎样才华横溢,无论怎样风流多情,也必须有人性。每个人的生命只有一次,生命尽头的大限或迟或早肯定会来临。正是因为死亡的存在,才使我们人的生命变得那样珍贵。一个人要珍惜自己的生命,也要珍惜他人的生命。这是人性的起码要求。

我们办教育的目的是什么? 中国古籍《大学》中说:"大学之道,在明明德,在新民,在止于至善。"意思是说,大学的根本道理,在于宏扬光明善良的德性,使民心弃旧图新,达到尽善尽美的境界。这句话至今仍具有现实意义。现代教育应十分强调培养学生的人性。

作家叶文玲有感于教育的现状和学生的表现,奋力呼吁:"让学生成为人性丰满的个体!"叶文玲说,美国有位校长是纳粹集中营的幸存者,每当新教师入校时他总要致函表达他的请求。这位校长描述自己在集中营中看到的景象:"毒气室由学有专长的工程师建造;儿童由学识渊博的医生毒死;幼儿被训练有素的护士杀害……教育究竟是为了什么? 我们的请求是:请帮助学生成为有人性的人……不是创造学识渊博的怪物、多才多艺的变态狂。"叶文玲说,这位校长惊心动魄的请求,是其高度社会责任感的表达。人才,特别是杰出人才,必然要求具备特殊的禀赋和鲜明的个性。尊重个性,是教育的智慧,更是教师的责任。当然,尊重个性,不是放纵性情。尚不具备分辨能力的孩子,在复杂的社会生活中,难免会降低道德意识和道德要求,误入歧途。教育要开启学生的智慧,强化学生的道德意识,优化学生的人格品质,使学生成为一个"大写的人"。

叶文玲一语中的。人格的培养是教育最重要的内容。和谐教育的核心就是人格教育。人格教育的目标就是培养学生具有健全的人格。没有对人们生命的尊重和珍惜,与健全人格完全背道而驰。健康的生命观是健全人格的重要组成部分。

有一位博士对笔者说:"我40岁以前经常考虑怎样活着,40岁以后就经常考虑怎样死去。当自己的生命不再存在于这个世界的时候,自己会给后代留下一点什么精神?"死亡是人的生命成长的最后阶段。有价值的人在自己的躯体死亡之后,仍然能够让自己的精神活着。这就是生命观问题。

四、重视精神发育

现在许多青少年缺乏一种坚挺的精神面貌。人的精神需要发育,否则,人的躯体长大了,精神会老是长不大。意志坚强的人,像汹涌的瀑布一样,会为自己开辟道路。具有崇高精神而且精力充沛的人,不仅会为自己开辟道路,而且会引导别人。我们的社会,需要一大批这样的人。

一个人精神的发育,一方面,需要有一种社会教育的氛围;另一方面,需要有个体自身的涵养功夫。一个人要涵养气象,就须读书,就须有生活的积累、素质的培育、思想的积淀。

孔子曾说:"朝闻道,夕死可矣!"这是孔子流传千古的名言,它痛快淋漓地道出了通过读书达到思想超越的真谛。人生是一条奔腾不息的河流,它不会停留在一个地方,不会止息于某个时刻,它肯定会不断超越。实现人生的这种超越,读书是题中应有之义。从本质的意义上来讲,读书就是让读书者领悟生命的意义,不断汲取人生的精华。

古人有云:"饥读之以当肉,寒读之以当裘,孤寂读之以当友朋,幽忧读之以当金石琴瑟也!"宋代诗人黄庭坚也曾说:"人胸中久不用古今浇灌之,则俗尘生其间,照镜觉面目可憎,对人亦语言无味也。"书籍,是传承人类文明的桥梁。读书是一种精神的超越。真正的读书是一种身心合一的阅读历程,它会使读者的精神得到充实和愉悦。在现代社会,纸质图书仍然具有它固有的价值。手披目视,口咏其言,心领神会,其乐无穷。

值得注意的是,我国国民图书阅读率近年来持续走低。1999年首次调查发现,国民的阅读率(狭义,指每年至少有读一本书行为的读者总体与识字者总体之比)为 60.4%,2001 年为 54.2%,2003 年为 51.7%,2005 年为 48.7%。

有能力读书但每年连一本书都不读的人在回答他们的理由时,以"没时间"为主,占 43.7%。从年龄段上看,选择"没时间"读书的人群中,20～29 岁年龄段的人比例最高,占 54.2%。

全国政协委员、苏州市副市长朱永新说:"学校中的应试教育是导致国民阅读率下降的原因之一。真正的阅读被排挤,大多数学生完全没有享受到阅读之乐就过早地轻视甚至厌恶阅读。阅读能力的高低直接影响到一个国家和民族的未来。现在部分国民心态浮躁,与疏于阅读、远离经典、缺乏应有的文化底蕴不无关系。没有阅读就没有个人心灵的成长,就没有人的精神发育。"①

朱永新教授多年来一直在推动全民阅读,笔者对他十分钦佩。他关于阅读的一些论述,笔者觉得非常深刻。朱永新说:"一个人的精神发育史就是阅读史。人的心灵是怎么发育的?我认为,人的精神的发育最重要的载体就是阅读书籍。因为再伟大的智慧、

---

① 《把阅读进行到底》,《浙江日报》2007 年 4 月 4 日。

再伟大的思想也没有办法从父母那里通过基因来拷贝、遗传。人的品位和气质靠什么？最重要的就是阅读。"①

书籍，不是冷冰冰的墨迹和纸张，它有体温，渗透着作者的生命体验和智慧表达。英国诗人弥尔顿说过："书籍绝不是没有生命的东西，它包含着生命的结晶，包含着像他们的子孙后代一样活生生的灵魂；不仅如此，它还像一个小瓶子，里面储存着那些撰写它们的活着的智慧最纯粹的结晶和精华。"英国哲学家罗素也曾说："阅读将使我们与伟大的人物为伍，生活在对于崇高思想的渴望中，在每一次困惑中都会被高贵和真理的火光所照亮！"

阅读可以超越时空界限，能够与人类文明进行无障碍对话。地球上只有人才能享受这种无障碍对话的读书乐趣。有一位老教授说："我在青年时代读莎士比亚的《哈姆雷特》，读到'生存还是毁灭'的时候，有一种五雷轰顶般的感觉，仿佛与莎士比亚有一种超越时空的沟通。这对我的一生都有深刻的影响。"②

书籍中各种不同的生命方式，激发着与之对应的人的生命潜能。读书也就成了在字里行间发现自我、表达自我、丰富自我、调节自我的心理过程。

你如果找到那些符合自己"生命结构"的好书，那就是你的幸运。"生命结构"是一个源自德国格式塔心理学的概念。著名学者余秋雨用"生命结构"来解释读书时说："一个人需要找到与自己'生命结构'相类似的作家和作品。读这样的作品，读者与作品及作者之间自然会产一种难以解释的亲近感。读者之所以要找到与自己'生命结构'相仿的作品，就是因为这种书可能是你与伟大作者之间沟通的桥梁。你可能通过阅读这类书，在某种程度上实现与伟大的人格对接。"①

　　读书是一项个性化的体验,一旦你与作者实现了沟通与对接,其中的感受就妙不可言。读书,不仅可以为我们展现身外的世界,而且可以开启我们内心的大门。读书的乐趣在于在阅读的过程中神思互接、心灵相通,依着作者的文字找寻自身的精神家园。

　　当今社会,虽然传播技术的迅猛发展早已大大扩展了人们获取信息的渠道,然而白纸与黑字所凝固的书籍世界仍然充满了魅力。书籍中有生命的存在。读书是一本书的生命与人的生命对话的过程。我们在读书的过程中,不断加入自己的生命体验和人生感悟,自身的精神便会得到不断的充实和发育。

五、接受社会生活的锻炼

　　英国《泰晤士报》和美国《基督教箴言报》曾经对中国当年的"知青部落"进行调查研究,发现今天中国许多行业的骨干都是当年的知识青年。知识青年干事业比一般人容易成功,原因是:他们经历过磨难,有足够的心理承受能力,十分珍惜现在拥有的一切机会。英国和美国的调查者对中国成功的"知识青年"的吃苦精神大加赞赏。

　　歌德曾经指出:"生活,对我们任何人来说,都是苦难。"我们所经历的社会生活中,充满着苦难。脆弱的人埋怨和躲避苦难。坚强的人把苦难看作和快乐一样,都是生活的恩赐。比较而言,苦难对一个人磨炼的影响比快乐要大得多。它磨炼和美化人的品格,提升出最深邃和最高尚的思想。与其说是顺境,不如说是逆境;与其说是安逸,不如说是苦难,铸就人的坚强毅力和不屈性格。逆境和苦难唤醒了人们的活力,并健全了人们的品格。正如塞缪尔·

---

　　①　邹松:《余秋雨话阅读》,《环球日报》2007 年 4 月 20 日。

斯迈尔斯所说:"使人经受考验并从中受益的不是舒适和安逸,而是磨难和困境。逆境是品格的试金石。正如一些香草需要被捣碎才能散出醉人的芳香,有些人也需要通过苦难的磨炼来唤醒他们的优秀品格。"①

　　一个人在安逸和舒适中,本来可以被挖掘的良好品格往往被掩埋,因为缺少磨炼。苦难虽然是一种不幸,但它又是一种磨炼。如果没有苦难,那么人性中最好的部分往往会酣睡不醒。苦难是许多人获得成功的重要条件,也是促进他们的才能孕育成熟的重要手段。人们最高尚的品格往往是在苦难中磨炼出来的,品格通过苦难变得更加完美。

　　在地球上出现的最优秀的人,必定是曾经遭受过生活苦难的人。不管是男人还是女人,他们许多最为辉煌、最有意义的事业都是在苦难中完成的——有的是为了从苦难中解脱出来;有的是为了挑战生命的极限;有的是为了实现人生的价值。

　　历史上许多成功者的业绩都是在苦难的生活和困境的考验中完成的。他们顽强拼搏,乘风破浪,到达岸边时已经筋疲力尽,爬上沙滩时几乎停止呼吸。从表面上看来,他们在生活中非常失败,实际上他们在人类史上留下了最强有力的影响。

　　意大利大诗人但丁被放逐后,在生活极端艰苦的时期,创作出了他最伟大的作品。他遭到他所反对的地方集团的放逐,自从他被驱逐出他生活的城市后,他的住宅遭到了洗劫。而且,他被缺席判处火刑。当他的一位朋友告诉他,如果他同意请求宽恕和赦免,他可以返回佛罗伦萨时,但丁回答说:"不,我绝不请求宽恕和赦免。这并非一条能导致我返回故乡的途径。如果你,或任何其他

---

　　① 〔英〕塞缪尔·斯迈尔斯:《品格的力量》,北京图书馆出版社 1999 年版,第361 页。

人,能帮我开辟一条不败坏或玷污我但丁名誉的途径,我愿意很快返回故乡。但是,如果没有这样一条途径,那我将决不返回佛罗伦萨。"但丁经过 20 年的流放后,客死他乡。

英国著名诗人约翰·弥尔顿在斯图亚特王朝复辟以后,遭到迫害,饱受贫困生活的煎熬,他"却并不失望、气馁,仍然勇敢向前行,继续拼搏人生"。他创作的《失乐园》《复乐园》《力士参孙》被称为三部杰作。弥尔顿最杰出的作品便出自他生命的暗夜时期,出自他生活最痛苦的时期——其时他贫病交加,年老体衰,且双目失明,同时还横遭诽谤和迫害。

美国康涅狄格州最大的日报《哈特福德新闻报》2007 年 2 月连续 8 天以"探索克隆"为题长篇报道了杨向中的事迹,在美国民众中引起了强烈的反响。国际胚胎学学者公认,杨向中于 1999 年克隆的小牛"艾米"比英国人于 1997 年克隆的绵羊"多利"重要得多。因为英国人是用母羊乳腺细胞来克隆,而杨向中是用与雌性生殖系统无关的细胞来克隆。

杨向中是美籍华人科学家,他身患癌症七年,动过五次手术,坚持研究克隆技术,达到了世界领先水平。他的事迹感动了美国,感动了世界。

杨向中 1959 年 7 月出生于中国河北邯郸农村,由于家境贫寒,他从小营养不良,3 岁时还不会走路,到了 9 岁才去上学。高中毕业后便回乡务农,成为"知识青年"。他在农村养过猪,当过公社秘书,还自学过兽医知识,当过"赤脚兽医"。1977 年,他考取了北京农业大学。大学毕业后,以全系第一名的成绩考上了教育部出国研究生,1983 年被美国康奈尔大学动物科学系录取。杨向中在谈到当年在农村的生活往事时说:"那段经历为我后来走入科学殿堂作了铺垫。我从小酷爱动物培育技术研究,下乡的生活经历进一步增加了我对这门学科的热爱。没有农村艰苦生活的磨炼,就没有我今天进行克隆的成就。"①

有一次,笔者到清华大学参加学术活动。清华大学一位教授对那些盼望取得成功的大学生提出了四个问题:①你有没有做好吃苦的准备?②你会不会投入自己的全部心血?③你有没有看到成功者的辛酸?④你知不知道经受磨难也是人生重要的一课?清华大学教授的"四问",包含着非常深刻的做人与做事的道理。人生的成功,不像乘电梯那样,可以轻松直达顶端。成功需要攀登,攀登充满痛苦和磨难。

丹尼尔·戈尔曼说:"永远快乐的人生不仅不可能,而且不免过于平淡。人生的痛苦也能促使人们去追求富有创造性和精神乐趣的生活。痛苦也能磨炼人的灵魂。"②理论与实践都已经证明,人生的成功往往是磨难的恩赐。人生的光荣,不在于永远没有磨难,而在于能够在磨难中不断地崛起。

以上五条对策,核心问题就是人格塑造。

一个人要想真正战胜挫折、取得成功,必须提升人格水平,塑造健全人格。一个人要形成健全人格,必须在生理、心理、社会化、真善美等方面都得到良好的、协调一致的发展,这样才能塑造出一个积极的自我。

笔者用了10年时间,查阅了1000多万字的资料,研究了200多个成功人物的经历,发现任何一个成功者,都曾经遭遇过挫折。所以,问题不在于一个人有没有遇到挫折,而在于对待挫折的态度。对待挫折的态度,实质上是一个人格问题。人格不健全的人,在人生障碍面前容易趴下;而人格健全的人,他能够超越障碍,获得人生的发展。

① 尚未迟:《华裔科学家杨向中感动美国》,《环球时报》2007年3月9日。
② [美]丹尼尔·戈尔曼:《情感智商》,上海科学技术出版社1997年版,第63页。

第六章 人生是在交往中度过的

第一节 人与人要彼此热爱

　　人的一生总是处在某种特定的社会环境之中,人际交往是人生存和生活的基本条件。在社会上,同他人进行着各种各样的交往,人才成其为人,才有所谓的人生。

　　从个体人生而言,人的一生无时无刻不在同他人进行直接或间接的交往。一个新生儿从他呱呱坠地之日起,就开始了与他人交往的活动。正是这种持续不断的交往,使他得以生存和发展。随着年龄的增长,他的交往范围不断扩大,交往内容逐步深化,交往形式也日趋多样,交往之于人生的意义越显重大。

　　什么是人际交往?人际交往指的是人与人之间通过一定方式的接触和联系,在心理或行为上产生相互影响的过程。这种交往过程,包括进行物质交往和精神交往。交往是个体与个体之间、个体与群体之间的黏合剂。交往是人类特有的需求,人只有在不断地与他人交往中才能逐步成长,促进个性发展,有利于心理健康。

人生是在交往中度过的,人生的每一个阶段必然与一定的人际关系相联系。人际交往与人际关系是同一范畴内两个既有联系又有区别的概念。人际交往反映人与人之间的相互影响和作用,它是人际关系实现的根本前提和基础,而人际关系则是人际交往的表现和结果。人际关系是人们在现实生活中形成的一种关系,它反映的是人与人之间心理距离的具体状态。人际交往是一个动态的过程,而人际关系则具有相对的稳定性。两者相互依存、相互作用,人际交往的状态影响着人际关系的程度和密度,而人际关系的状况又制约着人际交往的广度和深度。

苏联学者阿纳托里·弗迪说:"交往问题从来都是一个令人激动的问题,在我们今天,它表现得尤为突出。科学技术解决了人类所面临的许多问题,其中包括交往问题,但同时又变成了人类互相联系中的障碍。苏联著名剧作家罗卓夫说:'遗憾的是,正是在科技革命时代,当在许许多多密切人类交往的福利之中又增添了喷气式飞机、长途电话和电报的时候,却又涌现出人与人之间不相往来的潮流。'"①由于存在交往的障碍,许多人心理上得不到满足,情绪趋于低落,甚至会产生孤独、空虚、抑郁、自卑和恐惧等不良心理。大学生出现的心理挫折中,发生率最高的是人际交往的障碍。

2007 年 12 月 16 日,西班牙《国家报》发表了比森特·贝尔杜的文章,题目是《孤独——21 世纪的社会问题》。文章说,人与人之间的肢体接触已经被互联网上的远距离关系所代替。孤独成为21 世纪不断蔓延的社会瘟疫。在人与人的肢体接触越来越弱化的同时,隐藏在其背后的远距离关系却在不断扩展。如今人们借助互联网就可以隐藏自己的真实身份,伪装成另外一个人。现在

---

① 〔苏〕阿纳托里·弗迪:《交际美学》,贵州人民出版社 1987 年版,第 83 页。

人们在虚拟空间里重塑自我。这个虚拟世界正在逐步涵盖一切。诞生于 21 世纪初期的网络虚拟社区如今拥有众多用户。这个充满无数关系的虚拟世界具有一个重要特性：我们无须与他人见面便可与之保持联系。如今人与人之间联系多但关系少，浅谈多但深交少。我们逐渐不敢奢望拥有挚友与知己。虽然说孤独有时是一种享受，但太多了却无异于深渊。文章作者比森特·贝尔杜提出，为了改善这种孤独状况，第一，我们应该认识到，人与人是互相依存的。第二，我们既是自然人也是社会人。①

人是群居的高等动物。离开人际交往，人就无法生存，更谈不上发展。人类需要交往，自古以来人们已经达成共识。

早在三千年前的《诗经·小雅》，就反映了人类强烈的交往愿望："嘤其鸣矣，求其友声。相彼鸟矣，犹求友声；矧（shěn）伊人兮，不求友生？"意思是说，鸟儿嘤嘤地叫，求得朋友的回声。请看鸟儿多殷勤，要把朋友声音找；何况我们是人，难道不把朋友交？《诗经》中有这样的诗句："虽有兄弟，不如友生。"《诗经》是我国最古老的诗集，其"求友"诗是我国最早的交往之歌。它唱出了人类的心声。几千年来，从孔子的"有朋自远方来，不亦乐乎"到鲁迅的"人生得一知己足矣，斯世当以同怀视之"，有志之士都在热情地追求朋友，谱写了一曲曲友谊之歌。

人是一个生物体，从母体里分娩出来之初，仅仅是"一块自然物质"。怎样从一块自然物质，发展成为一个社会的人？这个过程的途径就是社会的交往，实现的条件就是与之交往的社会人。个体在与之交往的社会人这面镜子里，不断对照自己，矫正自己，塑造自己，使自己适应社会。

科学的发展早已证明劳动创造了人类。生产劳动不仅改造了

① 《孤独成为 21 世纪"社会瘟疫"》，《参考消息》2007 年 12 月 18 日。

自然界,而且创造了人本身。人类学家研究的结果认为:"在远古时代,合群是人类祖先存在和发展的手段。"因为生产劳动不是孤立的个人所能从事的活动,而是一种群体性活动,是依靠许多人共同完成的。人类祖先赖以生存和生活的合群,久而久之,这种由目的派生出来的手段,便逐渐地游移出来,成为人的生活中不可缺少的独立价值之一,成为人类的一种独立的精神需要。它,不是别的,就是人与人的交往。

回顾人类社会发展的历史,正是通过交往,我们的祖先才获得必需的物质生活资料,才能战胜自然界的各种灾害而顽强地生存下来。正是通过交往,社会的物质文明和精神文明才得到不断积累和发展,使得每一代人不至于都从原始的刀耕火种开始认识人生。正是通过交往,个体才会形成适应于该社会与文化的人格,掌握该社会所公认的行为方式,这就是所谓的社会化。

个体的社会化必须在人际交往中完成。个体的社会化是一个过程,是经过个体与社会环境的相互作用而实现的,它是一个逐步内化的过程。个人的成长与发展就是经历了一系列的社会化的结果。个人成为一个怎样的人,取决于周围环境对他的影响,以及他本人对周围环境反作用的行为方式。

在人的一生中,社会化是十分重要的。一个人社会化程度的高低,是衡量其成熟程度与能力高低的尺度之一。人总是处在一定的社会关系之中,同他人进行着各种各样的交往,才有所谓的人生。人的生长和发育可分为两大过程,即自我成长过程和社会化过程。在母体内和哺乳期,人的发育和成长主要是自我生长过程,以后就进入了社会化的过程。社会化的重点是青年人。一些心理学家把人的青年期称为"第二次诞生",或称为"心理上断乳"。生理上的断乳,是指婴儿由于停止吃母亲的乳汁形成一次不适应新情况的危机;而心理上的断乳,是指刚刚进入社会的青年,由于对社会不适应而形成的又一次危机。人的社会化过程,就是青年人解除由于心理上的断乳而形成的危机的一个很好的途径。

一个人只有在人际交往中,才能逐渐认识他人、认识社会,进而适应社会,变成一个为社会所悦纳、所接受的人。社会化也就是向他人、向社会学习知识、技能和规范,取得社会生活的资格,由自然人变为社会人的过程。具体地说,社会化包括四个基本内容:学习基本生活技能;学习社会生活规范;明确生活目标;培养社会角色。

有人说,如果再活一辈子,就会不走弯路,事事顺利。那也不一定。因为社会环境在不断地变化,个体要适应新的环境,就要不断提高个体社会化的程度。社会对社会化程度高的人来说,可以任其激浪扬波;但对社会化程度低的人来说,则是一个可怕的恶水深渊。

人类社会经历着由野蛮到文明、由低级到高级的发展过程,人类的交往活动同样经历着由简单到复杂、由贫乏到丰富的历程。社会的形态、交往的内容,千百年来一直在变。但有一句话跨越时空流传不衰,那就是:人与人要彼此热爱。不因为人们没有做到而抛弃它。它是人们永恒的希冀。

两千多年以前,中国孔子说过:“仁者爱人。”西方先哲也说过:“彼此热爱。”但他们的话很长时间被许多人忽略。有些人常常会这么说,却很少会这么做,好像只有圣人和傻子才会如此实践。当然,社会和生活是复杂的,人与人彼此热爱需要双方努力。我们主张彼此热爱,在现实许可的条件下,尽自己的力量去实践。越来越多的人能深刻地理解爱的真谛,真正地发现爱的威力,那么,各种丑陋的行为就会越来越被人们所识别和抛弃。

美国人李·阿特沃德写过一篇《最后的“战役”》的文章,其体会是令人深思的。他在文章中写道:

在我 40 岁前,我想做成两件事:组织一次成功的总统竞选;当上共和党的领袖。1988 年,我 37 岁时,作为乔治·布什的竞选办公室主任,我实现了第一目标。在竞选日,同这位信心十足的候选人漫步时,他问我:"李,你喜不喜欢我干过的共和党全国委员会主席的工作?"我当然喜欢。这样,我的第二个目标也实现了。1990 年 3 月 5 日,我宣誓就职——我已经站到了世界的顶峰。但是,地狱向我招手了:经 CT 检测,我患了脑瘤……我感到一种不请自来的精神存在于我的生活之中。我以前曾很怕孤独,但当我独自坐在古怪的病房里接受治疗的时候,我感到很安详。这种处境意味着我将要清理生活中那些不很高尚的事情了。

1988 年,我曾说过迈克尔·杜卡基斯"小杂种"之类的话。对此,我感到抱歉,因为第一,它令人痛苦;第二,它使我表现得像个种族主义者——而实际上我并不是。

我更多的是为自己看人的方式忏悔。我把每个不站在自己一边的人当成反对派……我曾说过一句最妙的话"钻进你敌人的脑中"。现在,癌症把它用在了我身上。

我觉得我对政治有一种天生的直觉能力。我能辨别出别人生活中漏掉了什么。但是,我并不真正知道"它"是什么。我的病帮助我看清,"它"就是我所漏掉的:一颗友爱的心,很多兄弟般的情。

80 年代是我收获的年代:财富、权力、荣誉。我知道,我比大多数人获得的多。但是,获得了想要获得的一切,却仍然感到很空虚。此时什么样的权力我也不愿拿来同我与家人聚在一起的一小会儿时间作交换!什么样的价钱我也不会把与朋友在一起的一个晚间卖给你!

过去我经常说总统应该更亲切、更温和,可我却没那样去做。我是多么愚蠢啊！在生活中,没有任何东西比人类更重要,没有任何东西比人与人之间的友好接触更甜蜜了。

李·阿特沃德于 1991 年 3 月 29 日逝世了,癌症无情地夺去了他的生命,但他在《最后的"战役"》中所感悟的"友爱的心"却永远充满生机。

李·阿特沃德在临终以前真实地体验到了人间爱的珍贵。此时,他觉得任何权力、财富都不如彼此友好更值得珍惜。这不是人们常说的"酸葡萄作用"式的自慰,而是"站在世界顶峰"俯瞰人生的洞察。

人们需要以宽宏的心深入思考彼此热爱的巨大无比的力量。彼此友好,不是一句无法实现的抽象的口号。彼此友好,是人们走向天堂的通行证。彼此友好,就是把自己的生活与别人的生活揉搓在一起。彼此友好,是化解人间一切矛盾和冲突的转机。彼此友好,是人际交往中一种和谐的乐趣。生活中很少有什么东西能比人与人之间的彼此理解和彼此热爱带给我们更巨大的鼓舞和激励。

友好交往是一个人健康成长的基本条件。社会上人人都具有这样一种基本需要:需要归属于一定的社会团体,需要得到他人的爱与尊重。社会学与人类学的研究更是认为群体合作具有生物保存与适应的功能。如果没有群众的合作,不仅是人类,许多生物都会灭绝。

美国戴尔·卡耐基曾说:"一个人事业的成功,只有百分之十五是由于他的专业技术,另外百分之八十五要靠人际关系和处世的技巧。"良好的人际交往与人际关系是个人生存与发展的有利环境,它可以产生合力,使人团结协作,充分发挥群体的效能;有利于形成互补和激励,使人们互相学习,取长补短,产生向上的积极情绪;促进信息交流,使人们增长知识和能力,不断完善和发展自身。

星云说创造人之一的拉普拉斯说:"大自然所表现出来的智慧,真是形形色色,变化万端。"朗朗晴空中飞翔的雁阵,就给予了人类智慧的启示。雁群摆成人字阵或一字斜阵展翅飞翔,那不是雁刻意向人间表演飞行艺术,而是它们在长期适应中所形成的最省力的群体飞翔方式。雁群以上述形式飞行时,后一只大雁的翼,能够借助于前一只大雁鼓翼时所产生的空气动力,使飞行省力;当飞行一段距离后,大雁们左右交换位置,正是为了使另一侧羽翼也能借助于空气动力以缓解疲劳。由于大雁既具有惊人的个体飞翔能力,又富于令人叹服的群体智慧,使它们的羽翼附着了灵性,使它们能够以轻松自如的风姿成为长空的主人。大雁们所展示的正是群体智慧的互补效应。

雁阵位移、组合飞翔,其形成的优势给予人们深刻的启迪。今天,为了解决自然科学与技术科学的某些重大问题,仅仅靠单枪匹马的个人奋斗已经很难奏效,往往需要多学科汇流和群体协作。这样,既有利于科学技术获得新的突破,又有利于个体生存智慧的全面发展。

第二节　现代社会要求人们善于沟通和合作

我们面对一个正在走向高度全球化的社会,加强人际交往与沟通,在群体之中做出更好的表现,是尤为重要的。李开复说,与大多数美国学生比较而言,中国学生的表达能力、沟通能力和团队精神要相对欠缺一些。表达能力和沟通的能力是非常重要的。你不可能只生活在一个人的世界中,而应当尽量学会与各种人交往和沟通。

对于一个集体、一个公司,甚至是一个国家而言,团队精神都是非常关键的。微软公司在美国以特殊的团队精神著称。像

Windows 2000 这样产品的研发,微软公司有超过 3000 名开发工程师和测试人员参与,写出了 5000 万行代码。没有高度统一的团队精神,没有全体参与者的默契和分工合作,这项工程是根本不可能完成的。

大学生在学习过程中,千万不要不愿意把好的思路、想法和结果与别人分享,担心别人走到你前面的想法是不健康的,也无助于你的成功。有一句谚语说:"你付出的越多,你得到的越多。"

沟通与合作能力是新世纪对人才的基本要求。情商中就包括了沟通与合作能力。在 21 世纪,我们需要的是"高情商的合作者",因为几乎没有哪个项目是一个人可以做出来的。由于跨领域的项目会越来越多,所以每个人都必须学会与别的领域的人合作。如果一个人是天才,但他孤僻、自傲,不能正面地与人沟通,融洽地与人合作,那么,他的价值将大幅度下降。

高效能的沟通者善于理解自己的沟通对象,能够使用最有效率的方式与其交流,能够把复杂的信息用简单的方式表达。在信息随手可得的今天,重要的不是你有多少信息,而是你是否能合适地用易理解的方式表达这些信息,取得对方的共鸣。

高效能的合作者善于找到自己在团队中的恰当定位,能快速分清自己和其他团队成员间的职责与合作关系,并在工作中积极地帮助他人或与他人分享自己的工作经验。

在全球化的竞争中,团队中的每一个人都要发挥出自己的特长,并且彼此要善于沟通和合作。这样,你所在的团队才能表现出足以区别于竞争对手的独特价值。托马斯·弗里德曼提出:"19 世纪的国家不学会沟通无法生存,20 世纪的企业不学会沟通无法生存,21 世纪的青年不学会沟通无法生存。"国家的合作是外交,企业的合作是商业协议,人与人的合作可能是跨国界、跨领域、跨单位的。所以,要成为 21 世纪的人才,就必须学会与人沟通合作。

印度著名企业 Wipro 的首席执行官保罗曾说过："我可能早上和一个美国人合作以更好地与某印度公司竞争,中午向一个中国人下订单,下午和一个法国人签约,晚上把产品卖给英国人。我们能把任何工作移到任何国家。今天的人才不但要适应这种国际产业链中的合作与竞争,而且更需要具备自觉、上进和沟通的能力。"

显而易见,现代人非常需要具备交往和沟通能力。李开复给中国大学生提出了很好的建议,同时,他也反思了自己的不足之处。李开复说:"我认为我较强的是我对人的诚意和宽容。我会尽量花时间理解每一个下属的每一个成就。我会去想每一个人的优点,而不把一些不愉快的事情挂在心上。我较弱的地方是社交能力。除了工作需要,我很少与公司同事建立关系。前一阵我雇用了一个人,他告诉我,他认识公司里所有能干的人。起初我以为他在吹牛,但是后来发现我对任何人有疑问时,他都能给我很好的建议。他当然不可能认识每一个人,但是他确实认识很大一批能干的人。当他想打听一个人时,他可以利用他广泛的人际交往圈,得到准确的消息。这个例子给我很大的启发,我于是也要求自己多花时间去认识更多的人,即使没有急迫的工作需要。"①

随着社会的发展,大学生越来越重视人际交往能力的培养,他们对人际交往有了更积极的看法和更迫切的要求。社会生活节奏加快,社会互动加剧,极大地强化了大学生的人际交往意识。充满竞争、丰富多彩和日新月异的现实生活,为大学生扩大交往提供了广阔的舞台。大学生交往的内容日益广泛,不仅交谈学习经验、职业选择,而且涉及经济、政治、文化等社会生活的各个领域。大学生独立、自主的交往意识日益增强。大学生意识到社会发展到今

① 李开复:《与未来同行》,人民出版社 2006 年版,第 312 页。

天,要成就某一事业,需要自身能动性的充分发挥,以自己的力量去开拓事业和前途。大学生交往的方式新颖多样,如组织体育、社团活动,以及郊游、互祝生日、舞会等。

第三节　人际交往中的心理效应

心理学研究表明,在人际交往中有一些非常有趣的心理现象,科学地用好人际交往中的心理效应对大学生很有意义。

一、首因效应

首因效应,也称优先效应,指的是在信息呈现的顺序中,首先呈现的信息比后来呈现的信息在印象形成中有更大的权重。

人们初次见面的第一印象往往会影响对人以后一系列行为的解释,有先入为主的作用。由于第一印象的新异性,通常会在人的脑海中留下深刻的印象。英国科学家大卫·佩伦特和费奥纳·摩尔曾经专门研究过"人脸之谜"。结果表明,第一次见到某人时,在最初的几秒钟之内就会对(她)作出某种评价。如果留下了正面的、良好的印象,人们就会希望继续交往;如果留下了负面的、不好的印象,人们则会拒绝继续交往。这说明第一印象是深刻的。第一印象好了,对他(她)以后的其他方面的认识基本上倾向于积极的肯定;而第一印象差了,以后有关的认知大体上倾向于消极的否定。第一印象可能会造成认知上的偏差。因为第一印象不能等同于对一个人的全面评价。第一印象赖以产生的信息是有限的。尽管如此,印象形成中的首因效应是存在的。所以,在对人的知觉中,留给人们的第一个印象是十分重要的。它会影响人们以后对这个人行为的解释和对人稳定内在特质的归因。大学生在与人交往时,要注意自己的外表、谈吐和举止,以文明得体的言行给人留下良好的第一印象,使人从此以后喜欢你、接纳你,这样就会促进后来的交往与沟通。

二、晕轮效应

晕轮效应,也称光环效应,指的是在人际交往中,人们常从对方所具有的某个特征而泛化到其他有关的一系列特性上,即根据局部信息对别人作出全面的结论。晕轮效应实际上是个人主观推断泛化的结果。

晕轮效应就像月晕把月亮本身扩大化了那样,往往容易以偏概全。在晕轮效应状态下,一个人的优点或缺点一旦变为光环被扩大,其缺点或优点也就隐退到光环的背后被别人视而不见了。晕轮效应会使人对他人某一方面印象好时就觉得他(她)处处可爱,"爱屋及乌",甚至对其缺点也觉得可爱;而对人某一方面印象不好时,则对他处处看不顺眼,"憎人及物",对其优点也视而不见。

尼斯贝德和威尔逊1977年进行的研究清楚地说明了这一效应的影响。在这个研究中,主试让大学生被试看有关一位教师的录像。录像分两类,在第一类录像里,教师以一种非常热情和友好的方式行动。在第二类录像里,同一教师以一种冷淡和疏远的方式行动。把学生分成两组,让他们分别看其中的一个录像。看了录像以后,要求学生说出对教师的喜欢程度,以及对教师的外貌、举止和语言的评价。结果显示,"热情"和"冷淡"两个变量的不同对反应产生了重要的影响。对比两个实验组的反应后表明,看了教师以"热情"方式行动的录像的学生比后者更喜欢这位教师。更有意思的是,这种变量的不同还扩展到了对该教师个别特征的反应。前者对教师的举止、外表和语言都作出了积极的评价。后者对这些却作出了消极的评价。尼斯贝德和威尔逊得出的结果表明,一旦我们形成了对一个人的初步印象,那么我们就会按照这个印象去解释他的所有其他的特征。

晕轮效应与首因效应有着密切的联系,也可以说,晕轮效应是首因效应的延续。

三、定型效应

定型效应,也称刻板效应,指的是社会上对于某一类人物或事物的一种比较固定、概括而笼统的看法。

一般来说,定型的产生是以过去有限的经济为基础,源于对人的群体归类。定型对我们加工社会信息是有用的,因为它有助于我们简化所面临的过分复杂的社会世界。由于定型简单方便地把人划分为群体,使得我们在获得少量信息时就能对他人作出迅速判断,并据此形成对他的印象,从而预测他的行为。

定型发生在各个不同的种族、民族、地域、性别、职业、年龄等方面。例如,人们通常认为,美国人积极进取,讲究物质享受;英国人绅士风度,因循守旧。北方人身材魁梧,豪爽率直;南方人身材瘦小,聪明机灵。男生果断坚定;女生温柔细心。商人奸诈狡猾;教师文质彬彬。年轻人富有闯劲;年长者追求安逸,等等。

虽然有些定型是积极的,但大部分定型是消极的。由于过分泛化,定型常常是很不准确的。它导致对他人在知觉和判断方面出现错误,不能准确地形成印象。定型使得我们假设,一个群体中的所有成员都拥有某些相同的特征,但是,事实上群体中的成员之间在任何一种特征上都有极大的区别。定型使得我们假设,一个群体的所有成员同另一个群体的所有成员是完全不同的,但是,事实上不同群体之中的某些人存在相似或相同的特征。所以,定型效应促进了不准确的人际知觉。当我们形成有关某个人的印象时,常常从该个体所属的群体的定型出发,于是容易形成错误的印象。所以,大学生在人际交往中要注意克服定型效应的消极面,要全面地、发展地、辩证地了解自己交往对象的特征,提高对人认识的广度和深度,从而提高交往和沟通的水平。

四、预言效应

预言效应,也称自我实现预言,指的是人们能够使得其他人按照人们对这些人的期望来行动。

罗森塔尔和雅各布森于1968年做过一个著名的实验。他们告诉小学教师们说,这一学年中,他们班级中的某些学生在学习成绩上会突飞猛进。并说,这是根据"哈佛反射探测测验"所提供的可靠信息判断出来的,实际上并没有这么一个测验。主试随机地选择三分之一学生指定为"跃进者"。学年结束时,测试了学生的智商。结果表明,一年级和二年级儿童中被指定为"跃进者"的儿童果然在一年之后智商显著地增高,虽然他们被指定为"跃进者"与哈佛的测验没有丝毫关系。显然,在这里,教师以自己的期望塑造了这种学生。教师的期望以某种方式传递给了学生,而学生也照着做了。

罗森塔尔和雅各布森的实验经受得住别人的检验。有人在中学里,在智力迟钝的儿童中所进行的实验中,也发现了这种现象。

教师的期望使学生的行为发生改变,这一问题不仅在理论上,而且在实验上都是一个重要的问题。理论上的基本研究问题,包括探索我们的期望传递给这些期望对象的过程。实践的基本研究问题,包括研究教室和其他情景该怎样构造,以至于能最大限度地传递积极的、建设性的期望;与此同时,尽量减少消极的期望的传递。

预言效应超越了教室,影响到许许多多人际交互作用。在人际交往中,A方的期望和行动,影响了B方的行为,预言效应在人际交往中,具有应用价值。

五、近因效应

近因效应,也称新近效应,指的是最后的印象对人们认知具有的影响。最后留下的印象,往往是最深刻的印象,这也就是心理学上所阐释的后摄作用。

在人际交往过程中,形成对他人的印象,有时首因效应不起作用,相反会产生近因效应,即我们所获得的最新的信息会对于形成印象有强烈的影响。研究表明,在印象形成的下述条件下,可能发生近因效应。

——如果要求被试在形成最后印象之前回忆有关对一个人的所描述的特征,就会减少第一印象的作用。在这种情况下,人们发现,在形成最后印象时新近提到的特征便会起到重要的作用。越是新近出现的特质在形成最后印象中越重要。

——如果对被试进行预先警告,提请被试注意第一印象的危险性,也会削弱首因效应的作用。

——在开头的信息与最后的信息之间有较长时间的间隔,或者,在中间插入其他的与形成印象无关的工作任务,也会削弱首因效应,并显示出近因效应。

此外,对他人知觉的顺序效应(包括首因效应和近因效应)也与人际交往的时间和熟悉程度有关。研究总的表明,开头的信息与后来的信息相比,对印象形成中的整个判断来说,开头的信息影响较大。特别表现在两个陌生人之间的初次接触,首因效应的作用更大一些。随着交往次数的增加,彼此比较熟悉或已经成为朋友,近因效应可能有更大的影响。所以,如果认为后来的信息对印象形成没有作用,显然是不正确的。

首因效应与近因效应不是对立的,而是一个问题的两个方面。在大学生的人际交往中,第一印象固然重要,最后的印象也绝对不可忽视。在与他人进行交往时,既要注意平时给对方留下好的印象,也要注意给对方留下良好的第一印象和最近印象。

第四节　人际吸引的一般性因素

通过人际交往这种动态过程,人与人之间逐渐形成了一种人际关系。人际关系所反映的是人与人之间心理距离的具体状态。人际关系的核心成分是情感因素,即对人的喜欢或厌恶,由此可以推知,人与人之间的吸引与排斥是人际关系的主要特征。

人与人之间要发生情感联系,必须双方直接接触。是什么力量促成他们相互接触呢?是某种"磁力"的作用,形成人际吸引。人际吸引,又称人际魅力,是指个人间在感情方面相互喜欢与亲和的现象,即一个人对其他人所抱的积极态度。在心理学中,人际吸引属于人际知觉的一个新领域,它对于满足个体的人际需求,建立良好的人际关系具有很大的指导作用。

决定人际吸引的因素是错综复杂的,国内外学者进行了许多研究,并提出了许多人际吸引的理论。现将人际吸引的一般性因素介绍如下。

一、外貌吸引

亚里士多德曾说:"美丽是比任何介绍信更为有力的推荐书。"这在今天并无多大改变。人们初次交往时,首先观察的是对方的外貌,包括容貌、姿态、风度、打扮、衣着、发型,等等。外貌美能够起到吸引对方的微妙作用。特别是在与异性交往时尤为显著,外貌美给人以心理的愉悦感,是一个重要的吸引因素。异性双方在进行交往以前,往往是根据交往者的外貌特征来估价对方,形成肯定或者否定的印象,从而影响以后相互之间关系的发展。

人类异性吸引,最初就是外貌美的吸引。一个美丽的姑娘,追求她的男性就多;一个英俊的小伙子,追求他的女性也多。历史上的潘岳,是有名的美男子,据说他坐车上街,围观的女子很多,为他的风采所动,女子们把果子扔到他的车上,形成"掷果盈车"的现象。

在现实生活中,外貌美的人往往受到人们的赏识。飞机上的空中小姐,列车上的乘务员,旅馆中的服务员,旅游中的导游员……外貌美往往是被录用的条件之一。

国外有人研究了电脑约会中异性外貌吸引的情况。布瑞斯林和李维斯发现,对方外貌美的吸引力和第二次是否与之约会的相关系数为89%,泰塞和布洛第发现相关系数为69%,虽然相差20%,但都说明了外貌美的吸引力所占比重大大高于约会对象的其他特征。

在另一个研究中,卡雷·戴恩和她的同事给大学生看三个大学生的照片:一个外貌美丽,姿色超群;一个相貌平平;第三个则相貌丑陋。然后,请被试根据27种人格特质作出评价,并要求被试估计她们三人未来是否幸福,结果无论评价的对象如何,最美满的预言都落在外貌富有吸引力的人身上。他们还在儿童中进行了类似的研究,结果表明甚至在幼儿园时期,儿童对外貌的吸引就有反应。

阿伦森和哈罗德·西格尔等的一系列研究表明,漂亮妇女比不漂亮的妇女对男人的影响更大,人们倾向于帮助外貌美丽、姿色出众的漂亮妇女。同样,一个男人与一位漂亮妇女在一起和与一位不吸引人的妇女在一起时,人们对这个男人的评价也是不一样的,人们更喜欢与漂亮妇女在一起的男人。诸多实验都表明,在其他条件相近的情况下,美貌和姿色可以使别人喜欢你。

为什么外貌美会发生如此强烈的吸引力呢? 从心理学、社会学中我们可以找到原因。首先,爱美之心,人皆有之。爱美是人的一种本性。因为美的外貌,刺激人的感觉器官,反映到大脑,能引起人们心理的愉悦,产生精神上的快感。因而,人们总是愿意接触美。正因为人是爱美的,才会按照美的规律塑造物体,而人的外貌美,是世界上最美的表征之一。古希腊的人体雕塑栩栩如生;欧洲文艺复兴时期,达·芬奇、拉斐尔、米开朗琪罗的绘画和雕塑,传世不朽;中国民间的一些人体雕塑,例如天津的泥人张、北京的面人常,也负有盛名,都是以人体的艺术美来感染人的。其次,生活环境告诉人们,往往认为只有"漂亮"的人,才值得去爱。在日常生活中,被爱的对象总是"漂亮"的,美貌起了激发爱和表现爱的线索作用。美貌的人既然成为被爱的角色,那么,进而受到人们情感上的喜欢也就理所当然了。同"漂亮"的人在一起,不仅觉得荣耀和光彩,而且使人沉湎于美的满足中,美的享受中。再次,与外貌不吸引人的个体相比,外貌美的人看上去令人觉得更舒服。于是,人们就把好的个性品质与美貌相互对应起来,形成了一种习惯性的思维。为了顺应这种习惯性思维,人们更愿意与貌美者交往。在这个心理定势的作用下,人们会觉得貌美者更令人喜爱。

二、言语吸引

根据语言学家的研究,语言与言语这两个概念是既有区别又紧密联系的。语言是人际交往的工具,也是人们赖以进行思维的工具。言语是人们在交往中对共同语言的具体运用。语言与言语的关系,是共性与个性的关系,共性寓于个性之中,语言存在于言语之中。众多个人言语概括起来,就成了某种全体社会成员通用的语言。

外貌吸引是通过视觉器官起作用的,而言语吸引却是通过听觉器官起作用的。在看到对方的外貌以后,进而听到对方的言语,如果言语得体、入耳中听,就会引起共鸣,为以后的交往打下基础。一般而言,听到言语往往是与看到外貌一起进行的。外貌伴随着言语,通过眼睛和耳朵这两个感觉器官,引起大脑视觉区和听觉区的不同兴奋。中枢神经把视觉和听觉加以综合,从而由感觉变成知觉,并进而形成印象。

　　要做到用言语吸引人,也不是很容易的。首先,内容要感人。言语内容切合对方的需要,使对方得到启发,受到教益,取得新的信息,能指点迷津,能满足某种需要,于是,对方乐于接受,引起共鸣。"听君一席话,胜读十年书",是从对方言语中获得教益;"别来沧海事,语罢暮天钟",是通过交流信息和沟通感情而得到安慰;"何当共剪西窗烛,却话巴山夜雨时",是对未来共叙旧情的期待。言语不仅包含了思想,也渗透了感情。言语感人,主要是思想深刻、感情充沛所致。言语一般不是指自言自语,而是指人际交往中的应答。人与人彼此应答就形成了交谈。人们通过交谈,就交流了思想感情。据记载,古时候尹敏与班彪相厚,每谈论,昼则至暝,夜则达旦。这就由言语吸引而进一步成为知交了。

　　其次,表达要得体。在日常生活中,同是表达一个意思,由于人们使用的语言材料存在美丑之别,会给别人带来不同的心理感受。文明礼貌的语言,给人以亲切愉快之感,心灵很快能得到沟通,而粗俗不逊的语言却使人产生厌恶之感。同时,在运用语言时,要力求简洁晓畅,避免啰嗦。在日常生活中的非特定场合,不要使用专业术语。交谈中还要注意说和听的结合,一方在谈话,要注意倾听,不宜轻易打断对方,也不宜抢先说出对方要说的话。如果多人一起交谈,不能把注意力只放在个别人身上。自己说话时,要留心对方的情绪,不宜旁若无人地讲个没完。同样一个意思,由于表达方式不同,可以引出不同的效果。方式合适,语言讲究,深入浅出,娓娓动听,就能吸引人,博得人们好感,这就是言语的艺术。

再次,适时适度给予肯定评价。实验心理学的研究表明,肯定评价能释放出一个人身上的能量以调动其积极性,而否定评价会使一个人情绪低落、减弱或失去与对方交往的热情。因此,真心诚意、适时适度地赞美对方,往往能有效地增添友好气氛,使交谈在和谐、友善的氛围中进行。交往中要善于挖掘对方值得赞美的东西。一般说来,赞美是一种良性刺激,批评则是一种负性刺激。但交往中并非不能批评。需要注意的是,批评要从善意出发,以爱护的角度提出,一旦对方理解并证实了你的批评帮助了他提高和进步,他将长久地铭记,并将增强交往的热情。

此外,要恰当地进行自我暴露。所谓自我暴露,是指向别人讲心里话,坦率地表白自己,陈述自己,披露自己。许多心理学家认为,使得真实的自我让至少一个重要的他人知道和了解,具有这种能力的人在心理上是健康的。一个从不自我暴露的人不可能与其他人建立密切的和有感情的关系。一个人太少的自我暴露和太多的自我暴露,都会引起对环境适应方面的一系列问题。心理学家认为,理想的模式是对少数亲密的朋友作较多的自我暴露,而对于其他人作中等程度的暴露。人际关系由低水平的自我暴露和低水平的信任开始。当一个人开始自我暴露时,这便是信任关系建立的标志。而对方以同样的自我暴露水平作出反应,则成为接受信任的标志。这种自我暴露往复交换,直到双方达到满意的水平为止。喜欢与自我暴露是紧密地联在一起的。有专家在进行的研究中,当问女被试她们喜欢谁时,她们常常指出愿意向她们作自我暴露的个体。人们是不是总喜欢对自己作自我暴露的人呢?也不一定。心理学家发现过分亲昵的暴露会引起对方的焦虑。研究表明,自我暴露中的"回报"原则决定着喜欢,人们最喜欢那些与自己的自我暴露有着相同水平的人。有一点需要注意,我们应小心谨慎地发展这种亲密关系,在进行自我暴露时,要千方百计使得对方及自己觉得这种相处令人愉快并能加深彼此的了解。

三、才华吸引

才华出众,也是吸引人的重要条件。所谓才华,是指人们表现在外的才能。一个人才华横溢,引人注目,自然就能吸引人,使人钦佩,使人羡慕,使人喜欢。

在人们的交往中,尤其在大学生的人际交往中,各种才能的出色展示,能够瞬间丰富和美化一个人的形象。大学校园的课堂多样化,有第一课堂、第二课堂、第三课堂。传统的教室为第一课堂,各种社团活动为第二课堂,社会实践为第三课堂。每一类课堂都是大学生展现才能的场所。大学校园为每一个大学生的人际交往提供了更大的时空范围。大学生活大大拓宽了每一个大学生的活动舞台。大学生的互相评价逐渐从唯分数走向多维化。大学是一个准社会。许多大学生极有兴趣透过大学的窗口去瞭望社会。在"分数唯一"的观念淡化的同时,全面发展的理念逐渐被接受认同。表达才能、书画才能、体育才能、表演才能、组织才能、公关才能和其他社会活动才能的锻炼和提高,都是大学生全面发展的内在需求。如果双方都能够彼此满足其中某些方面的需求,就增强了进一步交往的生命力。

大学是人生的关键阶段。进入大学是你一生中第一次放下高考的重负,开始追逐自己的兴趣和理想。对于多数初入大学的年轻人来说,这是第一次离开家庭生活,独立参与团体与社会生活。这是你第一次不再单纯地学习或背诵书本上的理论知识,而是有机会在学习理论的同时亲自实践。这是你第一次不再由父母安排生活和学习中的一切,而是有足够的自由处置生活和学习中遇到的各类问题,独立支配所有属于自己的时间。许多大学生第一次深切地认识到增强与人相处的能力至关重要。

　　李开复说:"经过大学四年,你会从思考中确立自我,从学习中寻求真理,从独立中体验自立,从计划中把握时间,从表达中锻炼口才,从交友中品味成熟,从实践中赢得价值,从兴趣中攫取快乐,从追求中获得力量。"①

　　李开复了解到一些大学生在人际交往方面经常遇到的困惑:"人际交生能力不够强,人际圈子不够广,但又没有什么特长可以引起大家的注意,在社团里也不知道怎么和其他人有效地建立联系。"针对这一问题,李开复认为,如果觉得自己没有特长、没有兴趣爱好可能会成为自己人际交往能力提高的一个障碍,那么,你可以有意识地去选择和培养一些兴趣爱好。共同的兴趣和爱好也是你与朋友建立深厚感情的途径之一。很多在事业上有所建树的人都不是只会闭门苦读的书呆子,他们大多都有自己的兴趣和爱好。李开复在微软亚洲研究院的同事中就有绘画、桥牌和体育运动方面的高手。业余的兴趣和爱好不仅是人际交往的一种方式,而且还可以让大学发掘出自己在读书以外的潜能。例如,体育锻炼既可以发挥你的运动潜能,也可以培养你的团队合作精神。

　　才华吸引人,一般是个体通过各种形式的展示,刺激人们的感觉器官,进而打动人们的心灵,从而产生一种心领神会的无形力量。这种无形力量就是感染力,它吸引着人们与个体进行交往。例如,写作才能出众的人,思想深刻,感情充沛,文采照人,读之令人倾倒,拍案叫绝。表演才能出众的人,歌声悠扬动听,感人肺腑,舞姿潇洒翩跹,动人心弦。出色的才能,最能打开对方的心扉,吸引人与人交往,它是人际吸引和交往成功的重要因素。在其他条件都相同的情况下,才华出众的人更容易受到人们的喜欢。心理

_____

　　① 李开复:《与未来同行》,人民出版社 2006 年版,第 56 页。

学家认为,尽管外貌吸引力是一个显著而稳定的信息,但才华和能力最终很可能更重要。大部分人都不喜欢才华和能力平平的庸人。

四、相似吸引

相互吸引除了以上几点之外,还有一点,就是人们喜欢那些同自己相似的人。我们能够观察到,无论是在深厚的友谊、恋爱婚姻还是在平常的朋友相处中,这种相似吸引的作用都明显地表现出来。

中国古籍《吕氏春秋·召类》说:"类同相召。"意思是说,同类的就会互相召唤,指同是一个类型的人就会互相招引、呼应。中国古代还有其他一些说法,也都表达了这个意思,比如,"气同则合"、"声比则应"、"物以类聚"、"人以群分"等等。这些说法,在很多场合都是指好人常和好人聚集在一起,坏人常跟坏人结合成一伙,因而能够互相区分。要认识一个人,只要看看他结交的朋友,就大体上可以想见他本人的为人了。当然,人与人的不同不一定用"好人"与"坏人"来区分,人与人的区分是多方面的。

在现实生活中,人与人之间的相似吸引所包括的内容是很广泛的,比如,兴趣、爱好、性格、信念、价值观等的相似是一个方面;行为动机、处世态度、追求目标等又是一个方面;行业、职业、专业也是一个方面。所有这种相似都能够导致吸引。情投意合的人容易建立起亲密的人际关系。总之,人们喜欢同自己相似的人,人们总是从相似人的身上看到自己的影子,也总是以自己的模式去寻求和要求别人。

美国心理学家纽科姆为了验证相似性在建立友谊中的作用,设计了一个实验。纽科姆让互不相识的 17 名大学生住在同一间很大的宿舍里。这里同其他宿舍没有什么两样,仅仅是征得大学生的同意,接受纽科姆的定期询问。纽科姆对大学生的亲密化过程进行了近 4 个月的追踪研究。实验前调查了他们的态度,然后调查哪个同哪个结成朋友,陆续让这些学生自由选择同室的朋友。结果发现在见面的初期,多是与住在自身近旁的人成为好伙伴,后来,随着时间的延长,态度的类似逐渐成为互相吸引的主要因素。而且学生对朋友与自己相似点的评价远远超出了实际情况。由此可见,相互间一致性的发现和增加,会增强彼此的吸引力。拜恩和埃温还做过一个实验,证明了上面这个结论。他们按相同的和不相同的态度把学生搭配起来,然后让学生们出去进行一次半小时的约会,约会后测量相互喜欢的程度。结果表明,相似性的确与喜欢有联系。

　　有的研究者指出,类似的价值体系和社会背景是决定喜爱或选择他人的重要因素。许多实验显示,价值体系、对象身份、社会背景和文化程度的类似性均能影响到个人选择他人的条件。社会心理学家柯尔等人 1955 年在研究最好的朋友时指出,个人所指出的最好朋友都是同等地位的人,一般来说他们在教育水平、经济条件、社会价值等方面都很相似。日常生活中我们也经常可以看到政治主张、宗教信仰、对社会上发生的重大事件的看法比较一致的人容易谈得来,在感情上较为融洽,容易成为好朋友。[①]

　　为什么相似性能导致吸引? 心理学家讲了很多理由。笔者最认同的是这一条,即相似能被作为一个同一体而感受。这种感受在古今中外都是如此。"心有灵犀一点通",喻指恋人或朋友彼此心领神会,心意相通,心心相印,双方的心相互吻合,思想境界和感情完全一致,这是"同一体"。鲁迅对朋友要"以同怀视之",怀者,胸怀、心怀也,"同怀"无疑可视为"同一体"。亚里士多德说:"朋友

---

　　①　郑全全、俞国良:《人际关系心理学》,人民教育出版社 2006 年版,第 337 页。

是第二个自己。"不难理解，"两个自己"也是"同一体"。这就是相似吸引的根本理由。

五、互补吸引

与相似吸引相对应的是互补吸引。双方的兴趣、爱好、性格等不一致，在某种情况下也能够互相吸引。

《孟子·滕文公上》云："今滕，绝长补短，将五十里也，犹可以为善国。"意思是说，现在的滕国，假若把土地截长补短，拼成正方形，每边之长也将近五十里，还可以治理成一个好国家。这里的"绝长补短"，即"截长补短"，原意为把长的部分切下来，补充短的。比喻事物长短相济，以多余补充不足。

《吕氏春秋·孟夏纪·用众》云："物固莫不有长，莫不有短，人亦然。故善学者假人之长以补其短。"意思是说，事物本来都是各有所长，各有所短，人也一样。所以，善于学习者能够借用他人的长处，以弥补自己的短处。

《楚辞·卜居》云："夫尺有所短，寸有所长。"比喻人或事物各有长处和短处。本来尺比寸长，但在某种情形下就会显得短；本来寸比尺短，但在某种情形下就会显得长。人和事物都是如此，在这方面显示出特长，在那方面又表现出局限。所以，在民间就流传有"取长补短"一说。每一个人都要吸取人家的长处，弥补自己的不足，这样就能相辅相成，相得益彰。

西方心理学家对互补吸引也有许多研究。人们需求的互补性是指双方在交往的过程中获得互相满足的心理状态。它是构成人际关系的因素之一。当双方的需求或个性能够互补时，就能产生互补吸引。

心理学家凯利和西保曾经观察了大学生在迎新会上如何与人交往的情形。大学生初次见面时，先经过一些试探，作一番整体观察,然后,找一些话题与人交谈。如果交谈中彼此发现对方具有魅力,便继续交往下去;如果对方的谈话不符合自己的要求和愿望,或者不符合自己在交往之前对对方的估计,就会退出交往的圈子。凯利和西保的研究表明,大学生两人相处,对双方都有裨益,彼此有友好意愿,或者在某些方面能够进行互补时,两个人之间的人际关系才能得以维持。

罗伯特·温的一项实验对已经订婚和已经结婚的若干对青年的个性特征作了详尽的考察,结果表明,在某些条件下人们往往选择那种具有与自己的需要和特征不同的人,而那种需要和特征能够补充自己的需要和特征。研究表明,支配型的人和依存型的人能够相互合作,并由此提出了"要求的相辅性"观点。这实际上是一种"取长补短"的观点,这种观点为西方心理学家所推崇。

心理学家克切霍夫和戴维斯等人,访问了大学生,研究从朋友到夫妻的演变过程。研究结果发现,在初交时,外貌因素、距离因素和社会资源(如经济地位、职业、学历、文化背景等)都是构成人际吸引的重要因素,在结交以后两人的态度、信仰、价值观、人生观、世界观等方面的相似显得更为重要。在前期的友谊和婚姻阶段,双方在人格特质上的互补,在要求上的互补,具有举足轻重的作用。如双方均有互补的需要,而又各自从对方获得需要的满足,如此形成彼此相依的情形,便会增加人际吸引力。

精神分析学派的荣格认为,人际间人格特质的互补是吸引双方相爱的主要原因。进而有人提出了"匹配选择的筛选因素理论",该理论认为在发展恋爱关系中,存在着许多筛选器。主要有:一是社会学和人口统计学方面的一些变量,如社会地位、经济地位、宗教信仰、年龄等;二是恋爱期间相对的价值观的一致性;三是恋爱期间需要的互补性。在恋爱婚姻关系中互补性的作用,争议较多。许多心理学家认为,个性的互补,是导致人际吸引的一个原因,但不是一个根本的原因。只有人们的世界观、价值观和人生观的一致性,才会导致真正的吸引。

第五节　人际吸引的根本性因素

上面已经探讨过人际交往相互吸引的一般性因素,如外貌、言语、才华、相似、互补等。我们继续探讨一个重要的问题,就是人际吸引当中,根本的吸引因素是什么?

我们知道,青年人的交往已经不全是人与人之间情感的相互依恋,而是突出了价值和道德等意识的作用;也已经不全是人与人之间一般的相互影响,而是突出了交往的选择性和目的性。因此,青年人的交往就自然地凸现了人格问题。

青年人对人的认识不同于童年和少年,已经不再停留于对外部特征的感觉和知觉,而是趋向于对内在本质的认识和判断。青年人对人的认识,正在经历由感性到理性、由表及里、由现象到本质、由低级阶段到高级阶段的认识过程。青年人认为,如果没有实现由感性认识到理性认识的飞跃,没有认识一个人的人格,就不能算真正认识和理解一个人。

青年人对自身的要求也已经不满足于外貌的美化,而是着力于增加自身的魅力。青年人懂得,要增加自身的魅力,主体自身的努力是富有成效的。首先,主体自身需要合理利用已经有的条件,并创造新的条件。在交往中,美貌固然是一个比较重要的魅力因素,但随着交往时间的延长,美貌的魅力作用会逐渐减弱,而性格、品德、能力等因素的魅力作用会逐渐增强。正如古希腊德谟克利特所说:“身体的美,若不与聪明才智相结合,是某种动物的东西。”显然,心灵的美化比外貌的美化,更可以增加一个人的魅力。其次,需要合理地接受他人,并掌握交往的分寸。在人与人之间,只有相互接近才能相互了解和熟悉。人的气质、性格、品德、能力等因素,只有在相互熟悉的人之间才能表现出来。再次,要增加自身的魅力,需要表现真实的自我。人与人之间相互交往不仅是在交流某种信息或处理某种业务,而且是在有意无意地表明各自的人生态度和追求,表明对世界的某种认识和评价。总之,在人际交往过程中,交往双方也表明了各自的人格倾向。交往的能力和效果依附于一定的人格。因而,人格状态如何对于交往的结果必然起决定性的作用。人格的魅力,关键不在于表现得完美无缺,而在于表现一个真实的自我。所谓真实的自我,是指人作为自由人在人际交往中的真实自然的自我表现。这里所强调的真实自然,是指一个人表现自己本来的面目,即表现自然流露的、表里如一的自我形象。

综上所述,人际吸引当中根本性因素是个体的人格吸引。人格吸引主要表现在以下几个方面。

一、尊重

每个人都有被人尊重的需要,尊重别人就是要在心理上承认别人的价值、人格和尊严,承认别人的独特性和唯一性,把别人看成同自己是平等的。

孟子说:“敬人者,人恒敬之。”尊重包括自尊和尊人两个方面。自尊就是在各种场合自重自爱,维护自己的人格;尊人就是对他人人格的尊重、情感的接受、利益的维护、处境的体谅等等。尽管由于主客观因素的影响,人与人在各方面都存在着差异,但在人格上是平等的。只有尊重他人,才能得到他人的尊重。

相互尊重是交往中人际吸引的一个重要的因素。人际交往作为双方互动的过程,不能完全围绕自我展开。人与人之间要相互关心、相互同情、相互爱护、相互体贴,这是尊重人的思想基础和感

情基础。没有这种思想和感情,就不可能在行为上对人有尊重的
表示。

　　人与人之间的相互尊重,在很大程度上是尊重他人的独立性,
承认他人的平等地位。在交往中,要尊重和承认对方的自由主动
性。我们不能只顾自己的权益、意图和感情,而执意要改变他人。

　　在人际交往中,为什么需要增强自由平等的意识?因为任何
人都有渴求得到尊重的心理需求。一个人如果只顾自己的尊严,
不顾他人的尊严,最终他的自我尊严也会失去。人需要有尊严,但
切不可唯我独尊。所谓人的尊严,它是人对自己存在的社会价值
的自我评价和自我确认;它是人由于认识到自己的社会价值而产
生的一种自尊的情感。如果这种尊严感普遍地存在于人的意识和
情感之中,就会成为形成新型人际关系的心理保证。具有这种尊
严感的人,能够推己及人、尊重他人,能够自觉作出符合人的尊严
的行为选择,从而在道德生活中表现出真诚、守信、追求真理、反对
邪恶等特征。相反,一个缺乏这种尊严感的人,与人交往时,就不
懂得尊重他人,以至于常常做出有损于他人人格的行为来。

　　在人际交往中,要表现出人格魅力,就必须坚持尊重原则。在
人际交往时,既要认同对方的优势,又不鄙视对方的弱势;既不居
高临下,又不唯命是从。自尊与尊人达到高度的统一,这是一种良
好的自我状态。

　　二、理解

　　俗话说:"金玉易得,知己难求。"所谓知己,即指能够理解和关
心自己的人。相互理解是人际交往和沟通的必要条件,否则,交往
和沟通就会形成障碍。人总是不愿意与"说不灵清"的人在一起生
活的。理解不等于相同。就人际交往而言,一个人不仅要细心了
解他人的处境、心情、特性、需求、难处等,而且还要根据彼此的情

况,主动调整和约束自己的行为,尽量给他人以关心、帮助和方便,多为他人着想,处处体恤他人。不要把自己不爱听的话送给他人,也不要把自己反感的行为强加于人。

要做到理解就要设身处地地替别人着想,从他人的角度来看问题,将心比心地去领会他人所作所为的原因。在现实生活中,人与人之间的矛盾冲突,并不完全是因为彼此间的思想分歧、利益碰撞造成的,更多的是因为彼此不能够站在对方的立场上考虑问题。如果一个人遇事只想到自己,只凭自己的感情用事,不懂得体恤他人,那以,肯定会造成与他人的关系不融洽。

我们常说的设身处地,从心理学的角度看,就是心理互换。美国广告界的传奇人物曼宁曾经说过:"要想赢得竞赛,你还需要具备更多的条件。你必须懂得成功的诀窍,并把它贯穿到你整个人生之中。那么,什么是成功的诀窍呢?那就是:你希望别人怎样对待你,你就怎样对待别人。"这就是心理互换。

心理互换要求人们培养和提高同感的能力。人是情感的动物,人际交往势必包括人际关系的情感方面,人对人的知觉和理解因此也势必包括对他人情感的知觉和理解。知觉和理解他人的情感,不能单靠理性的思维,还必须进行感受和体验。个体感觉他人的感觉,并以适当的方式表达出来的过程就是同感。一个人的同感能力强,就能缩短与他人的心理距离,从而增进人际交往的密切关系。

三、相容

在现实生活中,每个人都会因其遗传基因、成长环境的不同而导致不同的个性和行为习惯。因此,人与人在相处中彼此应该多一些心理相容。只有这样,才会创造一个大家共有的和谐气氛与宽松环境。

容人者,人容之,必然朋友众多。心胸宽广,豁达大度,方能容人。心胸狭窄,斤斤计较,其结果只能是自己把自己孤立起来。

心理相容,需要交往的双方共同建构。所谓心理相容,就是指彼此在认知上的肯定和认同,在情绪上的满足和悦纳,在行为上的应答和协调的状态。

相容,包括宽容、容纳等。勺子总要碰到锅沿,人与人之间难免有摩擦和冲撞,不要去计较细枝末节,过于计较,反而会失掉人际感情沟通的空间。同时,在人际交往中,需要正视人与人之间的多种差异,尊重他人的个性,倾听不同的声音。

在人际交往中,有时可能会出现一些不愉快的事,要学会冷静、克制和忍耐。宋代苏轼曾经说过:"匹夫见辱,拔剑而起,挺身而出,此不足为大勇也。天下有大勇者,猝然临之而不惊,无故中之而不怒,此其所挟持者甚大,而其志甚远也。"气度恢弘,心志高远,求同存异,超越分歧。如此方能营造一个宽松、和谐的交往环境。能够原谅别人是美德,能够宽容别人是高尚。

宋代卢梅坡写了一首诗《雪梅》:"梅雪争春未肯降,骚人搁笔费评章。梅须逊雪三分白,雪却输梅一段香。"诗中通过对梅和雪的评论,告诉人们事物各有短长,应该相容共处,才能相得益彰。梅花、飞雪,都以自己特有的个性出现在冬春之交。梅雪争春,高下难分,各有长处,各有不足。既不能以梅花之香去否定雪,也不可用雪花之白去否定梅,梅雪相容,才能构成一幅动人的飞雪迎春图。虽是哲理诗,却写得很有情趣。

四、谦虚

谦虚是一种很好的心理品质。谦虚好学者,人们总是乐于与之交往;反之,狂妄自负、唯我独尊的人,人们往往避而远之。在人际交往中,谦虚谨慎、虚怀若谷的人,常常具有极强的亲和力。

　　虚怀若谷,是形容一个人谦虚的胸怀像山谷那样深广。虚怀若谷的本质是不自负、不自满。谦虚的人,能够看到他人的长处,虚心学习;清楚自己的不足,加以弥补。

　　谦虚会给人带来智慧,给人际关系带来和谐,给事业带来新的活力。"满招损,谦受益"这句古训千百年来流传不衰,因为人们信服一个真理:骄傲自满必然招致损失,谦虚好学就会得到好处。

　　孔子有一次到鲁桓公的庙里,看到祭案上放着一件叫不上名的东西。奇怪的是,这件器皿总是东倒西歪的,老也扶不正。孔子的学识虽然渊博,这次也只得请教守庙人了。守庙人告诉孔子说:"这是'宥坐'('宥'即'右','坐'同'座'),是放置在座位右面用来警戒自己的。"孔子听了恍然大悟:"噢,原来'宥坐'就是这样,我曾听说过,这种器皿空着的时候就倾斜,灌水达中时就能保持端正,若把水灌满,它就会自动倒翻。"孔子对身边的弟子说:"百闻不如一见,你们不妨试一试。"弟子们好奇地往里面灌水,果然,灌到中间时,歪斜着的宥坐就端正了。再继续往里灌,刚刚灌满,宥坐立刻就翻倒了。看着祭案上翻倒的宥坐,孔子深有所感,长叹一声:"唉!自古以来岂有满而不覆之理?!"孔子从宥坐的空而斜、中而正、满而覆的现象,悟出了"满招损,谦受益"的道理。

　　谦虚不是空虚。谦虚的人好学,愿意充实自己,但不自满。古人说:"善者学,其如海乎?"好学的人,其心地像大海一样宽广,并且总把自己放得很低,接受四面八方汇集而来的水也不满。一个人有山谷那样的胸怀,有大海那样的气度,就会成为一个思想境界高尚、文化知识广博、知心朋友众多的人。

五、互利

　　互利是指交往的双方在满足对方需要的同时,又得到对方的报答,于是,促进双方交往关系的继续发展。人际交往中的互利,包括物质和精神两方面。双方互利程度越高,关系就会越稳定、越密切。

互利,合乎人性,合乎规律,合乎自我实现的需要。互利双赢,已经被人们广泛接受。虽然现代社会充满竞争,但生活的本质、人际交往的本质并不是竞争,而是以相互依存为根本。即使是市场经济,也有竞争的一面和协作的一面,何况,在生活中许多人际交往并没有竞争性,双方主要不是物质利益上的交易,而是感情上、精神上的交流。

一个人有惠人精神,在人际交往中就能增进友谊。人与人之间的和谐关系,主要表现为互助、利他和合作行为。人在一生中不能没有朋友。有时朋友比"我"还重要。一个人如果终生没有朋友,不仅是遗憾的,而且是可悲的。个人由于各方面的条件限制,有的事情难以完成,而朋友正好有这方面的特长,能够弥补自己的不足。正如清代学者顾嗣协所言:"骏马能历险,犁田不如牛;坚车能载重,渡河不如舟。"这时候双方合作,就能互利双赢。

人际交往主要有六种模式。第一种,我输你赢,即我不好,你好。这种人看起来是与世无争,其实是自我压抑,最终损害人际关系。第二种,我赢你输,即我好,你不好。这种人看自己一朵花,看别人豆腐渣,不利人与人沟通。第三种,双方皆输,即我不好,你也不好。这种人容易争执不休,相互攻击,结果只能是两败俱伤。第四种,我赢,不管他人输赢,即我好,不管他人好不好。这种人只关心自己的利益,对他人漠不关心,不可能有真正的朋友。第五种,如果不能双方皆赢,宁可双方皆输,即本想我好你也好,结果办不到,那就舍弃互利,双方都不好。第六种,双方皆赢,即我好,你也好。这是一种既自信、自爱,又尊重、容纳的交往意识。即使双方遇到分歧,也会出于爱心说话,促成和解,达到互利。人际交往中最佳选择只有一个:双方皆赢!

六、挚爱

人类世世代代渴求获得诚挚的爱。有了爱才能使人感受到生活的乐趣和意义。因此,爱是人内在的、不可缺少的高级需求。内心充满爱的人,往往对生活充满了希望,对自己充满了信心。爱使人更加相信自己,更加相信别人,并使人获得更多的友谊和人间亲情。这种爱的力量,不但使自己从中获得幸福,而且能够给予别人幸福和满足。爱能激发人们丰富的感情,净化自身的心灵,使人变得更加美好而善良。

在孔子"仁"的学说中,非常强调"爱人"。"樊迟问仁。子曰:爱人。"①孔子的学生樊迟问什么叫仁。孔子说,能够爱一切人就是仁。把"仁"和"爱人"联在一起,这个命题是孔子完成的。正是在这个意义上,郭沫若说:"孔子发现了人。"在人与人的关系中,只有从"爱人"出发,才能达到"人恒爱之"②的彼此相爱的和谐关系。

爱是什么?爱的含义当然深广无穷,爱可以使人想到世界上一切最美好的事物和情景。爱与漠不关心是相反的。爱是喜欢和付出,爱是关心和惦念。

日本学者今道友信认为,古典人学大家孔子的仁家学说是博大精深的。"仁"指的是有两个人的时候,理念状态的爱的完成状态。孔子说:"仁人有杀身以成仁。"③他的意思是说,为爱而生的人要有把自己的生命奉献出来的决心。仁这种通过自我牺牲而成就的爱,又源于何处呢?孔子认为,仁爱既源于血缘,又超越血缘,

---

① 《论语·颜渊》。
② 《孟子·离娄》。
③ 《论语·卫灵公》。

两者交织着"恭、宽、信、敏、惠"①。对道的爱是恭;对他人的爱是宽容;对朋友诚实的爱是信;对工作的爱是敏;施惠于可怜之人的爱是惠。这一切构成了人际关系的理想——仁爱。②

我们所说的挚爱是超越血缘的人间大爱。它是友谊与仁爱的合金。有了它,人间将变得更加和谐与温馨。

七、守信

守信是人际交往中又一重要问题。信,此处指信用。守信践约,这是做人的人格要求。从古至今,人们都把"信"看得很重。孔子说:"人而无信,不知其可也。大车无輗(ní),小车无軏(yuè),其何以行之哉?"③意思是说,人不讲信用,真不知道怎么可以呢!就好比大车没有"輗",小车没有"軏",车靠什么行走呢?"輗"和"軏"都是中国古代车子上必要的装置,没有它们车子便不能行走。

信用有两层基本含义:一是言必信,即说真话,不说谎话,否则,就不能使人相信。说真话是实事求是的表现,与之相反的就是说谎话。对于说谎者,美国总统林肯曾经论述道:"你可以在有些时间中欺骗某些人,你也可以在某些时间中欺骗所有的人,但你却不能在所有的时间中欺骗所有的人。"任何谎言都无法永远掩盖事实真相。谎言,使人失去人格,使人失去信任。二是行必果,即说到做到,遵守诺言,实践诺言。信与行为必然联系。孔子说:"古者言之不出,耻躬之不逮也。"④意思是说,古人不肯轻易出言,这是因为他们认为行为跟不上,这种言语是可耻的。

---

①　《论语·阳货》。

②　[日]今道友信:《关于爱》,生活·读书·新知三联书店 1987 年版,第 38 页。

③　《论语·为政》。

④　《论语·里仁》。

言出必行,一诺千金。一旦许下诺言,就要不遗余力地去兑现。所以,在人际交往中,必须量力允诺。诺言能否兑现,不仅取决于主观的努力,而且也受客观条件的制约。有时照正常情况可以办到的事情,由于客观环境出现意外的变化,又办不到了,使人有失诺之感。因此,许诺应留有余地。老子说:"轻诺必寡信。"如果多次轻率许诺,便会失去他人的信任,丢掉起码的人格。

信近乎义。先有说话信实,互相信任,然后才有互相合作。有信才能亲,信是亲近的前提。言而有信,能够赢得人们的敬重与拥戴。清代顾炎武说:"生来一诺比黄金,哪肯风尘负此心。"真是金玉良言!

八、真诚

中国儒家经典《大学》说:"诚其意者,毋自欺也。"《自庸》说:"君子诚之为贵。"真诚是人的一种美好的品德。真诚,就是不自欺,不欺人。真诚,就是真心实意,襟怀坦白,表里如一,言行一致。真诚一旦成为某个人稳定的态度和习惯化的行为方式,那就成为某个人个性的有机组成部分。知心的朋友和永久的友谊只有通过真诚的交往才能获得。

清代学者袁枚说:"凡作人贵直。"在这里,袁枚一是重视"作人";二是主张"贵直"。"直",就是正直。所谓正直,即光明正大,堂堂正正。人与人的交往,贵在真实自然、以诚相待。

美国政治家和科学发明家富兰克林说过:"人与人之间的相互关系中对人生的幸福最重要的莫过于真诚和廉洁。"法国哲学家拉罗什福科说过:"真诚是一种心灵的开放。"真诚是一个人自然的本性和坦荡的胸怀。

真诚待人是人际交往中最有价值、最重要的原则。真诚的品质是使人际关系得以延续和深化的保证。表现真实的自我,敞开坦诚的胸怀,必然能为人际交往和人际关系架桥辅路。我们可以这样说,真诚是人们沟通心灵的桥梁。

真诚这种个性品质具有无与伦比的吸引力,而且这种吸引力持久、稳定、深刻。美国心理学家诺尔曼·安德森曾经进行了一次研究,他列出 555 个描写人的个性的形容词,让大学生指出最喜欢哪些、最不喜欢哪些。研究结果表明,大学生评价最高的品质是:真诚。在 8 个评价最高的形容词中,有 6 个与真诚有关,即真诚、诚实、忠实、真实、信赖、可靠,而评价最低的品质是虚伪。真诚最具吸引力,虚伪最富排斥力。真诚是人格美的突出表现。所谓心灵美,主要是指人格美。奥黛丽·赫本曾说过:"人,无论经历了多少事,也必须保持愉快的心情、清醒的大脑、澎湃的激情、真诚的心。当你老了,你就会发现,你的一生都是美的。"

第六节　关于人际交往中美的形象

人与人的关系构成了社会;人与人关系的美,构成了社会美。社会的实体是人,人的美是社会美的体现。人际交往的美是社会美的集中体现。凡有人的地方,就有美的栖身之处,就有人际交往美的千姿百态。

在人际交往活动中,互相以对方为审美对象,各自的外貌、言谈、举止、服饰等都构成了一定的形象。形象不仅仅是形式,而是形式和内容的统一。人际交往美的形象性表现在人的外在美与内在美、行为美与心灵美的统一上。

在人际交往活动中,不论作为主体如何去展示自身的美,还是作为客体如何去审视对方的美,都需要通过一定的形象去实现。

人际交往中美的形象主要表现在以下几个方面。

一、气质美

汉语中"气质"一词有两个解释,一是指人的相当稳定的个性特点,表现在心理活动的强度、平衡性和灵活性方面典型的、稳定的心理特征,如胆汁质、多血质、黏液质、抑郁质。二是指一个人的风格、气度、气魄,待人接物的度量。现在,我们谈的气质美,属于后者的内容。

1923年,列宁接见了一位美国年轻的企业家,他就是后来闻名于世的阿曼德·哈默博士。哈默在他的自传《哈默:历史的见证人》一书中描写了当时接见的情景:"在我们谈话的一个小时左右的时间内,我完全被列宁的风度所吸引。他能抓住每个人的心。当他与你谈话时,会使你感到:你是他生活中最重要的人物。他会面对面紧挨着你,左眼斜睨着,右眼却盯住你,似乎能穿透你的心灵深处。当谈话结束时,我感到他是完全可信赖的。"列宁对哈默的尊重、信任、真诚、亲切,跃然纸上,这就是气质美。①

一个人的风度主要来自内在的品质。美国作家文森特·希恩在描写宋庆龄时,有这样一段记载:"她雍容高贵,却又那么朴实无华,堪称稳重端庄。在欧洲的王子和公主中,尤其是年龄较长者的身上,偶尔也能看到同样的品质,但是,对这些人说来,这显然是终生培养训练的结果。而孙夫人的雍容高贵有所不同,这主要是一种内在的品质。它发自内心,而不是装出来的。"这些真实的记述说明,宋庆龄美好的气质完全是发自内心、顺乎自然的。她的心灵深处就是文明、高贵、圣洁的,因此,她的表情、姿态、言谈、举止都流露出自然的美。

气质美,属于一种内在美、精神美,但它又必然会反映于外表。

---

① 吕钦文:《交际美的韵律》,东北师范大学出版社1993年版,第23页。

由表及里,是人们评价气质的基本方法。最主要的是透过对方的眼光、神情、谈吐,才能观察到一个人的气质。

二、语言美

语言在哪里?语言就存在于人们的言语交流中。言语交流是对语言的具体运用。言语交流是人际交往活动中极其重要的组成部分。

真正富有魅力的自信,具有朴素、自然之美。陶渊明的诗:"采菊东篱下,悠然见南山。"无一字雕琢,无一丝斧凿,呈现出一幅恬淡、幽雅的田园生活图。金代的元好问称赞陶诗:"一语天然万古新,豪华落尽见真淳。"无论在艺术领域里,还是在社会生活中,朴素、自然都可称得上是最美的境界之一。李白的《静夜思》:"床前明月光,疑是地上霜。举头望明月,低头思故乡。"20 个字明白如话,但它写出近在床前、远在天边的一片冰清玉洁的月明世界。胡应麟说:"太白诸绝句,信口而成,所谓无意于工而无不工者。"它没有华丽的辞藻、晦涩的典故,只是用叙述的语气,描写远方思乡之情,然而它却意味深长。从"疑"到"举头",从"举头"到"低头",形象地揭示了诗人内心的活动。诗人脱口吟成,浑然无迹,于单纯中寄寓着极为丰富的内涵。

朴实无华的言语是美好情感的折光,是坦荡心灵的表露,常常具有巨大的感染力。有些豪言壮语,虽然光彩炫目,却过于做作,使人觉得高不可攀。相反,一些平凡朴素的言语,实实在在,入情入理,震撼人们的心灵。听李瑞环讲话,就有这种感觉。李瑞环说:"自己满脸脏东西,怎么号召人家讲卫生呢?你在台上讲人,人在台下讲你,你讲的还管什么用?"朴实无华,含义深刻。当然,朴素美,并不排斥对言语进行必要的加工。"看似寻常实奇崛,成如容易却艰辛。"李瑞环的讲话一贯以朴实、幽默而著称,听众感到轻松、自然,而他自己却为每一次的演讲费心加工。李瑞环曾说:"看鸭子凫水,上边平静,下边爪子忙得可邪乎呢!"他的话很有个性,发自本心,保持本色。

言语的朴素美,实际上是经过许多有形、无形的提炼加工而呈现出来的一种"大巧而若拙"的美,是一种让人听来舒畅自然而又韵味深长的美。

三、情态美

所谓情态,即神态,指一个人待人接物时表现出来的神情态度。人际交往中所表现出来的热情、友好、谦逊、和气等情绪,是心灵美的反映。每个人几乎都喜欢美与善的形象,就是一个出生不久的婴儿也喜欢听和悦甜美的声音,看笑容可掬的面孔,因为它给人一种愉悦信赖的力量和舒适亲切的感觉。当年,美国罗斯福总统常常告诫他的属员说:"凡有客人到总统府来访,我要求你们每一位都得谦逊、热情地予以接待:不要板起面孔说话,不要趾高气扬待人,讲话要和气,态度要热情,要像对待你们的恋人、情人一样。"罗斯福总统告诫属员的话,实际上也是我们人际交往的基本法则,也是人际交往美的基本内容。

心理学和语言学告诉我们,同样一句话、一种观点或一条意见,可用多种多样的语言和情态表示,它们产生的心理效果和社会效果也大不一样。如果我们用傲慢的语气、高人一等的神情去跟他人交谈,对方是不愿接受这种无礼的态度的;如果我们用冷漠、僵硬、平淡的语调同人交往,对方就会感到索然无味;如果我们用谦逊的态度、委婉的语气和诚恳的神情同人商谈,对方能够即刻产生好感,并乐意同我们接近。情态美拉近了人与人之间的心理距离,易于给交往带来成功。

所以,与人交往应注意观察对方表情的变化。雨果说:"脸上的神气总是心灵的反映。"脸部表情是心灵的镜子,这面镜子可以反映出一个内心丰富的信息。特别是在情感的交流中,表情的作用占了极大的比例。人们都说"眼睛是心灵的窗户"。心理学家通过研究发现,人的嘴巴在表达各种思想感情方面的作用比眼睛还为重要。另外,发现眉毛也能表达感情。一般说来,女性比男性更多使用面部表情传递自己的感情,而且,女性比男性更会笑。而男性使用眉毛比女性更多。

四、形式美

法国学者蒙田说:"在一切形式中,最美的是人的形式。"人的形式美主要包括人体美、服饰美和风度美。

在一切自然事物之中,发展到最高阶段的美是人体的美。研究人际交往中的美,最重要的是要研究人本身的美。一般说来,由人的容貌和形体所呈现出来的美,称为人体美。人体美外表呈现的是自然美,内在包含的是社会美。对人体美的追求和欣赏,在古希腊时期达到了高峰。文艺复兴时期,一批艺术家对于人体美有精深的研究,达·芬奇认为,人体是大自然中最完美的东西。19世纪法国的雕塑家罗丹说:"人体,由于它的力,或者由于它的美,可以唤起种种不同的意象。"[①]

服饰美是人体美的延伸,它使人体美更富于变化,强化了人体美的魅力。人的一生,总在追求美。高尔基曾说:"照天性来说,人都是艺术家,他无论在什么地方,总是希望把美带到他的生活中。"人们也总是把服饰美带到人际交往的活动中去。对服饰美的追求和创造,是对人体美研究的继续和完善。一个对生活抱有信心的人,对他人充满尊重的人,他的服饰往往是整洁、合体的,给人愉悦

---

①　[法]罗丹:《罗丹艺术论》,人民美术出版社1978年版,第62页。

的美感。随着物质生活的丰富,人们对服饰美也更为渴求。服饰美,既是获取良好人际关系的需要,也是一个人精神面貌和生活态度的反映。

　　人的美,除了人体、服饰外,更重要的表现是人的风度。风度,是一个人随时随地自然流露出来的,它是指一个人的全部生活风格所提供给人们的综合的印象。人的风度美是心灵美的自然流露。风度是一个人精神世界的外在表现。精神世界的美丑,是一个人风度的内在根据。风度美,既表现一个人的外在美,又表现一个人的内在美,风度美是一个人内在美与外在美的结合体。

第七章　爱情是灵与肉的统一

第一节　爱情是大学生的热门话题

大学生遭受挫折的原因之中,发生率最高的是人际交往问题,而伤害最大的是情感受挫。大学生在失恋中所受的情感伤害会形成最严重的心理挫折。因此,我们对爱情问题作一番探讨是必要的。

有人说:"太阳、月亮都是星;友情、爱情总是情。"是的,友情、爱情都是情,然而,两者有联系,又有区别。友情是爱情的基础和前提,爱情是友情的发展和质变,两者联系密切。但它们又是有区别的。友情与爱情的区别,综合国内外心理学家研究的成果,有如下五个指标:一是支柱不同。友情的支柱是"理解",爱情的支柱是"感情"。二是地位不同。友情的地位是"平等",爱情的地位是"融合"。三是体系不同。友情的体系是"开放",爱情的体系是"私密"。四是基调不同。友情的基调是"信赖",爱情的基调是"亲昵"。五是心境不同。友情的心境是"满足",爱情的心境是"甜蜜"。

爱情不同于父母子女之情,兄弟姐妹之情,亲戚朋友之情,它是男女两性之间的一种特殊的感情。异性之间只有性生理的成熟和完备、性意识的觉醒和发展,才可能产生爱情。因此,性的吸引是爱情产生的自然前提和生理基础。如果仅仅是性的吸引,还不是爱情。爱情蕴含着丰富的社会属性。爱情按照和谐的规律,使机体的生理和精神交织在一起,不断深化和扩大两性关系中情感体验的范围。保加利亚学者基里尔·瓦西列夫说:"爱情把人的自然本质和社会本质联结在一起,它是生物关系和社会关系、生理因素和心理因素的综合体,是物质和意识多面的、深刻的、有生命力的辩证体。""爱情把两个个体——一个男人和一个女人的各个方面都联结在一起。他们彼此之间,双方同时是爱情的主体,又是爱情的客体。这种交往的形式自然首先就是十分亲昵的。"①

因此,我们说爱情是灵与肉的完美结合,是性爱与情爱的和谐统一。性爱是爱情的躯体,情爱是爱情的灵魂。

法国学者莫罗阿写了一本书《人生五大问题》。莫罗阿认为,人生有五大问题:友谊、婚姻、父母、子女、幸福。莫罗阿说,友谊来自彼此灵魂与性格的相投。友谊的双方可以达到心心相印的地步,远远胜于骨肉至亲。莫罗阿谈到婚姻时说,一件婚姻的成功,其主要条件是:必须有真诚的意志,以缔结永恒的夫妇。他还认为,在真正幸福的婚姻中,爱情必须与友谊融合在一起。

青年学生都喜欢谈论爱情这个话题。在20～30岁这个人生阶段,除了学业、事业之外,绝大部分青年人都必然会考虑爱情问

---

① [保]基里尔·瓦西列夫:《情爱论》,生活·读书·新知三联书店1984年版,第42—43页。

题。正所谓"哪个青年男子不善钟情？哪个妙龄女郎不善怀春"？

大学生的年龄一般比较集中地分布在 18～23 岁。这个年龄的青年学生性机能已经趋于成熟,生殖器官已经生长完备,性心理的发展已经越过了性疏远、性亲近阶段,恋爱这个人生课题已经凸现出来。

一般说来,一个人性心理的发展,大体上要经历性疏远、性亲近和恋爱三个阶段。一是性疏远阶段。在孩提时代,男女之间的友谊完全是以个体的兴趣和爱好为纽带的,这时,性别在孩子们的头脑中仅仅是一个"符号"而已。到了十二三岁时,一系列的生理变化,使孩子们开始产生性不安与羞涩的心理。由于女生性意识的萌生比男生要早约一年的时间。因此,性不安心理在女生身上表现得更早一些。女生变得易害羞、怕难为情,对异性采取冷淡的态度。这种情绪反映在日常生活中表现为男女学生互相很少说话。处在性疏远期的学生,平时走路、聚谈等都是泾渭分明,男生一群,女生一群。这种现象大约要经历一两年时间。性疏远现象的出现,是一个正常的心理过程,它标志着人的性意识的觉醒。二是性亲近阶段。14 岁左右,情窦初开,青少年往往表现出对年龄较大的异性的崇拜和向往,并常常将对象偶像化。在这种迷恋中,精神方面引进共鸣的喜悦远胜于肉体的接触,对前一阶段性不安的心理具有相当程度的补偿作用,这一时期心理学上称为"牛犊恋"时期。之后,逐渐过渡到对年龄相近的异性的亲近。这一时期的特点是男女学生之间的相互展示和相互吸引,表现为,喜欢观察和接触异性,对异性的关注和友好特别敏感;着意打扮自己,爱照镜子,对自己的容貌与体态十分注意;有意无意地在异性面前显示自己的特长和优秀品质;喜欢阅读和抄录文学作品中对爱情的精彩描述,等等。有的男女学生在展示自己的同时,还进行各种求爱的试探,不过,亲近的对象容易变换。三是恋爱阶段。这一阶段是性亲近阶段的自然延续。由于年龄的增长,阅历的丰富,特别是专业的确定,大学生减少了性亲近阶段的冲动,逐渐把目光集中于自己最喜欢的异性身上。当一个青年将爱情的信息传递给自己倾慕的异性,并得到对方肯定的回应时,其兴奋与激动的心情是难以描述的。这时,他们开始跨入了初恋的门槛。只要双方在一起,他们会觉得自己是世界上最幸福的人。经过初恋期的相互了解,双方的心理高度相融,情感日益加深,能够在相互接触中确切而系统地表达自己的感情。他们沉浸在一种幸福感和自豪感之中,感到周围的一切都是那么美好。这时,他们已经进入了热恋阶段。

爱情的激流不时地撞击着大学生的心扉。一旦出现了适宜的条件,爱情意识就会迅速转为恋爱行动。在男女学生聚集的大学中,这种适宜的条件是经常存在的,因而大学生乐于谈论爱情就不奇怪了。

笔者曾经对五所高校 411 名大学生进行了一次调查,其中一个问题是:"你们在课余互相谈论最多的问题是什么?"结果显示,有 46% 的大学生回答,是爱情或异性。可见大学生对这个问题关心的程度。在大学生中,"爱情犹如春天的小草,不让冒尖也必然冒尖;又如奔腾的急流,想要阻止也不能阻止"。

现在大学生谈恋爱的比例比较高。有专家对 18~23 岁的 122 名大学生进行了调查,结果表明,主张在大学期间谈恋爱的占 62.3%,明确表示不应该在大学里谈恋爱的仅占 16.4%。过去,大学生谈恋爱往往从事"隐蔽活动",组成"地下游击队",现在一般都公开亮相,出双入对。就近几年的趋势来看,大学期间谈恋爱的学生人数越来越多,年龄越来越小,时间越来越早,表现出公开化、低龄化、提早化的特征。

在大学校园里,一对对被丘比特之箭射中的情侣手挽手漫步在夕阳西下的林荫通道上,他们耳鬓厮磨、窃窃私语,他们柔情蜜意、心花怒放。所以,有人说:"长江有波涛,大海有浪花,有大学生的地方就有爱情在萌芽。"

第二节　大学生恋爱现象的特点

大学生恋爱现象有以下几个特点。

一、范围迅速扩大

随着性生理的发育成熟,性心理开始发展,男女情窦初开,产生了异性之间的相互吸引,出现彼此希望接触的意愿,男女大学生经常与同龄人谈论爱情问题,并利用各种机会与异性接触交往,开始相互寻求和选择自己的配偶对象。

目前,大学生的恋爱现象已经遍布各个年级。根据部分高校男女生抽样调查结果显示,正在谈恋爱或者准备谈恋爱的大学生,一年级为15%,二年级为25%,三年级为40%,四年级为65%。北京一所高校的调查结果表明,积极考虑或正在热恋的学生占89.36%,许多学生表现出明显的求爱迫切感,盼望爱神早日降临。①

二、多数中途夭折

大学生的恋爱变化多端,不易预测,多数经不起恋爱实践的考验,导致中途夭折。到毕业离校后,往往只有10%～30%的人能保持原来的恋爱关系,多数恋爱者归于失败。大学生的恋爱成功率为什么这样低?原因是多方面的,其中恋爱的动机不纯、思想缺乏准备、不懂爱情的本质是造成大学生恋爱失败率高的主要原因。

① 杜文东主编:《大学生心理健康导论》,江苏人民出版社1999年版,第68页。

有相当部分的大学生恋爱的动机不够纯正,有的是因为生活空虚寂寞,寻求精神寄托;有的专挑家庭条件好的异性,为日后事业发展找靠山;有的怕到社会上难觅知音,抓紧物色对象;有的是出于好奇,玩弄异性感情。有相当部分的大学生在思想上缺乏充分的准备,在性心理的骚动以及情感的导入下,迅速冲破友谊的界限,仓促建立恋爱关系,彼此缺乏深入了解,遭遇波折便不欢而散。有些学生不懂爱情的本质和相爱的过程,认为爱情仅仅是两个异性的躯体结合,缺乏构建爱情大厦的坚实根基。

三、越轨行为不断

近年来,由于受西方"性解放"的影响和自由化的侵蚀,一些大学生把贞操看得越来越轻。婚前同居的男女大学生也越来越多。一所高校对 741 名学生进行抽样调查,大学生对"非婚姻关系而同居现象",持"只要双方同意不妨碍他人,别人管不着"态度者占 51.8%,持"不可取"态度者占 32%,"坚持反对"的只占 16.2%;认为婚前性行为"只要双方愿意就可以"的占 53%;认为"三角恋爱"是公平竞争、无可非议的占 23.4%,"应视情况而定"的占 53%,"不道德"的只占 23.6%。① 从中可见,随着我国对外开放的扩大,西方的"性解放"、"性自由"给大学生带来较大的负面作用,一些大学生搞多角恋爱,寻求色情刺激,造成越轨行为不断,持久而美满的婚姻正在受到严峻的挑战。

四、相互攀比成风

"恋爱热"在大学里加温,虚荣心理助长了相互攀比之风。虚荣心理是一个人试图以追求名誉、荣耀等表面的光彩,来满足自尊

---

① 杜文东主编:《大学生心理健康导论》,江苏人民出版社 1999 年版,第 69 页。

需要的心理。谈恋爱,有一个令人羡慕的异性朋友,似乎便满足了这种需要。有的大学生看到别的同学成双成对,而自己却形单影只,便会在精神上产生巨大的压力,生怕别人把自己看成情场上的"等外品",担心自己沦落为被爱情遗忘的角落,心理上产生了不平衡。于是,他们千方百计寻求猎取对象,绞尽脑汁取悦对方,一旦如愿得手,便将对象当作炫耀的资本。他们往往主动出击,投入求爱的竞争,有时竟争风吃醋、大动干戈。这种情况一般男生较为主动。不过,有时候女生也会耐不住寂寞,萌生主动求偶的愿望。20世纪 80 年代一家杂志报道,一个住有 5 位女大学生的宿舍,其中4 位有了男朋友,最后一位女生有点急了,产生了一种落于人后的感觉,她想想自己的条件不比别人差,至今尚无异性朋友,太没有面子了,难道自己真的"嫁"不出去吗?于是她就发誓一定要尽快找到一位男朋友,她很快就加入了恋爱攀比的行列。

五、恶性事件增多

　　由于失恋酿成悲剧,在大学生中是常见的现象。有一所大学从 1980 年至 2000 年,有 23 名严重心理疾病患者休学,其中 20 人是因为失恋。某所大学在两年之内,有 7 人自杀身亡,其中 6 人是因为失恋。

　　据教育部统计,目前我国高校学生发生的自杀和他杀案件中,由情感和恋爱引发的问题占一半以上。[①] 对任何人来说,失恋都是一种痛苦的情感体验,会不同程度地造成剧烈而深刻的心理创伤。在性爱面前,男女双方要有意识地控制自己,不能强迫对方完全服从自己。恋爱作为一种特殊的人际交往,也必须受到道德和法律的约束。

---

　　①　刘文:《大学生应补婚恋教育这堂课》,《中国教育报》2006 年 7 月 29 日。

第三节　恋爱的正面影响或负面影响

伴随着青春的脚步,大学生的内心自然会萌发对爱情的向往和追求。但是,如何对待爱情、追求爱情,对许多大学生来说是陌生的。

爱情这个话题,在中国原来的教育体制中一直是个禁区。美国《洛杉矶时报》记者拉尔夫·弗拉莫利诺说:"现在中国对这个让学生们在青春期令人困惑的感情问题采取了更加理智的态度。让青少年知道一些与爱情有关的内容可以帮助他们完善个性,引导他们对爱情持一种健康的态度。"[①]

全球化趋势对我国的深刻影响以及全社会人文气息的逐渐加强,为大学生日趋开放的情爱选择提供了更加宽松的环境。但是,恋爱的过程并非一直风和日丽,有时候双方难免出现怄气、吵嘴、冲突。恋爱过程中会产一些情绪,对成长有正面影响或负面影响。

正面影响表现在,无论恋爱成功与否,都是年轻人成长中的宝贵经历,会促使人一步步走向成熟。恋爱是发生在男女两个人之间,一个人与另一个人建立起一种亲密关系的过程。建立这种亲密关系的过程,就是在学习如何去爱另一个人,如何学会尊重、关心、体贴、包容,如何学会保持恰当的关系距离,如何学会在交往中满足自身及对方的心理需要。恋爱是恋人间逐步培养、发展爱情的过程。爱情的培养、发展,建立在对对方不断了解、发现、接纳、欣赏的基础上。在两个人各自的生命中,都需要经常有新鲜的东西带给对方。恋爱也是自我认识与自我发现的一个过程。通过恋爱,能更好地认识自己。恋人像一面镜子,会照出自己的许多东

[①]　美国《洛杉矶时报》2004 年 9 月 26 日,转引自《参考消息》2004 年 9 月 30 日。

西,从而发现自己。大学生在恋爱关系中,也会不断展现自己的情感世界,展示给恋人的情感会促使人乐于承担责任。爱可以完善人的个性,升华人的人格,开发人的潜能,促进人的新生。

有一位大学生对笔者说:"我在谈恋爱的时候,对自己的要求最严格,内心感到有一股向上的力量,为了维护自己在对方眼中最美的'自我',我总是不断地完善自己,使自己折射出人性中最美的一面。"还有一位大学生说:"两个相爱的人,为了保持在对方眼中的美好形象,总会千方百计地改掉自己的缺点和坏习惯,使自己更加完美,更加文明,更有魅力。"

恋爱可以有正面影响,为了给对方以好感会努力展现自己美好的一面。数学家刘克峰的恋爱史印证了此观点。[①]

刘克峰于1993年获美国哈佛大学数学博士学位。2002年任美国加州大学洛杉矶分校数学系教授。2003年刘克峰任浙江大学数学中心执行主任、数学系主任。他证明了一系列世界数学难题,取得了大量国际一流的原始创新成就,已经成为国际数学界年轻的领军人物。

也许人们没有想到,刘克峰成为数学家的最初原因是为了追求一位美女。原来刘克峰在小时候学习成绩平平。初三这年,班里来了一位漂亮的女生。她的出现使刘克峰感到了内心的震撼。这位女生不但漂亮,而且成绩优异,第一次考试就名列全班第一。

美女的出现使全班男生躁动不已,许多男生使出浑身解数,还是碰了壁。刘克峰对这位女孩也一见钟情,但不知道如何赢得女孩的喜欢。后来刘克峰发现,女孩喜欢与勤奋好学的学生交往。办法有了!刘克峰从此一改往日的散漫,发愤苦读,成绩扶摇直上,尤其是数学,进步最快,在各种竞赛中频频得奖。他的出色表

---

① 叶辉:《刘克峰,另类数学家》,《光明日报》2006年7月12日。

现没有白费,最终他独拥美女的芳心。

刘克峰的爱情经历,无可辩驳地证明了恋爱可以有正面影响。

同时,我们也不回避,青少年要把握爱情这个人生的重大课题是很难很难的。一个人恰当地面对爱情,是以理智地把握情感为前提的。有的大学生把爱情的追求看作是大学期间的第一要事,耗费了大量的精力,结果舍本逐末。有的大学生把爱情的追求看作是大学生活的主旋律,忘却了大学生活的根本意义,从而阻碍了人生的全面发展。有的大学生把爱情的追求看作是攫取一种猎物,不顾一切,横冲直撞,一旦不能得手,便反目成仇,伤害对方或伤害自身。

根据心理学家和生理学家的研究成果,男女青年在热恋时,往往内分泌腺的活动会发生剧烈变化,神经兴奋过程和抑制过程出现不平衡,兴奋强于抑制,自我意识的发展出现不平衡,有时候失去控制,把越来越强烈的等待强化为几乎不顾一切的行为,这时候就很可能会出问题。

当代男女大学生性成熟提前,而心理成熟相对延缓,一旦出现情感失控,就比较容易受性的干扰和诱惑。有的男生性欲冲动越了轨,有的女生糊里糊涂怀了孕。

许多大学生对爱情的认识还是朦胧的。大学生一般对影响、制约爱情和婚姻的各种社会因素缺乏深刻的了解,对恋爱所应承担的社会责任和道德义务也没有充分的心理准备和能力准备。所有这些都会影响大学生的恋爱成功率,据统计,大学生恋爱的失败率在70%以上。

某高校关于"大学生恋爱问题"的调查数据显示,在接受调查的学生当中,有近99%的人在校期间有过恋爱经历,有超过81%

的人谈了又分手。①

　　恋爱是甜蜜的,而失恋是痛苦的。从心理学角度看,失恋是指恋爱的一方否认或者中止恋爱关系后给另一方造成的一种严重的心理挫折。失恋挫折是大学生遇到的所有挫折中最严重的挫折。失恋者会产生一系列心理反应,如失落、悲伤、焦虑、孤独、虚无、绝望等等。维也纳心理学家格尔蒂·森格尔经过研究发现,失恋者的痛苦会持续很长时间,不能很快消除。

　　数量巨大的在校大学生在情感问题中遇到了困惑和难题,一些人产生迷茫和无助,最后问题解决不了,校园悲剧不断发生。

　　美国人类学家海伦·菲舍尔博士积 30 年研究成果,撰写了《我们为什么要爱:浪漫爱情的本质与化学》一书。海伦·菲舍尔博士认为,真正的爱情是化学。人生来就是要爱与被爱的。浪漫的爱情是这个世界上最强大最有影响的力量之一。在地球的每一个角落,人们都为爱而活,为爱而杀戮,以爱的名义死去。他们为爱歌唱,以诗明志,以画传情,还留下了很多美好的神话与传说。几乎每个人都曾为情所困,时而高兴,时而悲伤。爱情是欢欣的情感。任何一种情感、欲望都离不开您大脑中发生的化学反应。当爱情到来时,我们感受到的只有无法形容的欢欣。不过,如果您被人拒绝了,浪漫的爱情就有可能变得比疾病更可怕。许多人为此自杀。爱情会给您巨大的满足,也会给您强烈的痛苦。

第四节　爱情是一位伟大的人生导师

　　要绽开一朵美的爱情之花是很不容易的。现在是一个婚姻普遍有病的年代。爱情病毒随时会袭击人们的心灵。许多感情上、

_____

　　①　白晓玲:《大学生恋爱问题心理探询》,《教育艺术》2007 年第 3 期。

心理上、思维上、习惯上、期望上、个性上、行为上、经济上的因素，都可能会成为爱情与婚姻的杀手。

美国康涅狄格州大学家庭婚姻问题专家弗雷夫利教授认为，有八种类型的人，他们的婚姻大多会出现问题，甚至失败。第一种类型：过度浪漫型。研究证明，浪漫的爱情通常能维持18个月到3年。大脑无法永远保持浪漫爱情时期的工作机制。过度浪漫型的人，对婚姻生活的期望，充满罗曼蒂克的幻想。在他们的心目中，爱情必须永远多姿多彩，热情必须永远维持不变。他们要求婚后的生活，应该永远像恋爱期一样，弥漫着梦一般的激情。事实上，这种想法与现实情况有很大的距离。近乎"非分"的想法及对伴侣过度的要求往往使婚姻关系出现紧张。当现实生活无法达到要求时，双方便会出现摩擦。第二种类型：未成熟型。此类青年男女，在心理上根本尚未成熟，过分依赖自己的父母。每当婚姻生活出现问题时，就向自己的父母寻求支持或指示，却不会与伴侣共同设法解决。可惜，婚姻却多数会因"寻求外来干预"而失败。第三种类型：苛求完美型。这种类型的人，对一切事物，都要求达到心目中所订下的高标准。由于对自己或伴侣的要求过高，致使双方心理都受到巨大的压力，不容易维持良好的婚姻关系。第四种类型：过于吝啬型。这类人不但自己非常节约，也不容许伴侣有任何形式的浪费。因此，往往生活上必需的开支，都因过于节约而减少，家庭生活毫无乐趣。结果可能由于伴侣无法忍受而放弃共同生活。第五种类型：多愁善感型。此种情况较多出现于女性身上，她们不断为一些"想象出来"的疾病哀愁抱怨，目的是要引起伴侣的关心和注意，但是却往往弄巧成拙，使伴侣无法忍受而分离。第六种类型：过度挑剔型。这类人太缺乏宽容忍让的品性，他们对伴侣的任何思想行为都不断地提出批评、指责，使对方无法忍受。当对方被逼得忍无可忍的时候，婚姻难免破裂。第七种类型：过度宠溺型。有些人对伴侣过于迁就宠溺，事无大小，唯恐照顾不周，长年累月如此，对方就形成一种思维定势，把被宠爱视为当然的事情，后来偶有"侍奉不周"，便会成为发生冲突摩擦的导火线。第八种类型：过度戏剧化型。此类人对喜怒哀乐，会作出过分的反应，情绪常常失去控制。特别是发怒时，不但使对方感到"咄咄逼人"，而且问题发生后，往往由于反应过于强烈而失去缓和的机会。

　　法国作家莫里哀说："爱情是一位伟大的导师，教会我们重新做人。"在现实生活中，许多青年人不懂得什么是爱情的真谛，凡事跟着感觉走，一时冲动就坠入爱河，偶有冲突就闪电离婚。有一位大学生对笔者说："一段伟大的爱情是可遇而不可求的，它在人际交往中是几百分之一，甚至是几亿分之一。有人说，前世的一千次深情回眸，才换来今生的一次擦肩而过。所以，一旦遇上真爱，就要倍加珍惜，绝不让它从自己身边消失。同时，我们也要学会真爱。真正的爱情是在甜蜜时的相依相偎，在困苦时的相濡以沫。当纯洁的爱情绽放美丽的花朵，我们的灵魂便会在爱情中得到升华。"这位大学生关于珍惜真爱的论述很有道理。爱情是人类永恒的美与力量，一代一代地相传。我们每一个人最终都要面对死亡，但是，在我们活着的时候，要珍惜真爱。

　　爱情的视觉不是眼睛，而是心灵。真正的爱情要用心灵去爱。爱情的最高境界不是因为拥有对方而幸福，而是希望对方拥有幸福。只要我们看到所爱的人幸福地生活着，我们自身就会感到有了最大的幸福。为所爱的人，痛着也是一种幸福。这是一种对爱不一样的诠释。

　　德国哲学家黑格尔曾经说过："爱情里确实有一种高尚的品质，因为它不只停留在性欲上，而是显出一种本身丰富的高尚优美的心灵，要求以生动活泼、勇敢和牺牲的精神和另一个人达到统一。"

真正的爱情是男女相爱者的心灵达到了统一。这是一种心灵的交汇。它是男女两性之间心理空间最为接近的一种情感活动。爱情是在性欲这一原始动力推动下产生的。爱情源于性欲，但又不停留于性欲，它是在性欲的基础上，高度升华而成的人类高级的感情。

男女两性之间的爱情，是人的精神生活的重要内容之一。男女之爱又称性爱，性爱与性有关，性别的差异是性爱在生理方面的前提。但是，性爱或者说男女之间的爱情，不能简单地等同于性欲的满足。

爱情在根本上是一种男女之间的精神依恋，心灵上的沟通，相互理解和爱慕。爱是一种吸引，爱是一种追求，爱是一种喜欢，爱是一种默契，爱是一种牺牲。

男女之间产生爱情，当然不能脱离物质生活，不能离开衣食住行，但是，仅仅有物质生活条件、有金钱，而没有感情，那也不可能有爱情。我们说爱情是一种男女双方心灵上的依恋与和谐，这种依恋与和谐是无法用物质或金钱换得的。

爱情最重要的因素是感情。当然，性是爱情的重要因素，但不是最重要的因素。

克里夫与黛伯拉的爱情雄辩地证明了这一点。克里夫·维尔林是著名的英国伦敦交响乐团的合唱团团长。黛伯拉是合唱团里的女高音。克里夫比黛伯拉年长 19 岁，他们是一对很好的夫妻。人们可能不知道，他们从 1985 年至今 20 多年没有性生活。为什么？1985 年 3 月，他们结婚之后刚满 18 个月，克里夫就患上了世界上迄今为止最严重的遗忘症。这一年，妻子黛伯拉 28 岁。唇疱疹病毒侵入了克里夫的大脑，把他的整个记忆都抹掉了，而且也伤害了大脑里控制情感和举止的部分。这种罕见病的学名叫疱疹脑炎。克里夫自从得了这种病，他的记忆力衰退到只能保留 7 秒钟，所以给他的信息就像落在皮肤上的雪花一样,一会儿就化了,什么痕迹也不会留下。

他们20多年没有发生性关系,黛伯拉发现自己仍然被丈夫吸引。她说丈夫身上的克里夫特征让她无法忘怀,这就是克里夫的灵魂,一种深层次的东西。她曾说:"当然多年来我们没有性关系,但我们两个人都深深爱着对方。我仍然认为克里夫是这个世界上最好的男人,他给了我无条件的爱,他全部的注意力和支持。"①

爱情是男女双方彼此的倾慕和信任,是两颗心都以对方为岸,下限是安全感,上限是幸福感。笔者阅读了王小波的《我的精神家园》这本书,对这个观点有了更深的理解。王小波这本书里有一篇文章《有关爱情片》。王小波说,爱情片"我看过不少,都是陪太太看的。她在这边流眼泪,我在那边说风凉话。电影散场后,她眼睛还是红红的"。他的太太是很重感情的。王小波是著名作家(1952—1997),他的太太是谁呢?就是李银河。李银河是美国匹兹堡大学社会学博士、北京大学社会学博士后,她是研究爱情婚姻问题的专家,写过一本书《李银河说性》。

李银河说,婚姻大体上可以分为两类:一类是有爱的婚姻;另一类则是无爱的婚姻。有一个很优秀的女人和一个很优秀的男人,他们虽然结了婚,而且已经共同生活了大半辈子,却不能彼此相爱。李银河从调查的情况来看,也的确有不少人得到了有爱的婚姻。据一项关于北京市婚姻质量的调查,大约有近半数的北京居民宣称"自己非常爱配偶"、"配偶也非常爱自己"。但从另一个角度看,大约有半数的居民对婚姻不满意。

李银河做过很多调查,她认为婚姻的质量主要取决于男女双方的感情。男女彼此都有真心的爱,这是高质量婚姻的关键。美

---

① 〔美〕简·古德温:《勿忘我》,《读者》2007年第11期。

丽的爱情之花,需要用感情的雨露来浇灌与滋润。

李银河与王小波堪称志同道合,两人之间的感情是很深很深的。王小波中年去世,李银河写过一篇散文《樱花之爱》,表达了自己真挚的爱的感情。李银河写道:"日本人爱把人生喻为樱花,盛开了,很短暂,然后就凋谢了。小波就是这样,在他精神之美的巅峰期与世长辞。樱花虽然凋谢了,但它毕竟灿烂地盛开过。"

王小波生前在写给李银河的一封情书中,有这样一句话:"但愿我和你,是一支唱不完的歌。"李银河说:"我不相信世界上有哪个女人能够抵挡如此的诗意,如此的纯情。小波是一位浪漫骑士。被爱已经是一个女人最大的幸福,而这种幸福与得到一种浪漫骑士之爱相比又逊色许多。我们俩都不是什么美男美女,可是心灵与智力上有种难以言传的吸引力。我起初怀疑,一对不美的人的恋爱能是美的吗? 后来的事实证明,两颗相爱的心在一起是可以美的。我们爱得那么深,他说过的一些话我总是忘不了。比如他说:'我发现有的人是无价之宝。'他这个'无价之宝'让我感动极了,这不是一般的甜言蜜语,如果一个男人真把你看作是无价之宝,你能不爱他吗? 我有时常常自问,我究竟有何德何能,上帝会给我小波这样一件美好的礼物呢?"

王小波在一篇小说里说:"人就像一本书,你要挑一本好看的书来看。"李银河说:"我觉得我生命中最大的收获和幸运,就是我挑了小波这本书来看。我看到了一本最美好、最有趣、最好看的书。作为他的妻子,我曾经是世界上最幸福的人;失去了他,我现在是世界上最痛苦的人。"

李银河的一席话情真意切,感人肺腑。爱情,爱情,重在一个"情"字。这个难舍难分的"情"的基础就是志同道合,心心相印。

从性爱的本性来说,男女两性相爱之初,往往首先注重对方的外貌。人们总喜欢爱上美的异性。但是,如果你爱的不是对方的灵魂,而仅仅是对方的外貌,当对方的美貌消退,也就失去了相守的理由。人生总要经历我们无法预知的凄风苦雨与生老病死。我们的肌肉会苍老松弛,头发会稀疏染霜,外貌的优势会逐渐减弱。若要长相厮守,就一定要看对方的内在。内在的魅力才具有永久性。美国作家卡尔文·特里林撰写了《关于艾的斯》一书,艾的斯是他的妻子,他与妻子共同生活了 36 年。但从 1976 年至 2001 年,艾的斯却生活在肺癌的折磨中。卡尔文·特里林守护爱妻,对她不离不弃 25 年。《关于艾的斯》这本书生动地见证了一段相知相惜、历久弥坚的感情。实际上,维系两人感情的,就是彼此心心相印的内在,它比日渐消损的外貌更加能得到对方的欣赏。

中国当代的"神雕侠侣"刘国江和徐朝清夫妻以最朴素的形式诠释了他们的至爱深情。1956 年 8 月,19 岁的刘国江与 29 岁的寡妇徐朝清相爱,招来村民闲言碎语。为了那份不染尘垢的爱情,他们携手私奔至与世隔绝的深山老林。他们在重庆江津县南部的一座名叫半坡头的高山安了家,山顶海拔 1500 米。为了让爱人出行安全,刘国江在悬崖峭壁上开凿石梯,一凿就是半个世纪,一共凿了 6000 多级。后来,人们把石梯命名为"爱情天梯"。在人们发现"爱情天梯"之前,刘国江与徐朝清已经隐居深山 50 年。如今,他们的脸上皱纹满布,牙齿掉得一颗都不剩,但精神依然很好。他们已经七老八十了,恩爱之情仍溢于言表,妻子称丈夫为"小伙子",丈夫称妻子为"老妈子"。在暮年,他们唯一的愿望就是能驱除夜晚的黑暗。2006 年 11 月 16 日,江津供电公司为他们架设了专门的电缆,"爱情天梯"终于迎来了光明。

一对情侣,经过认真了解和慎重选择,一旦确定爱情和婚姻关系,就会真诚专一。在我们所居住的星球上,在我们这个时代,人们普遍赞美"相伴永远,白头偕老"的爱情。许多人都听过台湾歌手赵咏华唱的一首歌《最浪漫的事》:"我能想到最浪漫的事,就是和你一起慢慢变老,老得哪儿也去不了,你依然把我当成手心里的宝。"这首歌赞美终身相处、真诚专一的爱情。

真正的爱情是美丽的。爱情之美体现在五个方面:一是朦胧美。一个人从少年到青年,生理与心理逐渐趋于成熟,自然会产生对爱的情感的需求。同时,到底什么是爱还不太清楚,对爱情的追求还包含着好奇的因素。这是爱情萌芽的朦胧美。二是纯洁美。一个人对真正爱情的追求,所向往的是自己喜欢的人,对方的为人、性格、志趣,而不是金钱、地位、名誉,不是喜欢那些身外之物。这是爱情动机的纯洁美。三是含蓄美。恋爱着的男女双方是充满激情的,但真正的爱情的表达方式是含蓄文明的。人的爱恋情感是神奇而微妙的,与其直截了当地表露,不如让恋人自己细细地去体会和品味。含蓄是涵养,是文化,是尊重,是等待。含蓄给予对方时间和空间。这是爱情表达的含蓄美。四是理智美。真正的爱情不是心血来潮,不是一时冲动,它需要理智地精心呵护。爱情并不构成人生的全部。一个人沉溺于爱的情感漩涡,在人生的其他方面就会收获甚微。即使爱情遇到了波折,也要让理智驾驭情感的小舟,净化和升华人生境界,使爱情朝着健康的方向发展。这是爱情培育的理智美。五是和谐美。真正的爱情能够做到心心相印,琴瑟相和,两情相悦,终生相伴。真正的爱情是两个灵魂的密切相融,是两性之间心灵的和谐统一。这是爱情过程的和谐美。

爱情美学,有太多的学问。爱情何时来临,从来没有规律可循。每个人的爱情产生于何时何地,是根本无法预料的。有时爱情像一位不速之客,会在你毫无准备的情况下,突然来到你的眼前。可是,有时你等待了又等待,追求了又追求,爱情还是擦肩而过或者多生波折。

爱情可遇不可求,爱情的发展是渐进的。一般而言,这种说法是对的。因此,男女两性谈恋爱的时候,分寸要适度,不宜太热。

适度的爱,能够成就一个人;适度,可以保持理智。过度的爱,可能
毁灭一个人;过度,可能出现疯狂。

　　面对屡屡出现的爱情悲剧,最好的"保险阀"就是不要快速进
入热恋,谈恋爱不宜过分热火。这样,即使失恋了,也不至于痛不
欲生或者残酷报复。所以说,"喝酒不要超过六分醉,吃饭不要超
过七分饱,恋爱不要超过八分热。"

第五节　面对失恋的理智美

　　当你处于"爱并痛苦着"的时候,不要被痛苦的火焰烧伤,而要
使自己的心灵在其中冶炼,从而使自己的人格更为高尚。

　　在恋爱遇到挫折时,需要冷静,需要理智美。失恋后的理智美
主要体现在三个方面。

一、以强者的姿态面对失恋

　　1841年夏,21岁的恩格斯失恋了。失恋使他非常痛苦。为了
尽快医治好失恋带来的创伤,让生活的节奏伴着欢乐,他作了一次
长途旅行。壮丽的大自然景色,把他心中的忧伤统统扫去。在旅
行中,他更加坚定了让新时代的"繁枝鲜花撒遍全球,永恒的金色
闪闪发光"的雄心。恩格斯以新的了解和追求迅速忘掉这一次
失恋。

　　歌德在年轻的时候,因失恋的剧痛有过自杀的念头,但理智终
于挽救了他的生命。他闭门不出,文思翻涌,一个星期后,写出了
当时轰动整个欧洲的名著《少年维特之烦恼》。一时的失恋不但没
有影响他的事业,反而使他获得了巨大的成功。

　　贝多芬、罗曼·罗兰、居里夫人也都曾经失恋过,但他们都没
有失去对事业的追求,仍然是生活的强者。

失恋通常有两个化身:对于弱者,它们是沉重的棒槌,打得你痛不欲生;对于强者,它则化为严厉的老师,教你重新认识人生,重新认识自己。强者把失恋当作自我完善的清醒剂,使自己的意志变得更加坚强,情感变得更加深沉,品格变得更加高尚。

二、忍痛为昔日的恋人祝福

生活中常常有这样的教训,相爱不成反成仇。有的人失恋了,用残忍的手段去伤害对方或对方的亲人,造成触犯法律、违反道德的结局。相爱,本来是人类一种高尚的感情。失恋后的报复,是对这种高尚感情的摧残。报复心理极具攻击性和情绪性。不论是公开的行为,还是隐蔽的报复,结果都往往会给报复对象造成很大的伤害。失恋后产生的报复心理和报复行为常常出在心胸狭窄、个性品质不良者身上。如果能够加强自身修养,对于克服报复心理很有益处。失恋其实是非常自然和十分常见的事情,对此,超然与雍容的态度尤其可取。如果这份恋情不属于自己,分手本身就是幸运;如果是因为自己在某个方面不足所致,那就从失败中站起来,努力完善自己。恋爱检验了人格,也促进了人格的发展,升华了人的境界。如果你真的从内心深深地爱着对方,你就要尊重对方的选择。你要把自己的激情与理智融合成一种道德责任感,虽然分手了,也要在心中忍痛为她(他)祈祷,为她(他)祝福。

三、相信自己:是金子,总会发光

理智的失恋者会振作精神,把目光投向未来。这个世界大得很,视野应该开阔一些。爱情是人生的重要部分,但不是全部。我们不要把爱情看得高于一切,大于一切。我们需要爱情,更需要学习和工作。青少年时期的学习阶段一般为十五六年。大学时期像过渡平台一样,把学习和工作联结在一起,是整个人生链条中的重要一环。所以,人们把大学时期称为"黄金岁月"。大学的黄金时期,在一个人的一生中是闪光的。大学教育对一个人的成长来说也贵如黄金。一个人的一生,重要的事情不只是爱情,还有事业。按照傅雷的说法是:事业第一,爱情第二。一个真正认识了人生价值的人,他会把失恋仅仅看作是生命长河中的一朵浪花。只要你是金子,总会发光。既然不是一次恋爱定终身,又何必为这一次失恋而长期痛苦? 天涯何处无芳草,总会找到意中人。

第六节　别让爱情的火焰任意燃烧

对于人生来说,爱情是重要的,但不是至上的。人的一生总不能天天谈情说爱。人生的真正价值,主要体现在事业上。一个人没有事业上的成就,爱情就没有依附。鲁迅曾说:"人必生活着,爱才有所附丽。"爱情的美丽附着在事业上。"附丽"两个字说明,不能把爱情摆在第一的位置。

列夫·托尔斯泰与索菲娅结婚以后,托尔斯泰在日记中写道:"我沉浸在家庭生活的幸福之中,然而,并没有让爱情的火焰任意燃烧,让爱情的湖水任意流淌,而是精力更加集中在事业上。"事实正是如此。托尔斯泰在结婚以后精力旺盛的十多年间,在妻子的协助下,先后完成了著名的长篇小说《战争与和平》、《安娜·卡列尼娜》等鸿篇巨制,奠定了他在世界文学史上的地位。《战争与和平》中的人物多达 529 个,《安娜·卡列尼娜》中的人物多达 150 多个,是世界文学史上不可多得的杰作。

爱情与事业是人生的两件大事。没有爱情的人生是遗憾的,没有事业的人生则是空虚的。人生需要爱情,更需要事业。事业与爱情是矛盾的,又是统一的。在处理这两者的关系时,应该让爱情来促进事业。真正的爱情,不应该吞噬一个人的事业。相反,它应该鼓舞人、激励人,成为双方事业的动力。

　　培根在《论爱情》中写道:"你可以看到,一切真正伟大的人物,没有一个是因爱情而发狂的人。因为伟大的事业抑制了这种软弱的感情。过度的爱情追求,必然会降低人本身的价值。"[①]这就是说,理智的人总是让爱情服从于事业。

　　真正的爱情是事业成功的推动力。爱情与事业是可以完美统一的,两者互为因果,相辅相成,既使美好的爱情成为事业的动力,又使伟大的事业结下爱情的甜果。

　　玛丽·斯可多夫斯卡与彼埃尔·居里结合在一起,产生了绚丽的科学之花——镭。他们是以事业维系爱情,又以爱情促进事业的典范。居里夫人说:"我们的共同生活,大都是在实验室里度过的,虽然艰苦,却感到很幸福。我要科学,也要爱情,还要尽母亲的职责。由于共同的事业,使我们相爱得更深。"

　　"中国的居里夫妇"钱三强与妻子何泽慧也是由于志同道合走到了一起。由于两个人的共同点太多了——共同的理想,共同的事业,共同的爱慕之情,使他们结成夫妻,共同驰骋在核物理的领域之中。他们正是在采摘原子核物理这朵科学之花中,酿出了香甜甘醇的爱情之蜜。

　　生物学家童第周与叶毓芬结合在一起,为人工方法改变生物遗传性状找到新的途径。

　　数学家张广原与王和枝结合在一起,在数学研究领域取得了重大突破。

　　所有珍惜人生价值的人都能正确处理爱情与事业的关系:先事业,后爱情,把事业看得高于一切。在当代,不同行业、不同性别的人群中,许多人在爱情与事业的关系之间依然看重事业。

------

①　[英]弗兰西斯·培根:《培根随笔选》,上海人民出版社1985年版,第21页。

刘翔 2004 年在雅典奥运会上夺得 110 米栏冠军,成为中国乃至亚洲的英雄。在美联社评选的 2005 全球最具影响力的十大体育明星中,刘翔榜上有名。

110 米栏,这个被欧美人占据了长达一个多世纪的田径项目,是亚洲人难于逾越的一道障碍。刘翔像旋风一样率先撞线,12.91 秒,一个平世界纪录的成绩诞生了!刘翔在希腊雅典创造了一个中国神话。

刘翔可以说功成名就。一家媒体报道说,从雅典回来以后,刘翔已经进入热恋。刘翔以笑对之,他说:"在这方面,我还是能分得清主次,知道在我这个年龄,什么对我而言是最重要的。再换句话说,如果你真的非常投入地去训练的话,其实根本没有多余的精力再去谈情说爱了。"刘翔现在想的不是恋爱,他觉得要想持久赢得公众的尊重,必须进一步提高自身的综合素质,他报考了华东师范大学的硕博连读。华师大授予他免试硕博连读资格。刘翔在入学典礼上说:"我要刻苦学习,一定不会给大家丢脸。"

2005 年 12 月,刘翔捐款 50 万元,成立"飞翔公益基金",用以帮助那些困难的人群。

2006 年,在瑞士洛桑田径超级大奖赛男子 110 米栏的比赛中,刘翔以 12.88 秒打破了由英国名将科林・杰克逊创造的 12.91 秒的世界纪录。这一世界纪录是杰克逊在 1993 年创造的,一直保持了 13 年。

刘翔创造新的世界纪录后,科林・杰克逊说:"一个真正的跨栏天才破了我的纪录,让我很高兴。25 年来,110 米栏的世界纪录只提高了 0.05 秒,每五年才提高 0.01 秒。现在真的需要像刘翔一样的真正跨栏天才来提高纪录。"

2007 年,在代表中国体育界最高荣誉的年度"中国十佳劳伦斯冠军奖"颁奖典礼上,被誉为"风之子"的刘翔成为最大赢家,继

2006 年之后他再度包揽了最佳男子和最佳人气两项大奖。

　　雅典奥运会之后的四年里,刘翔的目标就是在北京奥运会上卫冕。在这期间,刘翔付出了极大的努力,战胜了种种困扰,参加了一些国际比赛,并为参加北京奥运会进行了非常好的准备。早在 2004 年雅典奥运会之前,刘翔的脚跟就受过伤,通过有效的治疗,这个伤一直控制得非常好。在参加多次比赛中,刘翔的成绩水平很高,而且相当稳定。刘翔是一位意志品质非常坚强、心理素质非常好的运动员,无论在比赛中是领先还是落后,他从来都没有轻言放弃。2008 年 8 月 18 日早晨,刘翔到活动场地做准备活动的时候,感觉脚跟伤处的疼痛越来越加剧。即使在这种情况下,刘翔还是在尽自己百分之百的努力,直到他走向"鸟巢"北京奥运会男子 110 米栏的起点,他还是坚持要参加,争取跑下来。终因创伤的最后爆发带来了噬骨的疼痛,他不得不退出赛场。人们相信,他康复之后,肯定会继续飞翔。

　　在人生这部交响曲中,事业是它的第一主题,爱情则是它的第二主题。栗原小卷是著名的日本影星,1987 年她 40 多岁时,仍是小姑独处。当时,有人关心地问她:"为什么还不结婚?"她发自内心地说:"我常年在外拍戏,在家时间很少,如果结了婚,这样的日子一久,丈夫是很难谅解的。在爱情与事业无法兼顾时,我宁可舍弃爱情而选择事业,也因为我对演戏实在有一股难以割舍的迷恋之情。"

　　邓丽君是著名的歌星,直到而立之年仍未成家。有人问她:"有没有人追求你?"邓丽君坦率地回答:"不是没有男人追求,可是,一和他们相处,他们总喜欢问我:'什么时候退出歌坛?'我一听到这话就不耐烦了,感到无法相处下去。我现在事业不错,说真的,我并不急着想结婚。尤其我真的不知道,自己是不是能完全放下事业,过一种由绚烂归于平淡的生活。"

　　栗原小卷和邓丽君在爱情和事业的天平上,她们都更看重事业,不愿意为爱情而放弃事业。当然,在一般情况下,还是适龄结婚好。结婚以后,可以妥善处理爱情与事业的关系,争取以爱情来促进事业。

　　著名民歌皇后宋祖英,在39岁成为妈妈之前,已经创造了自己歌唱事业的辉煌。1992年,26岁的宋祖英与在长沙电视台工作的罗浩结为夫妻。因为当时宋祖英所在的海政歌舞团没有安排房子,夫妇俩便把家安在了长沙。此后,宋祖英与丈夫罗浩开始了长达8年的分居生活。

　　8年分居,宋祖英整天还是很忙。宋祖英作为海政歌舞团的主要演员之一,每年下基层的演出超过120天,还有200多天在外面演出,她的时间和精力主要倾注在团里的工作上。宋祖英作为歌唱家,一年到头有忙不完的演出。丈夫罗浩非常理解妻子,他自己也是一个大忙人。他们夫妇俩只能牺牲常人那种天伦之乐。

　　结婚8年之后,罗浩来到北京工作,夫妇俩终于结束分居,生活在一起了。爱情的滋润,家庭的和美,让宋祖英的心青春飞扬,她的事业也更上一层楼。

　　2002年,宋祖英在澳大利亚悉尼歌剧院成功举办了个人演唱会。300多位当地音乐家为她伴奏,她成了第一位在这里举办独唱音乐会的亚洲歌唱家。

　　2003年,宋祖英这只"东方百灵鸟"的歌声又响彻象征世界音乐最高殿堂的维也纳金色大厅,她那甜美的嗓音、动情的演唱,征服了维也纳高素质的音乐观众,从而奠定了其民歌皇后的地位。

　　2005年4月,中国电影协会为纪念中国电影诞辰百年,准备录制一张经典电影歌曲专辑,协会领导希望宋祖英能演唱这些歌曲。这时,宋祖英已经怀孕5个月,要完成这项任务有一定的困难,她还是接下了这个任务。在录音棚录制歌曲,一呆就是几个小时,非常辛苦。丈夫罗浩每天开车送宋祖英去录音,然后,他就在录音棚外面等着。2005年中秋节,宋祖英在海军总医院生下了一个男婴,这一年,她39岁。

2006年,孩子出生还不满周岁,宋祖英应邀到美国演出。她在美国肯尼迪艺术中心穿上苗族服装载歌载舞,美国国家交响乐团为她现场伴奏,这是近年来新民歌演唱的最高规格和最高水准。

宋祖英很好地处理了家庭与事业的关系,必要时家庭生活作些让步。她在事业上获得了很大的成就,同时,在家庭生活上也承受了一定的牺牲。虽然如此,她觉得在精神上很愉快,因为事业上的成就是她人生价值的主要体现。如今,宋祖英多了一份成熟母亲的柔情和韵致。她对孩子说:"妈妈因为有了你,才有做得更好的动力。"她在舞台之外,又收获了另一种幸福。

2006年,网上一篇资料引人注目:《美国美女作家不再谈性》。美女作家布什奈尔的变化,引起了世界上很多人的兴趣。因为布什奈尔的成名作《欲望都市》主要是描写男女两性之间的性爱的,现在她觉得人生还有比性更重要的东西,我们来了解一下她思路变迁的历程。

坎迪斯·布什奈尔年少时就梦想到纽约去当一名作家。她大学毕业后,从老家康涅狄格州来到纽约发展。起初,她试着给一些女性杂志投稿,但影响不是很大。直到有一天,《纽约观察家》杂志的编辑请她在杂志上开一个专栏。于是,从1994年开始,一个名叫"欲望都市"的专栏诞生了。对于热爱纽约社交生活的布什奈尔来说,写这个专栏让她如鱼得水。为了写出更有吸引力的故事,布什奈尔采访过不少上流社会的女性,大胆询问她们关于性生活的体验和看法,她甚至还在自己的床上采访过著名服装品牌卡尔文·克莱恩(CK)(男性内衣)的一位模特。1997年,布什奈尔将两年来的专栏作品整理成书,出版了她的第一部小说《欲望都市》。

该书的热销让布什奈尔一举成名,并为这位美女作家赢得了"美国新闻界的莎朗·斯通"的称号。

《欲望都市》热衷于描写30岁左右单身女人的情爱烦恼,小说中的女主角凯瑞谈起男人、女人来头头是道,但在自己的感情问题上却经常茫然不知所措。根据布什奈尔小说改编的美国电视连续剧《欲望都市》从1998年起开播,连续六年一直保持着超高的人气。电视剧《欲望都市》讲述发生在纽约曼哈顿四个单身白领女性的故事,她们充满自信,时髦漂亮,但她们都面临一个共同的困惑:在这充满欲望和诱惑的都市里,如何寻找真正的爱情?电视版《欲望都市》曾经吸引了北美1100万人每周坐在电视机前,全神贯注地陪着四位姑娘一起经历爱恨情仇,连前总统克林顿的夫人希拉里都是她们的"粉丝"。2004年,电视剧《欲望都市》以女主角凯瑞甜蜜地接过恋人的电话而落幕。

2005年,布什奈尔出版了最新小说《口红丛林》,与以往大谈性爱不同的是,这本书专注于女人的事业和理想。成名后的布什奈尔接触过许多40多岁的成功女性。布什奈尔认为,这些成功女性不像世俗眼中的商界女强人,而更像邻家女孩。《口红丛林》涉及性的内容不是很多,该书描写的三位女性都"像男人们一样追求事业"。第一位女性是妮可尔,她是一家著名时尚杂志的主编,在事业上取得很大的成就,然而步入中年的妮可尔突然发现,这些还远远不能满足她的雄心壮志。第二位女性是温迪,她是一家电影公司的老板,成天为事业而奔忙,她除了应付极具挑战性的工作,还要为失业在家的丈夫而操心。第三位女性是维克多利亚,她是一位服装设计师,时尚界的宠儿,也是三人中唯一的单身女性,在努力让自己的公司不致负债累累的过程中,她对人生和情感生活也多了一份感悟。

《口红丛林》这部新书的出版,标志着布什奈尔已经开始了一种新的生活。这种新生活也反映了现代女性生活观念的变化。美国流行文化评论家、电视历史学家艾德·罗伯特森评论道:"事业与家庭,女人两边都不愿意放手,这种观念现在比任何时候都要流行。"

　　布什奈尔说:"当你只有二三十岁的时候,你也许对性很感兴趣,但随着年龄的增长,还有比性更值得你关注的东西。"这位48岁的美国美女作家不再谈性,她现在更关注女人的事业和成功。

第七节　关于"性解放"

　　2007年初,旅美资源管理咨询专家袁晓明发表了一篇题为《美国回归"禁欲",中国赶"性解放"时髦》①的文章。袁晓明写道,最近美国哈佛大学的学生成立了一个名叫"真爱革命"的禁欲俱乐部,该俱乐部吸收了90名成员。其实,不仅是在哈佛,其他的美国名校也有类似的学生禁欲俱乐部。近年来,美国一些大学纷纷成立提倡禁欲的学生组织,在一定程度上代表了美国社会对随意发生性关系的观念的转变。

　　从总体上来说,美国在20世纪70年代开始了性解放运动。大学作为美国自由派的主要阵营,又聚集着众多青春期内的年轻人,自然就成了性解放运动的实施场地。然而,这场在大学,乃至整个社会蔓延的性解放运动也滋生了不少社会问题,性病的传播是其中最为突出的问题之一。

　　实际上,这次所谓性解放运动与西方最初的性解放的定义已经不同。最初的性解放运动是一种女权运动。19世纪,欧洲受英国维多利亚女皇时代严厉的宗教性禁锢影响极深,对童贞和贞洁

―――――――――
①　《环球时报》2007年4月12日。

的要求非常苛刻,妇女受到严重歧视;严格的终身一夫一妻制,感情完全破裂的夫妻也不准许离婚;手淫被认为是亵渎神灵的罪恶;不准谈性,不准进行与性有关的科学研究和艺术创作。20世纪前期开始于西方的性解放,最初是反对性别歧视、争取妇女与男子享有平等社会地位和政治经济权利的女权运动,同时要求改变基督教禁止离婚的戒律,主张婚姻自由。

美国于20世纪后期开始的性解放运动,把上述合理要求演变为对性道德和性法律的全面否定,认为性交是人人都应有的与生俱来的自由权利,性行为是个人私事,只要双方自愿就可以发生两性关系。性行为不应受与婚姻有关的道德和法律的限制,他人和社会对此无权干涉。性自由者反对一切性约束,主张性爱和情爱分离,性和婚姻分离,提倡婚前和婚外性行为,要社会接受试婚和婚前同居。这种所谓性解放,实质上是"性的解放"。源于西方的"性的解放"不仅冲击着西方社会,也冲击着东方国家。

据媒体报道,中国大学生在性观念上趋向开放。随着大学生性生理发育的完全成熟,性心理发展也进入浪漫的恋爱期。性与爱成为每一个健全的大学生关注的热点问题,渴望爱情是大学生的普遍心理状态。然而,部分大学生没有分辨是非的能力,接受了西方所谓"性自由"、"性解放"的思想,性爱道德观念和意识淡薄,只求感官快乐,寻求刺激,不讲责任。现代西方文化中属自由派思想的反传统家庭、婚外性自由等社会价值观已经开始在中国社会产生广泛的影响。根据社会学家李银河的调查,70%的北京人有婚前性行为,而1989年时这一比例为15.5%。① 美国《时代》周刊称:"经历了几十年对私生活的讳莫如深后,'卧室中的自由'在中国成为新奇概念:由于个人生活方式不再被干预,再加上无所不

---

① 李银河:《中国女性的爱情婚姻与性》,《钱江晚报》2006年4月25日。

在的西方性观念的冲击,中国人似乎在性的问题上迷失了方向。然而,中国的性革命也带来令人不安的负面作用。"①

现在,对于中国来说,随意性行为已经是非常严重的社会问题。性的解放导致性病大肆传播,艾滋病毒感染者人数在年轻人中呈上升趋势。性诱惑对婚姻也造成重创。社会、家庭、个人所承担的严重后果是传统家庭观念淡漠,家庭这个最基本的社会单元遭受沉重的打击。

第八节　中国人择偶标准的变化

爱情具有专一性、互爱性、持久性、道德性、法律性。爱情是男女两性心与心的融合。勉强凑合不是爱情,一厢情愿不是爱情,哀求得之不是爱情,只有双方都倾心相爱,才是真正美好的爱情。

爱情作为男女两性之间一种神圣的人际交往形式,你在寻觅自己的另一半时,必须慎之又慎。

社会学家李银河说:"在 20 世纪 50 年代以前,中国人几乎没有择偶的自由。"②从 20 世纪 50 年代开始,中国人有了择偶的自由。随着时间的推移,中国人择偶的标准也在发生变化。正如人们所说:"永远不变的是变化。"时代在变,社会在变,价值观在变,人们择偶的标准也在变。

从宏观上来说,中国人 60 年择偶之变可分为三个阶段③。

第一阶段:20 世纪 50—70 年代。

这一阶段,中国人择偶的关注点是政治面貌和家庭出身。那

---

① 汉纳·毕奇:《性解放带来危害》,《环球时报》2006 年 1 月 18 日。
② 李银河:《中国女性的爱情婚姻与性》,《钱江晚报》2006 年 4 月 25 日。
③ 蒋卫武、郭芬:《中国人 50 年择偶之变》,《法制文萃报》2008 年 2 月 16 日。

年代,人们找对象首先考虑的是对方政治上是否要求上进,在工作上是不是模范、先进工作者。青年人在择偶时,对出身的好坏也甚为看重,工人与贫下中农出身是一个颇有分量的条件,它起码可以提供一个较为可靠的政治背景,以保证在动荡不定的政治运动中有一个安全的保障。当时的媒人在介绍对方的时候,通常首先就会推出党员身份,以上进的政治面貌作为亮点尤其盛行。那时在沿海地区对择偶标准流行着一首顺口溜:"身份党员,职业海员,工资百元,相貌演员,身体运动员。"

第二阶段:20世纪80—90年代。

这一阶段,由于中国实行改革开放政策,人民的生活水平普遍提高,择偶的关注点从政治转为经济。政治面貌、家庭出身已经不再成为择偶的条件,财富逐渐成为择偶条件中的"磁石"。功利主义逐渐取代理想主义。如果一个人有海外关系,也会成为最有吸引力的择偶条件。改革开放之后,开放的中国开始以各种途径走向世界,出国潮的兴起使海外的亲戚显得益发珍贵。这年代,有些地方对择偶标准流行着这样一首顺口溜:"一张文凭,两国语言,三房一厅,四季名牌,五官端正,六六(落落)大方,七千月薪,八面玲珑。"不少女性在择偶时很难在"房子"问题上让步,她们要求房子、车子、票子一个也不能少,即使强调自己更看重感情的人,对男方的经济实力仍有严格的要求。

第三阶段:2000年至今。

进入21世纪,中国发生了巨大的变化,人们过上了小康生活,择偶标准呈现多元化趋势。年龄不再是界限,财富不再是首选,感情的比重逐渐上升。2005年,28岁的广州外语学院研究生翁帆嫁给当年82岁的杨振宁,社会的反映是一片平静。随机接受的被访者表示:"这是他们两人之间的事情,各人都有自己的生活方式。"花容月貌并且才华横溢的适龄女性在大都会中比比皆是。她们往往更多地强调自由、独立、感情因素、人格尊严,也更有可能把经济因素摆在稍次的地位。21世纪的青年人,特别是高层次的人才,他们的择偶标准往往是:既要有相近的价值观,又要有相似的人生追求;既要是务实耕耘的,又要是富有浪漫情感的;既要聪明能干,又要人品优良。

2006年,浙江大学社会学系师生曾对大学生的婚恋观进行过一次调查,问卷中有一个题目:"你选择自己心目中的恋人是依据什么标准?"共有10个选项:个性、父母地位、经济条件、情感、人品、能力、文化程度、职业、兴趣爱好、身高长相。

调查结果显示:"人品"占据了男女大学生共同选择的第一位,有72.7%的男生选择了人品,女生选人品的则高达89.9%。择偶,选择的是自己心爱的人,因此,大学生对人品极其看重,人品好,感情才会专一。而"身高长相"这一选项被男女生一致摆在了第五位,"经济条件"被一致摆在第八位,家庭背景("父母地位")被男女生一致晾在了最后一位。①

第九节　爱情是一种美的精神现象

爱情是人类所特有的高尚情感,是一种崇高的精神生活。爱恋的情感,实质上是一种审美情感。当对象符合自己内在固有的尺度,外在的形象与内在的品质融合在一起时,相爱者之间的关系就变成了审美关系,意中人的形象也就逐渐成为美的源泉。人的成熟,体现在爱情的审美方面,就是把外在形态与内在精神属性结合起来。

几乎每一个男性青年都在寻找他的夏娃,每一个女性青年都

---

① 余意军:《从大学生婚恋观看未来婚姻家庭趋势》,《浙江日报》2006年7月6日。

在寻找她的亚当。男女两性彼此倾慕的微妙体验对青年个体的审美心理活动产生了深深的影响。男女双方因着内心的爱情,发现了人世间千姿百态的美。

对爱情内涵的认识,学者们有种种不同的理解。柏拉图说:"美,能驱遣人以高尚的方式去相爱。"他认为,爱情是人类的一种精神现象,美的爱情应排除一切肉欲,只剩下纯精神的爱慕。弗洛伊德则相反,他认为爱情来源于性欲,这是人的强大而难以克制的本能,性欲是人的基本需求,男女接近和相爱,都是为了性欲的满足。弗洛伊德完全排除了爱情的精神性,而把爱情等同于性欲。

若论性欲,动物也有性欲。人与动物的不同之处在于,人不停留在性欲上。人是一种高级的精神动物,人的爱情是一种美的精神现象。所以,人的爱情不停留在性欲之上,而是珍重彼此心灵的呼唤与应答,使男女双方都能从这里得到精神上的愉悦,并产生美感。

美国美学家桑塔耶纳说:"美是一种价值,是一种客观化的感情快感,是我们意志力和欣赏力的一种感动。"爱情之所以美,就美在它是一种价值。爱情是人类极美的情感,而不仅仅是一种性欲。

从审美的角度来看,性爱属于生理学的范畴,而情爱属于美学范畴。性爱是爱情的躯体,情爱是爱情的灵魂。性爱是有一定时期的,情爱却是永恒无限的。完整的爱情包括肉体的性爱,也包括精神的情爱。爱情是灵与肉的结合。真正完美的爱情应是性爱与情爱的和谐统一。

从性爱的本性来说,青年男女相爱之初,往往首先注意对方的外貌。初次相识,美丽的外貌确也能够引起欣赏者的愉悦感。外貌的美,是引发爱恋情感的原因之一。但是,仅仅这一点,是远远不够的。外貌可以作为选择爱侣的条件之一,但不能是首要条件,更不能是唯一条件。从审美的角度看,青年男女之间互相产生倾慕之心,是与对对方外貌美的欣赏分不开的。随着交往的增多,人的内心世界逐渐展露,这时,融洽的旨趣、优良的人品的吸引力就会逐渐增强。从更长的时间来看,心灵的美丽比外貌的美丽更富有魅力。

瓦西列夫说:"审美化,作为爱情的成分和因素,其职能特别重要。陶醉于理想化中的情侣,彼此把对方看作审美的形象。两人都会在对方身上看出美的特征,它体现在对方的独一无二的个性中,具有一种征服力量。它包括面容、体形、姿态、道德品质和气氛等等。"[①]其中,道德品质和气质的美丽,属于心灵的美丽。心灵的美丽具有崇高的精神价值。爱情美就美在它的精神价值。人毕竟是高尚的精神动物,如果在爱情上失去了精神上的充实,失去了美的精神价值,只剩下赤裸裸的两性肉体关系,那就失去了爱情的丰富和动人。

孙亮和李建的爱情故事之所以令无数青年学子为之动容,就因为他们的爱情之中蕴含着丰富的精神价值。孙亮是哈尔滨工业大学材料学院的博士生,女主人公李建本科毕业后成为一家公司的职员。他们像许多憧憬幸福的年轻人一样,在经过三年的相恋以后,准备步入婚姻的殿堂。可是,意外的事情发生了。李建被医生诊断为尿毒症,并已经处于晚期,双肾均开始出现萎缩。面对不幸,李建的表姐和叔叔不忍心拖累孙亮,劝孙亮别与李建结婚。淳朴的孙亮此时毫不犹豫地选择了迎娶自己的女友李建。孙亮知道,爱一个人不仅是一句誓言,更是一份沉甸甸的责任。孙亮坚信,爱会创造奇迹。2005年8月8日,孙亮和李建举办了隆重的婚礼。在孙亮和医务人员的不懈努力下,李建已经两次顽强地战

---

① [保]基里尔·瓦西列夫:《情爱论》,生活·读书·新知三联书店1984年版,第186页。

胜了死神,使生命得以延续。①孙亮的选择和行为凸显了他的心灵美,他非常看重爱情的精神价值,他对李建的爱是从自己心灵的深处发出的。

在爱情关系中,长远起作用的是人的心灵美。希腊哲学家德谟克利特曾说:"身体的美,若不与聪明才智相结合,是某种动物性的东西。"柏拉图曾说:"心灵的优美与身体的优美谐和一致,融成一个整体,那是最美的。"他又说:"爱人至少要在心灵方面没有欠缺,如果只是身体的欠缺,那还不失其为可爱。"一个人往往把握不了身体的欠缺,但内在的心灵他是可以把握的。

对一个人来说,身体的美是一种自然性的形式美,而心灵的美是一种社会性的内容美。寻找终身伴侣如能遇到那种两美集于一身的人,那当然是人生一大幸事。但是,如果难求两全怎么办?那就首先追求心灵美。一个人的身体和外貌具有变动性,而心灵和精神却具有稳固性。一个人随着年龄的增长,美貌会逐渐消逝,而心灵美却能青春永驻。只有心灵美才会持久而动人。心灵的美比肉体所具有的美要动人得多。从某种意义上看,一个人正是因为有了心灵的美,外貌才有真正的美。

人的成熟,体现在爱情审美化方面,就是把外在形态与内在精神结合起来。人的一定形态的美,在很大程度上,并不在于其肉体物质性,而是一种发自体内的精神的光辉。这种精神的光辉展现着心灵美,生命因之而斑斓多姿,神韵非凡。所以说,心灵美的美学价值远远超过外貌美。心灵美对一个人来说,是本质的美。它与外貌美相比,占有主要地位,起着决定作用。正如托尔斯泰所说:"人不是因为美丽才可爱,而是因为可爱才美丽。"

据我国古代史书《三国志·蜀志》记载,诸葛亮"少有逸群之

---

① 修伯明、郭萍:《一个博士生的爱情答卷》,《中国教育报》2006年1月27日。

才,英霸之器,身长八尺,容貌甚伟"。因此,登门求亲者甚众,但他都谢绝了。一天,襄阳名士黄承彦拄着拐杖来串门说:"听说先生在择亲,好多花容月貌的美女你都不要,这确实吗?"诸葛亮点点头。黄承彦说:"我有个女儿,相貌很丑,可是品德和才能却是出众的。不知你意下如何?"出乎人们意料的是,诸葛亮欣然同意了。不久,诸葛亮娶了黄承彦其貌不扬的女儿为妻。黄女虽然容貌丑陋,但为人贤惠,才干过人,后来成了诸葛亮的贤内助。他终于专心致志地扶助刘备开创了蜀汉事业。

在选择终身伴侣上,如果忽视了心灵美,把外貌美作为主要的,甚至是唯一的条件,常常会抱恨终生。俄国著名诗人普希金写下了许多优秀的诗篇,赢得了人民对他的尊敬,但他在终身伴侣的选择上却犯了一个大错误。当初,普希金同冈察诺娃结了婚,他高兴得手舞足蹈,连声欢呼:"我再生了!"他虽然如愿以偿,但实际上却是不幸的开端。冈察诺娃容貌姣美,但爱慕虚荣,整日里梳妆打扮,饮宴游乐,出入舞会,处于一群花花公子的包围之中。不久,普希金便陷于债台高筑、灵感枯竭的窘境。普希金忧郁烦闷,深感痛苦,他对朋友说:"我没有了继续从事写作的必要条件。"更令普希金不能忍受的是,当法国的逃亡贵族丹特士无耻地追求冈察诺娃时,冈察诺娃却怡然自得,并不坚拒。普希金忍无可忍,为了维护自己的声誉,他与丹特士进行决斗,不幸饮弹身亡。普希金32岁结婚,为了一个外貌美而内心丑的女人,于37岁就悲惨地死去了。普希金的悲剧,对于今天的青年人是一面镜子。

俗话说:"丑女多福,美女多祸。"这话有一定道理。人太漂亮了,人际关系就容易复杂化,干扰就会增多。模样长得不漂亮,就易于受人冷淡,反而有利于干出一番事业。这种情况虽然不是全部,但也是比较多的。因此,著名学者钱钟书这样说:"无貌的女人多有才德,所以漂亮的女人准比不上丑女那样有才智品节,这是现代人流行的信仰。"

当爱情之火燃烧的时候,千万不能感情冲动,而需要适当降温,进行冷静的思考。这时候,除了外貌的因素,更需要关注对方内在的因素。只有双方志趣默契、情操投合、品格相通、理想一致,爱情才能升华到高尚的境界。爱情不能满足于对对方外貌的欣赏,爱情的魅力在于它是永不衰竭的高尚情感的交流。

俄罗斯美学家车尔尼雪夫斯基说:"爱情赐予万事万物以魅力。"男女两性之间不仅有微妙的吸引力,而且还有强大的推动力,它是精神的支柱、心灵的火把、攀登的扶手、沙漠的甘泉、酷暑的绿荫。

正是由于进行了高尚情感的交流,恋人们才会变得更加聪明。翻译家傅雷曾说:"爱情能促使我们进步,往善与美的方向发展,这正是爱情的伟大之处,也是古往今来的诗人歌颂爱情的主要原因。恋爱中的男女往往比平时聪明,读起书来也理解得快。"在现实生活中,热恋中的女性往往比平时更加敏慧灵巧,热恋中的男性往往比平时更加细心体贴。

人生是一部交响曲,爱情是它的华彩乐段。爱情是人类最美的感情之一,是一首最美的男女二重唱。正如诗人雪莱所说:"纯真的爱就是美的反射。"

美的人生应该是爱情与事业两全其美,但在生活中往往不能尽如人意。那么,当两者发生了矛盾怎么办?这是爱情美学研究的重要问题之一。爱情是一个人生活中重要的内容,但它不能把生活中更重要的内容淹没掉。培根说:"过分的爱情追求,必定会降低人本身的价值……一切真正伟大的人物,没有一个是因爱情而发狂的人。因为伟大的事业抑制了这种软弱的感情。即使心中有了爱仍能约束它,使它不妨碍重大的事业。"①感情用事者,爱情对事业就会起阻碍、毁坏的作用;理智处事者,爱情可以促进事业,推动事业取得成功。爱情,如果没有事业的支撑,随着岁月的流逝,只会剩下一个空壳。所以,鲁迅提醒我们:"不要只为了爱——盲目的爱——而将别的人生要义全盘疏忽了。"

卢梭关于爱情的见解相当深刻,他在《忏悔录》中说:"仅仅感受到爱情的人,还不能感受到人生中最美好的东西。一种另外的感觉,这种感觉或许没有爱情那么强烈,但却比爱情甜蜜千百倍,它有时和爱情连在一起,往往又和爱情不相关。这种感情也不是单纯的友情,它比友情更强烈,也更温柔。"按照卢梭的见解,人间还有一种比爱情更美好的感情,显然,他不把爱情摆在至高无上的位置。也许对事业的钟情,能够使人感受到这种珍贵的感情。

真正的爱情不应该吞噬一个人的事业。相反,它应该鼓舞人、激励人,成为双方事业的动力。真挚而纯洁的爱情,必然伴随着对心爱的人所从事的事业的支持。人是有思想、有感情的高级动物。爱情是一种高级的精神世界的活动。通过情感的交流,达到事业心的契合,这样的爱情才可能热烈而持久。如果爱情不植根于共同的事业,那只是浮萍般的爱,极易随风飘零。单纯靠感情冲动的男女双方的简单结合,像建筑于沙土上的塔一样,总有一天会坍塌。

在社会生活中,有多少夫妻乘坐的航船沉没了,因为他们没有共同的目标,结果在情感的暗礁上被碰得粉碎。雨果说:"人类的心灵需要理想远甚于物质。"爱情只有同理想和事业联系起来,才能放射出夺目的光彩。

一对情侣基于共同的理想和事业,经过认真了解和慎重选择,

---

① ［英］弗兰西斯·培根:《培根论人生》,上海人民出版社 1983 年版,第 43 页。

一旦确定爱情关系并组成家庭，就应该始终如一，经得起相聚和离别、顺境和磨难、富有和清贫的考验。对爱情的真诚专一是一种人格的美，也是爱情的生命要素。爱情生活越专一，则越美。陶行知说："爱情之酒醇而苦，两人喝，是甘露。三人喝，是酸醋。随便喝，要中毒。"

瓦西列夫在《情爱论》这本书的最后一段说："社会的发展必不可免地也要求爱情的发展。爱情的内容成为衡量一个人的精神高度的重要标准。爱情的精神本质不断丰富，它积聚着日益发展的精神文明中的审美价值和道德价值。"[①]任何一种高尚的情感，都是道德因素与美感因素的统一。这种道德因素与美感因素的统一在爱情上达到了顶点。在爱情中，美与善肯定是统一的。虚伪的、丑恶的、卑劣的，一定是不美的；而真诚的、善良的、高尚的，一定是美的。所以说，爱情的美是一种伦理美。

在现代社会，美已经越来越多地被人们用来评价思想行为和社会事物。道德价值在审美观中发挥着越来越重要的作用。无论是人的外在美还是心灵美，也越来越直接地转化为美的德行。在越来越多的现代人身上，道德观念与审美观念已经融合在一起了，社会美德已经成为他们精神的一部分。美也因之越来越富有魅力。

美的魅力的诞生本质上是一个深刻的社会过程。美是人的社会化，是在劳动实践和各种创造性活动的价值关系中形成的。就爱情而论，女子喜爱的往往不一定是身强力壮的男子，但却喜欢在他身上体现出来的在社会生活中占优势的品质属性。反之，男子也可能喜爱一个没有匀称的身材，但却温柔、体贴和真挚的女子。

---

① ［保］基里尔·瓦西列夫：《情爱论》，生活·读书·新知三联书店1984年版，第408页。

社会美德在一定程度上可以弥补先天的缺陷。

在男女相恋的过程中,一旦在他们之间发生了某种审美的愉悦,这就标志着他们的关系已经进入了一个更高的心理层次。这种审美的愉悦不是随便就能产生的,只有当他们之间爱的情感符合一定的规律的时候才会出现。这就是说,他们之间的情感既要符合美的规律,又要符合伦理的要求。人类爱情的精神意蕴在于对美和善的向往。在爱情生活中,服从人的最高的美,就表现为对道德约束的尊重和对爱情纯洁的维护。这样的爱情,可以说具有审美化的因素。"人的文化修养愈高,精神世界愈丰富,他的爱情审美化程度也愈高。"①

---

① 〔保〕基里尔·瓦西列夫:《情爱论》,生活·读书·新知三联书店1984年版,第201页。

第八章　生命的磁针永远指向幸福

第一节　幸福是人生的终极渴望

法国学者阿兰说，做一个不幸的人并不难，但做一个幸福的人是很难的。如果一个人不要求幸福，他绝不可能得到幸福。我们应该要求幸福，并且创造幸福。阿兰肯定而深刻地说："任何男子、任何女子都应该经常想到这一点：幸福——我指的是人们为自己争取到的幸福——是最美、最慷慨的奉献。"①阿兰这段话写于20世纪20年代。它对人生的终极目的及其意义作了精辟的概括，闪烁着不灭的智慧的光芒。

幸福是人生的终极渴望。在人的生命旅途之中，虽然不幸、痛苦、挫折总与人生相伴随，然而，生命的磁针永远指向幸福。

人生到底有没有幸福？古往今来，无数学者众说纷纭。一些

---

① ［法］阿兰：《幸福散论》，中央编译出版社1999年版，第187页。

著名学者的结论甚至是完全相反的。古希腊的亚里士多德认为，人生的幸福是有的，幸福不是某种神的恩赐，也不纯粹是机遇的礼物，而是一个人在德性的引导下参与现实活动的过程中努力争取赢得的。亚里士多德说："合于德性的行为，使爱德性的人快乐。"①他坚信，在人们的各种活动中，没有一种能与合于德性的现实活动相比拟，而且，合于德性的现实活动是获得幸福的主要途径，通过这样的方式获得的幸福是持久而巩固的。

德国19世纪学者叔本华则认为，人生没有幸福，人生就是痛苦。叔本华说："所谓人生就是任凭造物者在痛苦与倦怠之间抛掷。"②而倦怠本身即是一种苦恼。叔本华认为人生没有真正的幸福可言。他说，如果把欲望的满足看作幸福，那么，这种幸福也是暂时的、消极的，因为在满足过后接踵而至的就是不断的不满足，也就是不断的痛苦。怎样解脱人生的痛苦呢？叔本华认为，必须禁绝任何欲望，首先要断绝对世界的迷恋；其次要禁绝性欲和食欲。按照叔本华的解脱方法去做，实际上就是迅速走向死亡。

人类已经跨入21世纪。人们没有放弃对幸福的渴望。痛苦作为人的生命感受，是任何人都会亲身经历的，这确实是生命的一个基本事实。痛苦、不幸、挫折，虽然是人生中固有的，是生命中不可避免的重大体验和感受，但有价值的人生并不停留于此。有价值即是主体感受的满足。超越痛苦、不幸、挫折，主体就能感受到一种肯定性体验，满足感因而产生，幸福的希望就会出现在眼前。人类不会甘于痛苦。正是为了减少痛苦，转换痛苦，追求幸福，人类才一步一步奔向更为美好的明天。人能够正视自己的痛苦和不幸，为使自己超越痛苦和不幸而追求幸福。幸福是人生的一种基

---

① 亚里士多德：《尼各马科伦理学》，中国社会科学出版社1990年版，第14页。

② ［德］叔本华：《爱与生的苦恼》，中国和平出版社1986年版，第103页。

本体验,它跨越人所经历的一切事物和领域。

国内外越来越多的学校开设了"幸福课程",向学生传播在物欲横流的社会环境中,如何去处理人际关系,如何调节自己的情绪,如何在逆境中获得成功,如何去创造幸福,引起学生广泛的兴趣。美国哈佛大学开设的"幸福学",是最受学生欢迎的课程。在哈佛大学的带动下,英国剑桥大学也在认真研究幸福问题。剑桥大学幸福学院院长、心理学家尼克·贝利斯还为英国惠灵顿学校设计幸福课,每周一次,在课堂上为学生讲授,真正的幸福到底是什么。伯明翰罗索恩的惠灵顿学校在 10 年级和 11 年级(相当于普通高中一年级和二年级)开设"幸福课"。此外,学校还举行有关幸福问题的讨论会,让学生学习和交流如何处理人际关系、保持身心健康以及如何实现理想的方法。惠灵顿学校校长安东尼·塞尔登说:"我认为,任何一所学校的最重要的工作就是要培养青少年成为一个幸福的并且有安全感的人。名誉和金钱是当下阻碍年轻人成长的最主要的因素。正因为存在这些障碍,幸福感才难以产生。我们需要让青少年知道,事实上越富有往往越不能享受到幸福。这是社会科学研究业已证明的事实。"

第二节　关于财富与幸福有何种关联的探讨

美国耶鲁大学政治学教授罗伯特·兰的研究发现,在 1950年,约 60％的美国人说自己是"幸福"的,此后这个比例除偶有起伏之外几乎没有大的变动;认为自己"非常幸福"的美国人的比例却由 1950 年的 7.5％降到 21 世纪初的 6％,而且还在继续下降。此外,最突出的变化是抑郁症患者的增多。

意大利一项研究表明,30 年来美国人的幸福感在降低。虽然过去 30 年美国人均收入有了不小的提高,但是日益下降的人际关系却远远抵消了金钱带来的幸福感。进行这项研究工作的斯德佛农·巴特里尼解释说:"美国人幸福感降低的主要原因是所谓的'社会资本'在下降,日益增长的孤独感和人与人之间的不信任和不公平感直接导致了原本广泛的社会交往大大萎缩。20年来,美国人的工作时间越来越长,严重影响了他们的幸福感,因为他们越专注于工作就越没有时间和精力来维持人际关系。"①

　　2008年,英国国家统计局进行了一项名为"为什么财富不能带给我们快乐"的调查,结果显示:"比起1987年,我们变得更加富有了,但是却没有当时快乐。"这是英国大多数家庭的心声。

　　从1987年到2006年,英国人的个人财富在不断增加,每户家庭个人拥有的财富平均值从1987年的5万英镑,上升到了2006年的11.4万英镑。在此期间,英国人的人均住房拥有率和消费开支也在成倍增长。

　　然而,财富的增加并没有给英国人带来更多的快乐。相反,现代社会的生活疾病以及生活习惯给他们带来了新的痛苦。英国人在精神上承受着很大的压力,很多英国人都患上了精神抑郁症或是肌肉功能性障碍。缺少与他人的沟通也是让英国人感到快乐减少的原因所在。

　　英国的社会学学者把现代英国人所面临的"不快乐"现象定义为"伊斯特林魔盒"效应,即当拥有了更多之前所期望的物质财富后,个人的幸福感就会停止增加。英国人面临的"不快乐"的问题,在不少西方发达国家也存在。归根结底这不是个人问题,而是一个成熟经济体整体遭遇的复杂社会矛盾。

　　盖洛普市场及民意调查公司的民调表明,仅有15%的德国人认为未来会更美好。尽管德国人的人均预期寿命在过去50年里

---

① 《美国人不如30年前幸福》,《环球时报》2007年6月18日。

提高了 10 多岁,人均收入增加了两倍,大多数普通劳动者过上了物质条件相当于 20 世纪 60 年代中产阶层水平的生活,但他们就是乐观不起来。美国麻省理工学院 2000 年发布的调查报告表明,德国西部的人尽管收入高,但其幸福水平却与菲律宾人、委内瑞拉人和巴西人的水平大抵相当。秘鲁人和波多黎各人的幸福感甚至超过了德国人。德国马克斯·普朗克研究所 2003 年的调查表明,富裕的德国西部人患抑郁症的风险比东部人高 52%。[①]

财富与幸福有没有关联?有多大程度的关联?心理学家、经济学家、社会学家对第一个问题的回答基本一致:财富的增加与幸福度的提高是有关联的。对第二个问题的回答则不太一致,主要是在关联的程度上分歧较大。

一种观点认为,财富与幸福有明显关联。美国宾夕法尼亚大学贝齐·史蒂文森和贾斯廷·沃尔弗斯两位教授经过研究认为,国内生产总值(GDP)与人们的幸福水平之间存在明显的联系。他们对最近几十年来盖洛普全球民意调查在多个国家得出的数据加以分析后发现,富国比穷国更加幸福,富人比穷人更加幸福,而且随着富有程度的加强,幸福感也会随之增强。一个以满足度和以美元计算的收入水平为变量的图表显示:挪威、芬兰、丹麦、阿联酋和美国在作为收入最高的国家的同时,与其他国家比较,也是国民幸福感最强的国家。贾斯廷·沃尔弗斯说:"一个像芬兰这样的国家一定比哥伦比亚更加幸福。但并不意味着所有的芬兰人都更加幸福,但在平均情况下感到幸福的芬兰人比哥伦比亚人多。"[②]

这种观点可以解释部分国家财富与幸福的关系,但难以解释

---

① [德]乌利·库尔克:《快乐,不仅仅在于生活富裕》,转载于《参考消息》2006 年 4 月 12 日。

② 《GDP 与国民幸福感有"相关度"》,《参考消息》2008 年 5 月 13 日。

有些国家的状况,如秘鲁人和波多黎各人的幸福感超过了德国人,不能说秘鲁和波多黎各的人均收入超过德国的人均收入。

意大利的研究人员斯德佛农·巴特里尼关于"幸福方略"的研究成果得出这样的结论:增强幸福感的因素主要有两种,一种是更高的收入,另一种是更和谐的社会关系。巴特里尼研究小组的结论可以给我们提供新的启示。人的幸福不仅来源于物质,而且还来源于精神。真正的幸福对于物质的依赖是有限的。

另一种观点认为,财富与幸福没有明显关联。经济学家、心理学家发现,一个国家财富不断增长不一定意味着国民的幸福感随之增强。美国南加州大学经济学教授理查德·伊斯特林最早提出了"收入与快乐之间不存在显著正向关系"的研究命题。伊斯特林在对幸福感的研究后认为,虽然用以满足基本需求的经济能力很重要,但超过临界点的收入不一定使国民感到更加幸福。也就是说,从这个临界点开始拥有更多金钱不会提高更多的幸福水平。[①]伊斯特林的研究成果提醒经济学回归到人文终极关怀。我们不仅要强调如何增加人们的财富,更要关注如何从根本上增加人的幸福感。这种观点促进了心理学、行为经济学、社会学、政治哲学对幸福与快乐问题的思考。

美国伊利诺伊大学心理学家爱德华·迪纳的研究显示,随着收入的增加,幸福安宁的感觉会有所增长,不过有一定上限。从一贫如洗到拥有自己的房子和稳定收入的这一阶段,人们的幸福感提升明显,而一旦步入中产阶级,金钱就开始与幸福脱节,两者再无必然的关系。爱德华·迪纳曾经调查过一定比例的位居《福布斯》世界400首富之列的富豪们,结果发现,这些富豪与中等收入

---

① 林光彬:《难量化的"快乐"比易量化的"财富"更值得研究》,《光明日报》2007年1月9日。

的普通人相比,他们对于生活的满意程度仅略高一点。他们的确很富有,然而有些东西是金钱不可能买到的。[①]

魏恩荷文的研究表明,幸福与金钱脱节的临界数字是年人均收入10000美元。2000年,美国的人均收入是29499美元。显然,美国和欧洲一些发达国家已经远远超出一般意义上金钱能增加幸福的阶段。魏恩荷文认为,一旦步入中产阶级,金钱便不再给人们带来幸福。生活中给人们带来幸福的东西,有许多是无价的。人们生活中所真正企盼的,无论是友情、爱情、家庭、尊重、名望、乐趣等等,都是无价的,不经过市场流通的。这些不标价码的东西你无法用金钱去买到。心理学家的研究表明,生物有着一种与其他生物亲近的渴望,而人类需要人与人之间亲密的联系。人与人的和谐相处是最令人快乐的。

今天的美国和其他一些发达国家的人们,尽情地享受着财富,比以往更长寿,但也正在失去更具价值的人与人之间的亲密关系。现代电信技术的发展导致人与人之间交往的减少,居住条件的改善会促使越来越多的人独自生活。这些因素都加重了人们的孤独感。

根据世界卫生组织的调查,当今全世界已经有上亿人被临床诊断患有抑郁症,主要分布在美国、加拿大、澳大利亚、日本和欧盟国家。曾任美国心理学协会会长的宾夕法尼亚州立大学的心理学家马丁·塞利格曼分析了抑郁症为何上升如此之快的诸种因素。因素之一:个人主义。"无节制的个人主义往往会使我们沉陷于自身的挫折感中,并由此而抑郁。"假如你的生活仅有自我,那么,一旦出现什么问题,你将失去平衡的支点,而且无人可以帮你的忙。因素之二:过度的自尊心。对自尊心的过分偏执也许最终只是使

---

① 《金钱买不来太多幸福》,《环球时报》2006年11月28日。

我们成为自寻烦恼的人,而自寻烦恼的人很少会找不到烦恼。因素之三:失控的消费主义。消费越来越高,人们不得不更加拼命工作,由此形成消费与工作的恶性循环。当你拼命工作为赚更多钱的时候,消费不再是"通往幸福的捷径"。所以,美国等发达国家人们生活水平的提高并未带来幸福指数的相应增长,反而引起抑郁症的蔓延。大约有 1/4 的欧美人,一生中至少要经历一次抑郁症。[①]

第三节　财富最大化与幸福最大化

获 2002 年诺贝尔经济学奖的丹尼尔·卡尼曼是美国心理学家。卡尼曼做过调查,美国人的收入与 50 年前比增加了 3 倍,但今天美国人的幸福程度,却并不见得比战前高。卡尼曼认为,金钱能带来的幸福通常是"幻觉"。一个人的幸福感,除了金钱因素还有心理因素。他把心理学与经济学结合起来,创立了前景理论,开拓了幸福研究的新领域。按照这一理论,我们的最终目标,不是将财富最大化,而是将人的幸福最大化。传统经济学认为,增加财富是提高人们幸福水平的有效手段。新经济学则认为,人们是否幸福,不仅取决于财富,而且取决于很多与绝对财富无关的因素。总之,我们在关注事业、希望增加财富的时候,也要关注心理,引导人们看事物好的一面,让人们在物质因素和心理因素的综合作用下获得更多的幸福感。[②]

金钱可以是很多东西的外壳,但却不是内核。真正的贫困绝

---

　　① [德]乌利·库尔克:《快乐,不仅仅在于生活富裕》,转载于《参考消息》2006 年 4 月 12 日。

　　② 《金钱买不来太多幸福》,《环球时报》2006 年 11 月 28 日。

对是不幸福的,但越过了贫困线达到了小康,要增加幸福的感受就不能只靠金钱。真正重要的不是我们拥有很多很多金钱,而是我们拥有别人所没有的东西。一个人身体的生理构造决定了他真正需要的物质生活资料是有限的。就个人物质生活来说,一个千万富豪与一个亿万富豪之间不会有什么很大的差别,金钱超过了一定的数量,便成了抽象的数字。人生最美好的享受都依赖于心灵的能力,这是用多少金钱也买不来的。金钱可以说是我们获得幸福的条件之一,但永远不是充分条件,永远不能直接成为幸福。金钱给人带来的幸福是有限的,唯有心灵的幸福是无限的。在这个世界上比有价的金钱更加珍贵的还有很多无价的东西,比如友情、爱情、亲情、健康等等。陈惠雄说:"人类快乐的影响因子由多层级因素组成,健康、个性、亲情、收入、职业、人际关系、社会、文化、教育、宗教与生态环境等都是影响人类快乐的重要因素。相关研究表明,健康与亲情约占个体快乐影响因子权重的 50%,并且国内外的情况是接近的。"[①]陈惠雄的研究成果告诉我们,实现快乐、幸福原则下的人的全面发展,有利于趋向人类行为的终极目的。

　　人类行为在其本质上,均显示为精神快乐的需要和对快乐、幸福的追求。金钱、住房、食物、汽车、服装等等,并不是人类行为的最终目的。人们之所以欲求这些东西,只因为它们具有能够给人们带来快乐、幸福的属性或效用。只有快乐、幸福才是人类欲望追求的本质和行为的终极目的。

---

　　① 陈惠雄:《快乐与幸福理论对于经济社会发展的战略意义》,《光明日报》2007年 5 月 29 日。

第四节　德谟克利特与苏格拉底的幸福观

幸福是人类行为的终极目的。在当今物欲横流、金钱至上的社会里,我们重温一下德谟克利特的幸福观,会得到有益的启示。古希腊学者德谟克利特谈到快乐和幸福时,他首先承认人的物质生活的享受,承认人的感官需求应当得到满足,认为这是快乐和幸福的要求之一。他说:"一生没有宴饮,就像一条长路没有旅店一样。"但是,德谟克利特并没有停留在物质享乐和感官满足这样的快乐和幸福之上,而是区分了肉体的快乐和精神的快乐,并且更偏重于后者。他说:"幸福不在于占有畜群,也不在于占有黄金,它的居处是在我们的灵魂之中。"德谟克利特强调人的精神快乐和幸福的重要,并且认为人与动物的区别也正在于精神上的追求、灵魂中的追求。这样,在德谟克利特那里,快乐和幸福就不只具有外在的内容,而且增加了灵魂的内涵。

现在,我们重温与德谟克利特同时代的另一位古希腊学者苏格拉底关于幸福的论述。苏格拉底主张,只有有道德的人才是幸福的人,道德是一个人能否获得幸福的必然的和基本的条件。因此,无论是男人还是女人,只要他们公正、正直,具有良好的道德品行,那么,他们就是幸福的人,否则,就是不幸的人。他指出,人人都希望获得幸福,但却有许多人得不到幸福,原因在于他们不了解幸福的真正含义。如有人把财产当作幸福,不惜一切手段聚敛财富,这实际上不是幸福,这是"误认的幸福",因为财产本身不能带给人真正的幸福。苏格拉底认为,重要的在于培养人的理性能力,让人们发现善、了解善,过有德性的生活,并运用理性对人生作彻底的内省,这是获得真正幸福的前提条件。苏格拉底高扬人的道德品性,崇尚人的理性力量,强调人的精神幸福。

　　两千多年来,先哲的思想对后世产生了积极的影响。一种观点被越来越多的人所接受:物质带来的快乐是有限的,唯有精神的快乐才可能是无限的。即使在讴歌财富的资本主义社会,也把财富的获取和使用加以分离,获取财富不再全部是为了自己使用。许多财富的拥有者热心于回报社会,从事民间公益事业。在西方,尤其在美国的富豪中,前半生聚财、后半生散财已经成为惯例。

　　有人用了一个比喻十分形象,说一个人拥有的财富就像水,当你拥有一杯时,你当然自己喝;当你拥有一桶时,你也可以留着慢慢喝;但当你拥有一条河时,你就必须让上游、下游流动起来,让口渴的人都能享用。

第五节　21世纪:美国富豪引领乐善好施

　　一个多世纪以来,美国富豪们的乐善好施在全世界产生了深远的影响。20世纪初,美国最富有的人是洛克菲勒。石油大王约翰·戴维森·洛克菲勒当时的个人资产是14亿美元。① 他亲自和通过他的洛克菲勒基金把数亿美元捐赠给医学研究和教育事业。洛克菲勒去世以后,洛克菲勒基金会继续捐助科学创新研究。抗生素是亚历山大·弗莱明1928年在实验室中不经意间发现的,但此后用于医学的研究进展极其缓慢。1938年洛克菲勒基金会资助牛津大学科学家霍华德·弗洛里和厄恩斯特·钱恩从事此项研究,大大加快了研究进度,从而为现代制药业打下了基础。第二

---

　　① 洛克菲勒的个人资产14亿美元,用现代标准看并不多,但在当时他的财富与当时美国的GDP总量相比,比例高达惊人的1:65。比尔·盖茨的个人资产高达500亿美元,财产的绝对量大大超过洛克菲勒,但即便如此,他的财产与现在美国庞大的GDP总量比起来,比例仅为1:152。

次世界大战结束后,南非地区人口爆炸性增长,由于绿色革命的出现,才生产出足够的粮食。作为绿色革命基础的大多数杂交作物都是诺曼·博劳格在墨西哥的研究中心培育出来的,而资助这个中心的正是洛克菲勒基金会。洛克菲勒基金会的资助对 DNA 研究与生物技术产业的兴起起到了关键性的作用。受益于洛克菲勒基金会资助的还有很多项目。洛克菲勒能够积攒大量金钱,又能够把这些钱慷慨大方地捐赠给别人。洛克菲勒的一生,是一个一心一意的慈善家。他曾说:"上帝让我来到这个世界上,就是来赚钱并把赚到的钱捐赠给别人。"

　　21 世纪最初的几年,美国最富有的人是微软公司的比尔·盖茨。比尔·盖茨说:"伴随巨大的财富而来的是巨大的责任,现在是把这些资源回报社会的时候了,而帮助困境中的人们是回报社会的最好方式。"2000 年 1 月,"比尔和梅琳达·盖茨基金会"成立了,基金会从成立之时起,就努力关注全球的健康问题,争取使全世界的图书馆都能上网。基金会的工作主要集中在四个领域:卫生、教育、互联网和帮助困难家庭。盖茨夫妇曾经长途跋涉到非洲去考察贫困和传染病问题。他们把在世界各地抵御疾病的传播和促进教育的发展作为基金会工作的主要目标。截至 2005 年,基金会已经向第三世界国家捐助了 105 亿美元,挽救了至少 67 万人的生命。比尔·盖茨还曾说:"慈善是我们作出的一种选择。我们要向大家显示,它能带来许多乐趣,会产生很大影响。"比尔·盖茨于 2008 年 6 月 27 日起卸任微软执行董事长职务,转任非执行董事长,他将逐渐淡出微软公司的日常事务,以便把主要精力用在慈善事业上。他将 580 亿美元的个人资产全数捐给慈善事业,受到国际舆论的高度赞扬。①

---

　　①　《世界掀起慈善浪潮》,《环球时报》2006 年 9 月 14 日。

2006年6月26日,美国伯克希尔·哈撒韦公司总裁沃伦·巴菲特在纽约公共图书馆签署捐款意向书,正式决定向"比尔和梅琳达·盖茨基金"捐款300亿美元。巴菲特说:"我非常欣赏比尔·盖茨夫妇基金会的成就,而且希望从物质上帮助它扩大影响力。把从社会得到的财富回赠给社会,是我一贯的信念。上天堂的路不止一条,但这条路很不错。"显然,巴菲特的考虑已经超越了金钱,他考虑的是自己的灵魂。对许多美国人来说,他们十分看重积极奋斗,白手起家,经历失败和成功。在美国,即使是富家的子女,他们年轻时仍喜欢靠自己打工挣钱来赚取生活费。巴菲特说:"我认为,创造巨额的'王朝财富'不符合我的世界观。我的孩子们不应当继承我的社会地位,不能因为你出生在我的家庭就得继承相应的社会地位。当然,富人应当给自己的孩子留下足够的财富,以便让他们能干他们想干的事情,但是这种钱也不能太多,否则他们将注定一事无成。"①

在美国富豪中,从当年的"石油大王"洛克菲勒和"钢铁大王"卡内基,到当代的比尔·盖茨和巴菲特都把关心慈善事业、捐献巨额善款作为自己一项义不容辞的义务。对于富豪们来说,当财富积聚到一定程度,财富本身也就只剩下一个数字。与其守着这个数字,还不如让这个数字发挥更大的作用。许多富豪认同卡内基的一句名言:"在巨富中死去,是一种耻辱。"一种精神的追求推动着他们去回报社会,帮助穷人。

2000年盖茨夫妇基金会建立以后,美国其他亿万富翁纷纷效仿。美国基金会中心负责人萨拉·恩格尔哈特说:"美国私人和公共基金会的数量已经从1997年的4.4万多个,增至2005年的

---

① 〔美〕尚卡尔·韦丹塔姆:《科学家证实:金钱买不到幸福》,转载于《参考消息》2006年7月5日。

7.1万多个。人们看到这一切,并且说,'我可以把自己的钱放进基金,我也是为世界排忧解难的精英人群的一分子'."

　　2006年6月,沃伦·巴菲特正式决定向5个慈善基金会捐出其财富的85％,约合375亿美元,其中300亿美元捐赠给盖茨夫妇基金会。这是美国和世界历史上最大的一笔慈善捐款。巴菲特的善举在世界上掀起了一场慈善浪潮。花旗银行集团董事长桑福德·韦尔已经决定捐赠巨额财产。英国一家国际性的美体公司创始人阿妮塔·罗迪克也已经表示将自己的财富捐献给慈善机构。墨西哥电信大亨卡洛斯·斯利姆决定以相对基金的方式捐款资助墨西哥的教育、卫生和社会福利事业。①

　　2006年8月24日,香港首富李嘉诚宣布:将把个人财富的至少三分之一捐给其名下的3个慈善基金组织。以李嘉诚的1500亿港元财产计算,他所捐出的财产约为495亿港元,这是香港最大的个人慈善基金,是全球华人私人基金会中金额最高的一个,也是全球最大的公益慈善组织之一。李嘉诚基金会从1980年成立至2007年,累计已经捐出80多亿港元,其中超过90％的资金投入教育、医疗、文化等公益事业。李嘉诚说:"当每个人都对社会承担责任,才可真正共建一个公平、公正与和谐的社会。"李嘉诚对财富和人格有自己独特的见解,他说:"做人最要紧的,是让人由衷地喜欢你,敬佩你本人,而不是你的财力,也不是表面上让人听你的。重要的是信任。有多少人信任你,你就拥有多少次成功的机会。'信'是什么东西? '信'是一种人格的力量,是超越金钱的友情,是了解,是欣赏。"

　　从比尔·盖茨到沃伦·巴菲特到李嘉诚,这些享誉全球的企

---

　　① ［美］尚卡尔·韦丹塔姆:《科学家证实:金钱买不到幸福》,转载于《参考消息》2006年7月5日。

业界巨星们,正在把他们庞大的财产捐献给社会,以造福人类。他们把自己的成功辐射到更广阔的空间,惠泽更多的人,进而产生积极的带动效应,赢得更多人的真心认可和敬佩。他们厚德经商,散财有道,时刻想着穷人,把自己的财富与他人的福祉契合在一起,充分实现了自己的人生价值。他们的境界由此而得到提升。

第六节　幸福是一种境界

法国思想家卢梭认为,幸福是一种境界。卢梭认为狂热和激情都是短暂的,只是生命长河中的几个点,不能构成一种境界。在卢梭看来,幸福是一种单纯而恒久的境界。卢梭说:"我的心所怀念的幸福,并不是一些转瞬即逝的片刻,而是一种单纯而恒久的境界,它本身并没有什么强烈刺激的东西,但它持续越久,魅力越增,终于导人于至高无上的幸福之境。"从某种角度看,幸福不是别的什么东西,它是人的一种满足的心境。幸福是创造的过程,幸福是一个人走过了一段漫长的征程之后,把一路所获奉献于人的内心的感觉。

当海明威的小说《老人与海》获得诺贝尔文学奖的时候,他把奖金捐赠给了古巴的圣母像。海明威说:"当你把一件东西拿出去的时候,你才拥有它。"是的,"给予"就是除了与他人分享自己的幸福以外,没有其他的动机。此时,你的幸福非但没有减少,反而不可估量地增加。如果我们从自己贮存的幸福里取出爱给予别人,就会像春风吹起涟漪,使整个池水荡漾。

一个人拥有一切不会造就幸福,对拥有的一切怀着感激和爱心却能带来幸福。中国古代诗集《诗经》云:"投我以木桃,报之以琼瑶。"他送我鲜桃,我还报他佩玉,这是感激和爱心。人之所以区别于一般动物,就在于人有感情,有人格,有感恩之情,有知报之心。父母对我们有养育之恩,老师对我们有教育之恩,朋友对我们有知遇之恩,社会对我们有关爱之恩。只有知道感恩的人、知道回报的人,才能收获更多的人生幸福。

　　女生刘默涵曾经一度跌入痛苦的深渊。她 12 岁那年,父亲暴病去世,剩下她与常年卧病在床的母亲和年幼的妹妹相依为命。从此,贫穷和饥饿像影子那样不离左右。上初中时,因为没能按时凑够学费,默涵与老师发生口角,被学校开除了。病弱的母亲四处奔波,刘默涵终于在另一所中学复学了,但一向性情温柔的她变得沉默、尖锐,像只刺猬。幸运的是,刘默涵遇到了心灵的引路人——丁俊芬老师。丁老师把刘默涵从怨恨的挣扎中解救出来。丁老师的一席话改变了她的人生。她一辈子都不会忘记丁老师所说的话:"这个世界上比你苦的人有很多,你永远都不是最苦的那一个;但是通过努力,你可以做最幸福的一个!"丁老师的爱心淡化了刘默涵心中的怨恨,她爱上了这所新学校,爱上了学习,两年后她考上了河北省无极县最好的高中,荣获了全县演讲比赛大奖,担任了学生干部。开朗的笑容开始挂在了她的脸上。刘默涵说:"在我的心灵'溺水'的刹那,是丁俊芬老师递来了爱的'救生圈'。"

　　2003 年,19 岁的刘默涵考上了北京大学,这个天大的喜讯,却成了对她的严峻挑战。贫病交加的母亲想卖掉房子,供女儿读大学。刘默涵抹着眼泪坚决反对。正在刘默涵为学费发愁的艰难时刻,一双双援助之手从四面八方向她伸出,左邻右舍和亲戚朋友解囊相助,数千元学费终于凑齐了。到学校后不久,她便开始了边上学边打工的生活。她成了家教中心最抢手的小老师,最多的时候,同时兼三份家教。生活的艰苦不曾使她放弃。她不再抱怨,身上释放的强大的精神能量为同学所敬畏。刘默涵不仅完全解决了自己上学的各种费用,每年还带回 1500 元供家用,并给妹妹攒够了上大学第一年的几千元学费。

刘默涵在被不幸击中时，灵魂永远保持站立的姿势。在她以自己的努力刚刚走出物质贫困的时候，她就想到帮助其他贫困的同学。她最吸引人的地方是她的善良和乐于助人。过去，她从别人那里得到帮助，现在她愿意回报社会，资助比自己更困难的同学。

2005年寒假回家，刘默涵在无极县中学的大力支持下，通过办学习班筹到4110元，她利用这笔钱为14名家境贫困的高中生分别发放了100元、200元不等的助学金。这次行动成为"默涵助学金"的发端。当地媒体报道了这件事后，许多人表示要捐助刘默涵本人。刘默涵本人不再接受捐助，她说服那些好心人将善款投入到"默涵助学金"上。后来，她用"默涵助学金"筹到的12700元资助了37名同学，同时还有4位同学受到长期资助。"默涵助学金"的影响越来越大，许多企业与刘默涵接洽参与助学金。她认识到，个人是渺小的，为了使基金长期维持下去，应该依靠一个成熟的团队。于是，她加入了北京大学阳光志愿者协会，"默涵助学金"也成为协会的重要执行项目。

刘默涵感恩丁俊芬老师，感恩社会各界的热心人。有人问她帮助他人是一种什么样的感觉？她说，觉得终于能够站直了，眼前的天地变得很宽、很大，一种内心的幸福感油然而生。[1]

黄来女4岁时，母亲因不堪生活压力离开了家，从此杳无音讯。不久，父亲在那里打零工的文工团又解散了。家乡地薄人贫，父亲决定带着女儿到外地闯荡漂泊。帮工、卖唱、做小买卖……父女俩辗转各地。父亲无论流浪到哪里，小来女都紧紧跟在身边。艰辛的生活，磨炼了小来女幼小的心灵。懂事的小来女常常将人们丢弃的矿泉水瓶、饮料瓶收拾起来，拿到废品站去卖，换来区区

---

① 刘江：《让灵魂永远保持站立姿势》，《中国教育报》2006年5月29日。

几元钱也要乐半天。有一次,她和父亲抬着一袋豆子去磨,路边的一辆三轮车翻倒压在来女瘦弱的身上,疼得她说不出话来,对方见状主动赔了十几元钱。父亲很担心来女被压伤,来女却很高兴因自己被压,而获赠这么多钱。

令来女最为感激的是,在艰难的流浪生活中,父亲稍有空闲,就教她学习。因此,她从小就陆陆续续认识许多字。当来女长到入学年龄,父亲想尽办法送她去上学。那时,黄来女最喜欢做的事就是课余跑到书店里,一站就是几个小时,翻阅着自己买不起的书,在书中她了解着外面精彩的世界。她如饥似渴地学习,成绩一直十分突出。2003年,18岁的黄来女以763分的优异高考成绩被武汉大学计算机科学与技术系录取。

2005年元月,父亲卖掉了广西合浦县农村老家的房子,准备来武汉边打工边照顾女儿读完大学。不料,父亲来到武汉的当天晚上,就突发脑溢血,后来又查出患糖尿病、膀胱癌。为了照顾好父亲,黄来女在学校附近租了一间简陋的民房。父亲病重,生活的重担全部压在来女的肩上。在学校做一份勤工俭学,一个月下来可挣600元钱,除去房租,还有300元做生活费。为了支付父亲的医药费,黄来女还在社会上拼命做家教。这样,她每天从早到晚非常忙碌:早上6点起床,给父亲洗脸刷牙、打针吃药。吃完早饭后花半小时步行到学校上课,中午到下午课后连忙往家赶,给父亲做饭、熬药。晚上坐一小多小时的公交车到汉口做家教,回家时已近半夜。在深夜昏黄的灯光下,她又立即打开书本开始学习。

黄来女还抽时间一次次带着父亲到医院进行化验和诊治。她坚定地说:"我守着爸爸,照顾爸爸,我不会放弃! 虽然很累,但我觉得很幸福。"苦难没有压垮这个单薄的女孩。黄来女的功课一直很优秀,2005年获得国家奖学金,2006年被湖北省委高校工委、省教育厅授予"全省自强不息优秀大学生"荣誉称号。

　　黄来女对自己的父亲充满了感激之情,对自己的学校也充满感激之情。她说:"当我最困难的时候,给予我最有力、最及时的帮助的正是武汉大学和武汉大学计算机学院。"社会上许多人也对她伸出了援助之手。省里一位领导个人资助她 2000 元现金,一位不愿留姓名的老板把 3000 元钱送到医院交给她,华中师大汉口分校一位学生用自己不多的生活费给父女俩买了一箱牛奶,走的时候又留下 300 元钱。黄来女说:"是曾经帮助过我的那么多爱心,造就了我。我看起来是不幸的,但其实我是很幸福的。因为我的身边总有一群很好的人给我关心,我也希望自己给身边的人带来阳光。"

　　2006 年 10 月 8 日,黄来女以优异的成绩通过武汉大学计算机学院免试研究生资格审查。黄来女说:"接受了那么多人的帮助,我没有办法一一回报。但我会怀着一颗感恩的心,坚持完成学业,然后在我有能力帮助别人的时候,我会尽力地去帮助更多的人。"她的脸上一直挂着淡淡的微笑。①

　　男生刘霆出生在浙江湖州市双林镇,原来有个美满的家庭,父亲是个普通职员,母亲是缝纫师傅,家庭经济状况良好,而且还在镇上买了一套新房。爱好艺术的刘霆,从小就学会了多样乐器,他的理想是当音乐家。

　　然而,严酷的生活降临了。1999 年,刘霆 13 岁时,他的母亲被检查出患了尿毒症,巨额的医疗费不但耗尽了他家的所有积蓄,还欠了一大笔外债。2002 年,父亲被迫卖掉了房子,还掉债务后就所剩无几了。为了给母亲看病而失去工作的父亲此时绝望了,一个人离家出走,从此音讯全无。

　　16 岁的刘霆面对命运的沉重打击,勇敢地承担起边学习边照

---

① 程墨、邵振钢:《黄来女:困苦压不垮感恩的心》,《中国教育报》2006 年 10 月 11 日。

顾母亲的责任。在远赴山东潍坊肾病医院求医的路上,体重只有90来斤的小刘霆一路上背着母亲。在火车上,为了让母亲能够休息好,他买了一张卧铺票和一张站票,让母亲躺在床铺上,而自己则站在母亲的身边。

就是在这样巨大的困难和压力下,2005年,19岁的刘霆考上了浙江林学院艺术设计专业。收到录取通知书的当天,他非常高兴,不过很快就陷入了深思:要上大学,学费从哪儿来? 母亲谁来照顾? 他怀着试探和恳求的心情给浙江林学院领导打去电话:"我想带着母亲上大学!"学校领导详细了解了真实情况后,既震撼,又感动,不仅同意他带着母亲上学,而且特批他在校外租房。

入学后,学校有关部门领导多次慰问刘霆母子,并给他们带去了慰问金和真挚的爱心。考虑到刘霆的实际困难,学校不仅为他办理了贷款手续,而且为他减免了部分学费。同时,在勤工俭学上优先为刘霆安排了食堂保洁员岗位,除免费提供每日三餐外,每月还可收入50元。刘霆吃饭时,拨出一半饭菜到随身带来的饭盒里,带回家给母亲吃。刘霆在医生的帮助下,学会了为母亲打针、敷药。病情已重的母亲,失去了一切劳动能力,她看到儿子既要完成学业,又要料理所有的家务,很不忍心,一个时期她曾想一死了之。刘霆得知母亲的心迹,伤心欲绝:"妈妈,如果你走了,我也不读大学了,和你一起离开这个世界。妈妈,只要我们活着,就有希望!"

刘霆知道,要让母亲活下来困难重重。母亲的尿毒症要治愈必须换肾,至少需要10多万元钱。刘霆时刻都在担心,母亲能否熬到自己大学毕业后挣钱为她治病,能否等到他有能力回报母亲的养育之恩。社会各界的好心人被这个男生的孝心所感动,纷纷为他们献爱心,刘霆先后收到来自全国各地的爱心捐款10多万元。上海中山医院还免费为他母亲实施了换肾手术。刘霆非常感激。他向社会表达了自己的感恩之情:他和母亲决定除了留下部分捐款作为母亲今后几年康复用药的费用外,将剩余的 5 万元重新捐献出来,设立一个孝心基金,鼓励更多的大学生学会感恩,弘扬孝心。2006 年,由国务院扶贫办、全国妇联等组织的"中国援助母亲行动",聘请刘霆担任爱心大使。2007 年,刘霆获得了全国十大"中华孝亲敬老楷模"称号。刘霆动情地对母亲说:"妈妈,你要好好活下去,我要让你享受一个幸福的晚年。"现在,刘霆越来越深切地感受到母亲的幸福与自己的幸福是如此紧密地联系在一起。"让母亲享受一个幸福的晚年",是刘霆的一个愿望。正是刘霆的这份孝心,感动了社会。社会的真挚关爱,又使刘霆的愿望有了实现的可能。人与人之间的良性互动提高了人们的幸福感。[①]

第七节　提高幸福感的五种因素

　　幸福感属于人的情感范畴。它是心理学、经济学和社会学研究的重要课题之一。在现代社会突飞猛进的发展过程中,曾经一度失落的幸福感问题逐渐凸显出来。20 世纪 70 年代以来,关于幸福感的研究获得了前所未有的生长契机。

　　在西方的发展经济里,GDP 统计多年来一直遭受批判,因为 GDP 中不包括资源利用,不包括环境保护,不包括儿童教育,不包括妇女生活状况。一些学者纷纷提出修正性的或者替代性的统计方案,比如"绿色 GDP"、"能源 GDP"。不丹国王的办法则是"国民幸福指数",主要包括四个方面:政府治理、经济增长、文化发展、环境保护。

　　在物质生活已经基本得到满足的情况下,怎样才能提高幸福

---

① 叶辉、陈胜伟:《带着妈妈上学》,《光明日报》2005 年 12 月 7 日。

感,成了当今全球关注的时髦话题。在中国眼下关于幸福感的讨论也是一个研究热点。

近年来各国政府越来越重视提高民众精神上的幸福感。幸福研究机构纷纷应运而生,对幸福程度的衡量方法层出不穷。荷兰鹿特丹伊拉斯漠大学教授吕特·费恩霍芬主持的"世界幸福数据库"是被各国研究机构引用最多的一个国民幸福数据库。该数据库以 10 分标准对全球 95 个国家和地区进行幸福排名,评定标准包括民众的受教育情况、营养状况、对恐怖和暴力事件的担心程度、男女平等和生活的自主选择度等。在 2007 年的最新排名中,丹麦以幸福指数 8.2 高居全球榜首,之后依次是瑞士、澳大利亚、冰岛、芬兰。美国虽然国力富足,但民众的幸福指数只有 7.4,刚刚挤进前 15 名。美国人虽然自主选择度较高,但营养不均衡、暴力问题严重等问题影响了总成绩和排名。不丹王国成为"黑马",位列第八。

有人问吕特·费恩霍芬教授:"您到过中国吗? 中国的幸福指数怎么样?"费恩霍芬回答:"我到过香港,也去过上海,我对中国的情况一直很关注。从调查数据来看,中国的幸福指数有一些波动。比如关于中国的调查中,有一个问题为:'将所有因素都考虑在内,您认为自己很幸福,比较幸福,不是很幸福,还是根本不幸福?'调查数据表示,1990 年为 6.5,1995 年为 7.08,2001 年降到 6.6,2005 年约为 6.3,人们的幸福感似呈下降态势。其中有一点原因不可忽视。10 多年前中国人初次接受这种调查时,都以为是政府部门派来的,回答时会有一些'水分'。如今,随着社会越来越开放,越来越发达,人们的回答也越来越诚实,也就是说调查数据越来越体现了实际水平。中国目前的幸福指数处于中等水平,但我认为中国人的幸福指数将会上升。"①

吕特·费恩霍芬说:"我认为幸福是人们对现有生活的感觉,是比较主观的。每个人心目中对幸福都有不同的诠释。我们用来衡量的并非客观标准,像是否拥有住房、是否拥有家庭、是否拥有满意的工作等等。我们的问题只有一个,那就是你对现有生活感受如何,是否感到幸福?有的人没有房子,没有妻子,没有钱,但他们仍然感觉很幸福。可以说,我们的衡量指标与物化的标准完全不同。"②

根据费恩霍芬的研究,一个国家民众的幸福感与该国的富裕程度不一定是同步的。比如日本人与丹麦人一样富裕,丹麦人感觉很幸福,而日本人感觉比较不幸福。费恩霍芬认为,影响幸福感的因素很多,财富只是其中之一,但不是全部。有些精神因素对幸福感的影响更大。

英国牛津大学学者萨比娜指出,与受到父亲或丈夫严格限制的女性相比,那些生活虽不富裕但自由的女性幸福感受程度更高。美国研究人员还发现其他影响幸福的因素,比如,已婚人士通常比单身人士幸福感更强,但有孩子并不能增加幸福感。美国哈佛大学心理学教授吉尔伯特在他的《幸福发现》一书中写道,准父亲都知道,养育孩子并不轻松,可他们相信,有孩子会让他们非常幸福。然而,研究表明,事实恰好相反——为人父母深感养育孩子的艰辛,他们的幸福感仅仅在孩子离家读大学后才明显提升。

英国保守党领袖戴维·卡梅伦于2007年组织成立"生活质量政策小组",以研究政府将如何提高国民幸福感。卡梅伦在一次演讲中说:"我们应该承认生命中重要的东西远不止金钱。现在,我

①　章念生:《他帮世界寻找幸福》,《环球时报》2008年1月25日。
②　章念生:《他帮世界寻找幸福》,《环球时报》2008年1月25日。

们不能再只是看国内生产总值,而应该对普通幸福感给予重视。"

　　一位人间的记者采访了梦中的上帝。记者问:"人类有什么最让你惊讶?"上帝答道:"他们活得好像永远不会两手空空地死去,死得好像从来没有幸福地活过。"记者陷入了深思。

　　梦中的上帝提醒人类:不要为那些身外之物忙碌一辈子,重要的是要幸福地过好自己的一生。

　　现在,人们对财富的迷恋是前所未有的。不少人认为,只要有财富,就会有幸福。所以,他们想尽办法聚敛财富,好像人的最终目标是将财富最大化。一种新的思维告诉人们:人的最终目标,不是将财富最大化,而是将人的幸福最大化。

　　传统经济学认为,增加财富是提高人们幸福水平的有效手段。新经济学则认为,人们是否幸福,取决于很多与绝对财富无关的因素。人不是一种纯经济的动物,而是一种有感情的高级动物。在财富相似的情况下,两个人过不同的生活方式,幸福感截然不同。一个人在财富变化不大的情况下,采取有效的生活方式,同样可以增加幸福感。

　　人们以极大的热情对"怎样增加幸福感"的问题进行了认真的研究,发现有五种因素可以提高自身的幸福感。

一、影响幸福的因素在很大程度上取决于人际关系的好坏

　　美国《未来学家》杂志 2007 年 7-8 月号上,发表了一篇题为《将幸福快乐作为国家目标》的文章,作者为著名经济学家、英国上议院议员理查德·莱亚德。理查德·莱亚德说:"在过去 50 年里,尽管生活水平大大提高,但是英国人和美国人的平均快乐程度一点儿也没有增加。有些国家比其他国家快乐得多,其中斯堪的纳维亚半岛的国家总是名列前茅。这主要是因为那里的人们相互之间更加信任。在英国和美国,相信'大多数人可以信任'的人数在

过去 50 年里减少了一半。如果我们想变得更快乐,就需要一项不同于过去 50 年的新战略。我们需要把人际关系摆在第一位。"

　　财富能够帮助人们提高幸福感,但它只能帮助人们提高到某一个限度。超过这个限度,人们会发现,他们最需要的并非更多的财富,而是更多的情谊。

　　这种情谊就是人与人在交往中形成的友谊。友谊是人世间最美好而宝贵的东西。孔子说:"有朋自远方来,不亦乐乎!"唐代大诗人李白形容友谊比金贵比渊深:"人生贵相知,何必金与钱。""桃花潭水深千尺,不及汪伦送我情。"文艺复兴时期的意大利著名作家薄伽丘认为,友谊真是一样最神圣的东西,不光是值得推崇,而且值得永远赞扬。俄国著名诗人普希金说:"不论是多情的诗句,漂亮的文章,还是闲暇的欢乐,什么都不能代替无比亲密的友谊。"现代伟大的科学家爱因斯坦说:"世间最美好的东西,莫过于有几个头脑和心地都很正直的朋友。"日本现代著名学者池田大作说:"人的一生没有比朋友更重要,没有比友谊更美好的了。"

　　友谊是朋友之间的一种纯洁而美好的感情。它是在情感上相互依恋的基础上建立起来的相互信任、相互尊重、相互关心、相互帮助的关系。友谊在人生中占有很重要的地位。作为社会的人不能没有友谊,人生不能没有朋友。一个人如果离开了人群,离开了朋友,他就无法在社会上生存和发展,在精神上就会感到非常孤独、寂寞。友谊能给人们带来温暖、力量和幸福。英国著名学者培根曾说:"如果你把快乐告诉一个朋友,你将得到两个快乐,而如果你把忧愁向一个朋友倾吐,你将被分掉一半忧愁。所以友谊对于人生,真像炼金术士所要寻找的那种'点金石'。它既能使黄金加倍,又能使黑铁成金。"①

---

　　①　[英]弗兰西斯·培根:《培根随笔选》,上海人民出版社 1985 年版,第 34 页。

关于友谊在人生幸福中的价值和作用,历史上很多学者曾作过很好的阐释。亚里士多德曾说:"如果想做最幸福的人,这是出于其自身善良悦人的天性,其友人亦如是,有一个挚友则必然是其愿望之一。渴望得到的必须得到,否则便成为缺憾,因此,向往幸福的人需要品格高尚的挚友。"伊壁鸠鲁认为:"在智慧提供给整个人生的一切幸福中,以获得友谊为最重要。"

一个人在一生中,有许多事单靠自己是做不成的,真挚的朋友能够帮助你。所以古人说:"朋友是第二个自己。"一个人的事业需要得到朋友的支持,一个人的心灵需要得到朋友的慰藉。友谊是联结人们心灵的纽带。在没有友谊的地方,人的感情会变成一片空白,这个世界便成为一片荒芜。生活中有许多无助和痛苦,重要的原因之一正在于没有成功地与他人建立亲密友好的情谊。从这个意义上说,友谊是人生不可或缺的支持和慰藉。

在现代社会,人们都在一定的群体之中生活,每一个人都有获取群体中他人支持和肯定的愿望。因此,群体中爱与被爱、支持与被支持的过程,会使个体得到的正向情感多于负向情感,这是影响幸福感的重要因素。社会支持是个人在社会中得到认可和重视的重要体现,朋友、同事、亲人等的支持能够提高个体融于群体的程度,并能够增加个体的正向情感,进而使个体更容易体验到快乐感和幸福感。反之,缺乏朋友、同事、亲人等的支持和认可,会使个体产生较多的负向情感,因而也常常被快乐感和幸福感拒之门外。积极的自我期望和社会认同常常会使个体产生较强的幸福感。

人是生活在社会中的,需要交流、沟通,社会性的交往可以帮助个体去除许多负性情感,并增加许多积极性情感。

幸福感以个体的感觉为条件,但并不意味着幸福感只是个人资源。在一个好的群体中,幸福感可以成为一种共享性的精神资源。幸福感是可以独享的,又是可以与人分享的,这正反映了今天社会中的人们的生活境况,个体性和公共性的生活空间都在同时扩大。

人们怀着希望的心热爱生活,珍惜生活。在学业、职业、事业的追求中,享受生活,呵护生活。每当有了成就,就去找亲朋好友聚会谈心,深表谢意,分享快乐,分享阳光;每当有了压力,就去找亲朋好友交流情感,放松心情,以减释自己身上的重负。

每个人生活在社会中,每时每刻都在与他人发生着联系,每个人都必须处理好自己与他人的关系,才能使自己有一个愉快的生活与工作环境。沟通是建立良好人际关系的前提。换位思考,才可能进行有效沟通。尊重别人换回被人尊重,因而关系融洽。有了好的人际关系,事情就容易办得好,心中就快乐。其实,快乐是我们送给自己的最宝贵的礼物。千百年来,人们都赞美"三乐":助人为乐、自得其乐、知足常乐。助人、自得、知足这三者,包含着人与人的互助、人与人的谅解、人与人的比较,一切都往好的方面去想、去做,内心的空间就会扩大,快乐就会与自己常相伴。一个人快乐的程度与其内心的空间是成正比的。

自然界有些现象可以引起我们的联想。养鱼爱好者都知道日本鲤鱼所具有的神奇之处:如果你在小鱼缸里饲养它,它只会长到两三寸长;如果你把它放入大鱼缸或者小池塘中,它就能长到六寸至一尺长;如果放进大一点的池塘,它能长到一尺半长;如果把它放进大湖之中,让它不受限制地充分成长,有朝一日它可能会长达三尺。日本鲤鱼能长到多大,与鱼缸、池塘的大小有直接关系。人的快乐程度与日本鲤鱼的成长非常相似。不过,对于人类而言,影响我们快乐的不是外部世界,而是我们的内心世界。只有不断扩展我们的内心世界,我们的快乐才能不断增加。对于名誉地位和物质财富的过分追求势必挤压内心的空间。中欧国际工商学院的调查报告表明,对名誉地位和物质财富具有强烈渴望的人是最不幸福的。正如达尔文所说："名誉、地位、财富等等,同友情相比,它们都是尘土。"

二、健康是人的幸福的物质基础

健康是人生的第一财富,它是延长人的寿命和获得人的幸福的物质基础。人的健康是生理健康与心理健康的统一。

幸福是人的一种存在方式,因而人的生命存在是幸福存在的前提。保持生命的健康延续本身也就具有了实现幸福的重要意义。人的生理健康,即身体健康,是指身体的各个器官发育良好,各个系统部位处于良性工作状态,整个生理机能运行正常。这种生理健康常常可以用生理指标来表示和衡量。

人的身体是由有关的各种"部件"构成的,是由骨骼和血肉组成的。人的眼、鼻、口、耳、手、足和各种器官分工精细,合作密切,和谐完美。如果一个人的单项"部件"都健全而健康,我们就会因身体的健康而感到满意、舒服和幸福。如果身体的某个"部件"患了病,受了伤,我们就会感到不适和痛苦。可见,人的幸福与人的身体这个特殊物质基础是密不可分的。

1948年通过的《世界卫生组织宪章》写道:"健康乃是一种身体上、精神上和社会上的完满状态,而不仅仅是没有疾病和衰弱现象。"这里明确地把人类的健康与生理健康、心理健康以及社会因素联系起来。人的心理健康是身体健康的保障。身体健康在很大程度上取决于精神的健康。心理健康者对环境的适应性较强。心理健康者可以促使生理上的疾病更快痊愈,相反,不良的心理状态,肯定会影响生理的健康。

随着历史的变迁,自然科学的发展,社会的进步,人们还发现人的健康不仅与生理因素、心理因素有关,而且与人周围的社会因素有关。人是高级的动物,人是社会的成员,所以,在研究人的健康与疾病时,对各种物质因素、社会因素、生理因素和心理因素都应加以综合考虑。

现代人越来越认识到要得到健康与幸福,一方面,要重视提高生理素质,以预防各种疾病;另一方面,也要重视提高心理素质,以增强适应社会环境的能力。

随着经济、政治、文化、科技等方面的剧烈变革,现代社会竞争日趋激烈,生活节奏不断加快,人际摩擦日益增多,心理负荷与日俱增。注重发展、竞争的社会环境也显得多元、多变、多彩、多险。21世纪并不全是流光溢彩、鲜花簇拥的世纪,也会有险峰突起、灾难骤降。在我们的人生道路上,常常会遭遇逆境、挫折、苦难、不幸。一个人如果没有健康的心理,就会被逆境阻挡,被挫折征服,被苦难压倒,被不幸打败,就会失去对生活的信心和对生命意义的感受。

人生的道路并非平坦笔直,获得幸福的道路也不是畅通无阻。人生有顺逆之分,幸福的取得也有难易之别。但不论在何种处境,人们都不应放弃对幸福的追求。在顺境中,人们可以心情舒畅地得到幸福;在逆境中,人们依然应当坚忍不拔、矢志不渝地追求幸福。我们争取处在顺境中,但也不必害怕面临逆境。逆境能砥砺人们的意志,激发人们克服困难的勇气。历史上许多成功人物的奇迹都是在逆境中出现的。越王勾践在国破家亡之后,身处逆境,卧薪尝胆,用艰苦的生活磨炼自己的意志,结果十年后一举灭吴。

顺境有利于人们正常发挥自己的才能,顺利地得到幸福,但也容易使人们在得到暂时的幸福后不思进取,就此停顿。逆境会给人们带来障碍,会影响人们正常地实现幸福,但如果保持顽强的意志,奋力拼搏,也许能够使人们的能力得到超常的发挥,结果能够获得更加令人陶醉、令人神往的幸福。凡是从逆境和困厄之中奋起,取得杰出成果的强者,其幸福是何等的令人羡慕啊!

在人生的征途中,在幸福之路的行程中,会遇到各种形式的挫折,必须战胜挫折,才能赢得胜利,获得幸福。凡事不能企求一帆风顺,人生的挫折是不可避免的。不论遇到意料之中或意料之外的挫折,都要采取积极进取的态度。唐代鉴真东渡,屡遭挫折。第一次东渡,正准备从扬州扬帆出海时,不料被人诬告与海盗串通,东渡未能实现。第二次东渡,刚一出海,就遇到了狂风恶浪,船只被击破,东渡告失败。第三次东渡又遇挫折。第四次东渡因遭阻拦,也未成功。第五次东渡,遭受挫折最为惨重。鉴真一行 35 人从扬州乘船东渡,船入深海不久,就遇上特大台风,船只受风吹浪涌漂到浙江舟山群岛附近。停泊三个星期后,鉴真再度入海,不料误入海流。这时,风急浪高,水黑如墨,船只犹如一片竹叶,一会儿被抛上小山高的浪尖,一会儿陷入几丈深的波谷。这样漂了七八天,船上的淡水用完了,每天只靠嚼点干粮充饥。在干渴难忍时就喝点海水,这样苦熬了半个多月,最后漂到了海南岛最南端的崖县,才侥幸上了岸。他们历尽千辛万苦,跋涉千里,又回到了扬州。一路上几经危难,鉴真身染重病,以致双目失明。鉴真东渡,五次遭遇挫折,他没有就此放弃,而是愈挫愈勇。他重新训练了船工,做了充分的准备,毅然进行了第六次东渡,船队终于冲破了东海的惊涛骇浪,鉴真以 66 岁高龄成功地到达了日本。

苦难是人生的一块垫脚石,它对于强者是一笔精神财富,对于弱者则是万丈深渊。德国哲学家包尔森曾引用《浮士德》中的话说:"享受使人退化。"在他看来,"逆境、失败和受苦使人得到训导、加强和纯洁的效果。不幸锻炼了意志,能忍受困苦的意志在压力下变得坚韧和强健起来。"①包尔森的见解与孟子讲的"生于忧患,死于安乐"是一致的,包尔森更加重视苦难对于人的心灵的训导和

<hr/>

① ［德］包尔森:《伦理学体系》,中国社会科学出版社 1988 年版,第 374 页。

纯洁作用。苦难可以使人认识到在平常状态下无法认识到的问题,它可以使人清醒地思考人生的苦乐,认识人生的价值和意义。

中国民间有一句话:"没有吃不了的苦,却有享不了的福。"它的意思是,人们忍受苦难的能力,是非常大的,但优裕的生活条件对于某些人却是受用不了的。一些人在苦难的环境中,勤奋有为,而在优裕的条件下,却步入歧途。

苦难的时候,也是对人的胆识、智慧和毅力考验的时候,只有不为苦难所惧,坚强地走下去,才能度过苦难的黑暗而迎来人生的光明。在人的一生中,有些苦难是不可避免的。很多专家认为,在苦难面前,我们的大脑会进入一个蓄势待发的准备阶段。直面苦难的人最终要比逃避的人更加幸福。只有经历苦难的人才相信幸福。历经艰难险阻有助于我们最终获得幸福。

美国精神病专家乔治·伯恩斯为了探究幸福感和促其生成的生物神经学理论依据而对一些被认为乐天派的人进行研究。乔治·伯恩斯教授认为,只有当我们感到不幸的时候,只有当我们遇到困难,面对以前从未完成的自己所期望的目标的时候,才能够取得进步。情感系统在此时容易启动。我们有尊严地对待生活中的不幸,无所畏惧地走过苦难,所获得的必将是酣畅淋漓的幸福体验。

三、幸福在于生活简单与内心平和

有人问亚里士多德:"为什么心怀嫉妒的人总是心情不快乐呢?"亚里士多德回答:"因为折磨他的不仅是自身的挫折,还有别人的成功。"一个人同时为两件事操心,把生活复杂化了,怎么能快乐得起来呢?

人们从多种角度谈论,要过简单的生活。爱因斯坦成名后,各种荣誉和优厚待遇扑面而来,他却依然保持简朴的生活方式。

1921年,爱因斯坦获诺贝尔物理学奖后,他将巨额奖金悉数给了前妻。1933年,为躲避法西斯迫害,他移居美国,普林斯顿大学以当时最高年薪——16000美元聘请他,他却说:"这么多钱!能否少给一点? 3000美元就够了!"人们大惑不解,他脱口道:"依我看,每件多余的财产都是人生的绊脚石;唯有简单的生活,才能给我创造的原动力!"对于爱因斯坦来说,创造是他最大的快乐,唯有简单的生活,才能给他提供这种可能。

古人说:"淡泊以明志,宁静以致远";"不以物喜,不以己悲"。人生天地间,物质欲求不必太多,精神需求不能空白。精神上的需要构成了人存在的独特属性。法国思想家帕斯卡说:"人是能思想的芦苇。"肉体的短暂性与思想的永恒性,存于人的一身。正因为人有思想,所以人生对幸福的追求和感受便也会循着精神的脉动而延伸。历代志士仁人,他们对精神的追求胜于对物质的追求。清代林则徐在诗中写道:"苟利国家生死以,岂因福祸避趋之。"对于林则徐来说,痛苦与幸福已经是合二为一了。他因主张禁烟御敌而被流放,当然是痛苦的;但是,被流放是为了国家的利益和富强,问心无愧,他又是幸福的。

人的精神生活内容有高低之分与文野之别。罗素在《走向幸福》一书中,分析了造成个人不幸的一些主观因素,其中之一就是过分的自我专注。在罗素所列举的导致不幸的主观因素中,有一些就是性格、气质的问题。罗素所说的这些人,在现实生活中常常能够见到。有种人的性格特点是偏执,总是认为自己百分之百正确,对别人缺乏理解和信任。他们往往不尊重别人,但对此毫无觉察与反省。总是认为别人不尊重他,与他过不去。这种人对自己的优点、能力,估计过高;对别人的优点、长处总是看不到,而只看到别人的不足,夸大别人的缺点。天长日久,积怨甚多,自己把自己孤立起来了。这种人经常处在苦恼之中,感觉不到周围的温暖,没有幸福感。还有一种人心胸狭窄,性格内向,针尖芝麻大的事,也存在心里总是放不下。这种人活得很沉重,很累。他们常常会被一些误会和矛盾,搅得心神不宁,生活便没有幸福可言。

一个人心胸开阔了,凡事就会拿得起,放得下,这样苦恼就会变成幸福。相传,一个家财万贯的富翁,觉得日子过得并不幸福,于是他决心去寻找幸福。在途中,他遇到一位身背柴捆、哼着小曲的农夫,富翁问:"你为什么这么开心?"农夫放下柴捆,一边拍打身上的尘土,一边说:"其实呢,道理很简单,放下就开心!"农夫随即笑着用脚踢了踢柴捆。富翁茅塞顿开,不觉也畅快地拍手大笑起来。"放下"就"开心",这是一种化重为轻、变繁为简、苦中寻乐的心态。

人一旦把自己的欲望激发起来,不加节制,就会变得欲壑难填,焦虑与日俱增,幸福感却与日递减。贪欲之门一旦打开,幸福也就飞走了。给他金山,他进而还要银海;给他山珍海味,他进而还要成仙上天。没有满足的时候,就没有一刻的幸福。如果放下包袱,拥有开心,幸福感就会油然而生。幸福在很大程度上,有赖于内心平和。

虽然不是拥有最多,但能够理智地欣赏生活中的点滴。这样的人就拥有更多的幸福。豁达大度的人总是与幸福相伴。豁达大度者的主要特征是胸襟开阔,淡泊处世。法国总统文化顾问若泽·弗雷什说:"在一个'拥挤的社会里',生存空间非常之少。在粮食普遍匮乏、财富集中在极少数个人手中的环境里,提倡淡泊、粗茶淡饭和处处节俭便是很好的解释。所以,远古时代中国人发明的幸福战略始终建立在以少当多(利用自己仅有的一点条件获得快乐)的基础之上。"①若泽·弗雷什认为,中国人创造了自己的

---

① 　[法]若泽·弗雷什:《中国不笑,世界会哭》,《环球时报》2008 年 4 月 24 日。

幸福观。在"拥挤的社会里",中国人善于营造自己心灵的空间。

现代人仿佛被时间追赶着,承受着巨大的生活压力,心情变得烦躁和焦虑,容易与人发生冲突。因此,许多人与幸福擦肩而过。现代人要追上幸福,必须远离怨恨,内心平和。内心平和,就是一个人自我内心的安宁与和谐。换言之,一个幸福的人必定是自我和谐的人。自我和谐是一种人格的完善。从心理学角度来说,就是自我的统一,是一个人的认知、行为、意志的统一。自我和谐的人,无论自己处于何种境况,都能找到适当的定位。他在身处困境时不会悲观失望、怨天尤人,在生活顺利时不会饱食终日、无所事事。他在得志时不会得意忘形、颐指气使,在失意时不会自暴自弃、报复他人。自我和谐的人能够合理调整自己愿望和现实之间的冲突,能够从挫折和磨难中看到希望,从而使自己的心灵变得平静安宁,通过自身不懈地努力,最终获得幸福的人生。

四、幸福与爱心和美德同在

当一个人怀着爱心说话或做事的时候,幸福就会像影子一样永远伴随着他。阿根廷流传着一篇关于关心的短文,题目是《美丽的忠告》[①],内容如下:

> 要想使你的双唇更加美丽动人,那么你的话语应该富有爱心。要想使你的眼睛可爱迷人,那么你的目光应该投向他人的优点。女人的美丽并不在于她穿的衣服有多华丽、她的身材有多诱人,女人的美丽在于她的眼睛,因为那是心灵的窗户,是爱所在的地方。女人的美丽并不在于她的脸蛋多么漂亮,带来真正美丽的只有美好的灵魂。随着阅历的增长,你会

---

① 《美丽的忠告》,阿根廷《妇女》月刊 2006 年 9 月号,转载于《参考消息》2006 年 9 月 11 日。

发现你的两只手一只是为了帮助自己，一只是为了帮助别人。只要你时刻付出你的爱心，即使逐渐老去，美丽也会与日俱增。

作者把"爱心"与"美丽"紧密地联系在一起，指出"爱心的付出"与"美丽的增加"成正比。

爱心从来不会被浪费，它们总能改变一些什么。它们祝福接受的人，也同样祝福给予的人。爱心是幸福的源泉。越来越多的人用自己的实践行动去证明：幸福生活的秘诀在于给予。幸福的人在于淡化自我，顾念他人。有钱、有家，并不等于幸福。幸福是一种心灵感受，一种精神品位，一种人生境界。

一个人的生活是否幸福，起决定作用的因素不在于物质的富裕，而在于自己的心灵。即使面临巨大的悲痛，只要在心灵中点燃爱心的明灯，你就能体验到人间的温暖和幸福。有一个中年妇女，在她的丈夫去世不久，她的即将成年的儿子和女儿竟然也在一次飞机失事中同时身亡。巨大无边的悲伤和痛苦包围着她，她无法面对一个个孤独的长夜。久而久之，她得了抑郁症，整天都想着怎么自杀结束自己的生命。有一天，她去请教精神医学专家阿德勒，阿德勒问她最喜欢什么。她回答："最喜欢养花，但现在没有心情养了，花圃已经荒芜很久了。"阿德勒对她说："你继续养你喜欢的花。你养了以后每天清晨送给附近医院里的病人，一个人一枝。按照我说的去做，你很快就会快乐起来！"女士听了阿德勒的劝告，回家就开始重新整理花圃，撒下种子，施肥浇水，花圃里很快就枝繁叶茂、花团锦簇了。从此，她每天清晨都把自己亲手栽培的鲜花送到医院去，有康乃馨，有玫瑰，有菊花，有兰草。病人们都发自内心地说："谢谢你，天使。"她每天去都会听到一声声谢谢。这美好的感谢，让她感觉到自己对于社会是一个多么有用的人。不久以后，人们发现她的抑郁症消失了，原来笼罩在她心中的忧伤和孤独不复存在,她甚至显得更加年轻而漂亮。她有了更多的朋友,人们像关怀自己的亲人一样地关怀她。那些出了院的病人,回到不同的城市,每当节日的时候,都会给她寄来贺卡和礼物,还会给她邮来热情洋溢的信件,祝福她快乐。她仍然每天养花,送花,听到人们的感谢,接到远方的祝福。她的内心深处充满了无边的喜悦,感觉自己成了世间最幸福的人。① 这位女士每天把鲜花和祝福送给别人,结果感觉自己成为一个最幸福的人。这就是人世间爱心的力量。人世间的幸运与不幸自己是不能掌握的,唯有这颗爱心自己是可以掌握的。一颗善良的爱心是无价之宝,它让你的眼睛清澈透亮,看到一年四季都是美好的季节:春天有万紫千红,夏天有浓荫蔽日,秋天有月光如水,冬天有银装素裹。

德国音乐家贝多芬曾说:"把'德性'教给你们的孩子;使人幸福的是德性而非金钱。这是我的经验之谈。"幸福既是一个历史范畴,又有特定的内涵。我们所理解的幸福,既包括物质幸福与精神幸福的统一,又包括幸福与德行的统一。幸福与善在本质上是内在一致的。一个有德性的人才有真正的幸福。这种幸福是在与他人的幸福的联系中体验到的幸福。幸福不仅是生命本体的渴求,而且是精神价值上的需求。

古希腊苏格拉底主张,只有有道德的人才是幸福的人,道德是一个人能否获得幸福的必然的和基本的条件。因此,无论是男人还是女人,只要他们公正、正直,具有良好的道德品行,那么,他们就是幸福的人;否则,就是不幸的人。苏格拉底的学生柏拉图认为,人生的根本目的就是要达到至善。在他看来,只有人的理性才能认识善的理念,人的理性是高级的;与此相对,人的感性和欲望,人的肉体感官需求则是低级的。柏拉图认为,一个人如果想要获

---

① 鲁先圣:《心中点燃一盏善良的灯》,《杂文报》2007年10月9日。

得真正的幸福,就必须克制自己的情欲和享受,必须用智慧和德性去追求美德和至善。由于人的肉体和感官的快乐是暂时的,不值得留恋,而最高的理念——至善是永恒的,值得我们终生追求。因此,一个有道德的人,就是一个能用理性控制情欲的人,自然也是幸福的人。虽然人们认为柏拉图过于贬低感性追求有失偏颇,但他对精神领域中的德性和至善的推崇,并把幸福建立在德性和至善基础上的观点,还是有其合理性的。

五、幸福在于创造新的生活

创造是构成幸福的恒定要素。在创造中最能体验到幸福。法国著名作家罗曼·罗兰说:"唯有创造才是欢乐。"罗曼·罗兰认为,创造对于人生来说是一种必要性,"幸福只能存在于这种必要性得到满足的时候"。

世界上的一切事物都是不断发展的,因此,人们要想得到新的幸福,就必须依靠人的创造精神。创造使人类更添光彩,使人生更具有价值,它是人类获得新的幸福的永恒动力。

创造有大有小,内容和形式可以各不相同。在当今,创造活动已经不仅是科学家的事,它已经深入普通人的生活和工作中。2008年,英国社会学家和伦敦城市行业协会进行了一次"幸福职业"调查。来自各行各业的1000人参加了民意调查。专家们根据调查结果发现,令从业者感到幸福并认为能体现自己人生价值的职业是那些创造性职业。① 一些被认为是普通的职业,在此次"幸福职业排行榜"上名列前茅。调查结果认定,美容和美发业在最幸福的职业中高居前两位。公布的排名结果,引起了俄罗斯一些从业者的关注。莫斯科一家美容店的工作人员苏哈尔斯卡娅说:"这

---

① 《从事创造性职业者最幸福》,《参考消息》2008年6月7日。

首先是一种创造性的工作。我在工作中总是在求新、求变。每当看到顾客对我的工作感到很满意的时候,我都会有一种难以名状的冲动。"银行职员的工作被许多人行为是相当不错的职业。出乎意料的是,在此次16种职业的排行中,银行职员排在倒数第二名,仅高于保姆。如果说是单调的工作使保姆垫底,而银行职员垫底不仅因为单调,还因为责任重大、紧张并始终承受着压力。伦敦城市行业协会负责人哈姆弗里斯说:"有人认为,'白领'从事着高薪和体面的工作,因此会很幸福。这是很大的认识上的误区。我们的调查表明,多数认为自己幸福的人从事的都是普普通通的工作。"调查还表明,多数人认为幸福与收入多少无关。在接受调查的人当中,只有不到一半的人愿意为了钱而干自己不喜欢的工作。换言之,大多数人认为,在选择自己喜欢的工作时,金钱远远不是主要因素。①

创造是幸福的源泉。英国著名学者罗素把创造看作是"快乐的生活",是"一种根本的快乐"。苏联教育家苏霍姆林斯基认为,创造是生活的最大乐趣,幸福寓于创造之中。他在《给儿子的信》中写道:"什么是生活的最大乐趣? 我认为,这种乐趣寓于与艺术相似的创造性劳动之中,寓于高超的技艺之中。如果一个人热爱自己所从事的劳动,他一定会竭尽全力使其劳动过程和劳动成果充满美好的东西,生活的伟大、幸福就寓于这种劳动之中。"上述观点深刻地揭示了创造与幸福的内在联系,指明了创造是获得幸福的源泉。

幸福就在于创造过程,在于创造所产生的成果引起的精神感受。人们实现了所追求的目标,在精神上得到了满足,就会感到幸福。人的一个目标实现了,就会形成新的目标。人们需要的内容

---

① 《从事创造性职业者最幸福》,《参考消息》2008 年 6 月 7 日。

是不断发展的,需要的层次是不断提高的。要满足人们不断提高的需要,实现人们对幸福的新的追求,就要靠创造。

幸福是一种喜人的愿望,是一种喜气的向往,是一种喜心的憧憬。怎样提高幸福感? 不能空想,不能坐等,不能乞讨。幸福想不来,等不来,讨不来。不论男女老少,不分富贵贫贱,要获得幸福,就必须去实干,去创造,去奋斗。

创造使人生幸福的意义还在于,这个幸福体现在不断地进取奋斗之中。正如恽代英所说:"只有奋斗可以给我们出路,而且只有奋斗可以给我们快乐。"人生命运离不开三种力的左右,这就是自然属性中的天赋,社会属性中的环境,精神局性中的努力。天赋具有先天性,环境具有偶然性,唯有努力具有自主性。努力的要旨就是创造与奋斗。人类创造与奋斗的实践活动,把自身的物质生活和精神生活不断推向幸福的新境界。

第九章　真善美的统一是人生的最高境界

第一节　审美是一种精神需要

巴黎大学美术博士、美术史专家徐庆平教授说:"艺术教育的根本要求在实质上是一个审美要求,解决的根本问题也是审美问题,这也是人的一生要解决的问题。"他还说:"由于科学与艺术构成了健全人的两个方面,在现在这样一个经济发达、崇尚科学的社会,对人才的培养不能像以前只是会说、会算就行了,还要会审美,有敏锐的审美感觉和审美素质。"①审美是以人的社会实践为基础形成的人类文化生存方式,它是人的生命活动向精神领域的拓展和延伸。审美活动,已经发展成为人类所独有的精神活动。现在,人们已经感受到,审美是人类一种高级的精神需要。

人类的需要如果按其对象来分,有物质和精神两大类。精神

---

① 王庆环:《用人文浸润出艺术大家》,《光明日报》2006年2月8日。

需要是人对自身道德、智力、审美等方面发展条件的需求的反应，即属于对观念性对象的需求。这种需求满足的状况，必然会在情感上表现出来。情感是人类需要特别是精神需要是否得到满足的心理反应，是人类在社会历史发展过程中形成的高级心理体验。美感是人类高级社会性情感之一，是人在感受美的事物时产生的一种肯定性情感，归根结底，美感是人类审美需要得到不同程度满足时产生的精神性愉悦。

温家宝同文学艺术家谈心时指出："我们当代的文学艺术家应该不断地发现美、创造美，带给人们美的享受。"他还对"美"作了进一步的分析与阐述："我们讲'美'，就是要在真和善相统一的基础上，满足人们对美的追求和需要，给人精神上的愉悦。对美的追求，既是人的本性，也是社会文明进步的象征，是人类长期进化和社会不断进步的综合产物，是人的主观和客观的综合产物。"①温家宝特别强调，审美作为一种综合的心理效应，要带给人们精神上的愉悦。审美愉悦是一种感性与理性相统一的愉悦，这构成了审美愉悦的本质特征。随着社会文明的不断进步和人的品性的不断提高，人们的审美需要更少直接与肉体满足相关，更少指向对象的物质存在，而是更多地指向对象的审美特质，更多地与人类精神世界相关。在审美活动中，人类从低级的物质需要向高级的精神需要发展，是一种普遍的趋势和规律。

人类这种审美需要的发展，是自我意识进一步觉醒的表现。法国作家维克多·雨果说："人有了物质才能生存；人有了理想才谈得上生活。你要了解生存与生活的不同吗？动物生存，而人则生活。""生活，就是知道自己的价值、自己所能做到的与自己所应

---

①　温家宝：《同文学艺术家谈心》，《光明日报》2006 年 11 月 29 日。

该做到的。"①雨果所说的生活,实质上就是一种审美生活。具有相当审美素质的人,才能享受审美生活。一个人所具备的审美素质,是一个比文化、道德等素质更高、更综合的文明程度的标志。

审美素质高的人,他的心灵会呈现一种进退自如、自由无碍的状态,审美之乐也就会随时萌发于他的内心世界。"进退自如、自由无碍"心灵状态的出现,需要一种特殊条件,那就是审美主体必须超然于实际事物的功利欲求之上,即在主体与审美对象之间建立起非功利的自由关系。在展开审美活动的过程中,当主体与对象之间所发生的不是那种功利性的实际占有关系,而是非功利性的自由情感关系时,审美主体的内心世界便会体验到一种自由的激情。这时,审美主体就能感受到一种舒展自如的精神性快乐。这种审美活动,可以说就是一种乐生活动。"乐生",是指人类充分地自由地展示自己的生命力以愉悦自身。人类的乐生活动,有高、低两个层次。因生理上的快适而获得的乐生,是低层次的乐生活动。因精神上的愉悦而获得的乐生,是高层次的乐生活动。这种高级的乐生活动,只属于超脱于物欲之上的人。

对世界的审美掌握是以摆脱直接的功利欲求从而取得某种自由为前提的。一个人如果沉迷于狭隘的功利欲求,那就没有什么审美可言了。同时,我们又必须看到,审美活动既是非功利的,又是有效用的。关键在于,我们不能把审美活动中的效用等同于直接的物质利益,而是应该理解为从根本上对人生发展和社会进步具有意义和价值。人的审美活动,不论是美的欣赏,还是美的创造,对人的精神世界的影响都是很大的,它能丰富人们的生活,开阔人们的视野,活跃人们的思维,启发人们的思想,愉悦人们的心情,净化人们的心灵。

---

① 《雨果论文学》,上海译文出版社 1980 年版,第 169 页。

　　人们欣赏美、创造美,不仅仅限于生活之美,还有艺术之美。艺术分为如下三类:第一类是语言的艺术,包括诗歌、散文、小说等;第二类是再现的艺术,包括绘画、雕塑、摄影、戏剧、电影等;第三类是表现的艺术,包括音乐、舞蹈、建筑、工艺、书法等。人们欣赏艺术、创造艺术,既是现实生活的一部分,又是通过欣赏和创造活动,曲折地表达对人生风风雨雨的评说,形象地表现对理想生活的追求。人们欣赏艺术和创造艺术,也表达了对美的爱。艺术审美活动对于人生是不能缺少的。法国学者卢梭对此曾说:"剥夺了我们心中对美的爱,也就剥夺了人生的乐趣。"

　　美的欣赏、美的创造对于人和社会的发展有着巨大的意义。在人和社会的发展中,人认识并改变了事物,还创造出一些新事物,正是在这个过程中,人的心智开化了,视野开阔了,精神需求也提高了。通过人和社会的发展,人们培养出更高的欣赏美、创造美的能力。人们越有欣赏美、创造美的能力,就越能使人和社会得到合理的、迅速的发展,越能使人更深刻地认识人与自然的关系,越能使人更有效地进行生产,越能使人更合理地安排生活,越能使人更和谐地进行人际交往。人际关系逐渐美化,人们就会增加从冲突中解脱出来的可能。在现代社会中,比以往任何时代都更有条件欣赏美、创造美。人们继承并弘扬几千年特别是近几百年来丰富的优秀的人类文明成果,正在创造出现代社会所要求的美,能够体现出社会的发展水平及状况的美。

第二节　审美教育对大学生成长的意义

　　审美教育的过程就是审美体验的过程,其主体一直处于激越的情感体验之中。审美教育强调的是主体的主动参与和全身心的投入,让你体验美好,体验快乐,体验成功,体验崇高。

　　孔子可以说是中国第一位审美教育家,最能体现孔子审美教育思想的,是他提出的"兴于诗,立于礼,成于乐"的理论。在孔子看来,要造就一个仁人君子,首先应该让他学诗,学诗能够使人得到一个仁人君子所必需的知识,同时又能得到情感上的陶冶;学诗之后,继而应该让他学礼,礼是仁人君子必须遵循的一套行为准则;礼立之后,最终应该让他学乐,乐是造就一个完人的关键环节,让人生由音乐而艺术化,同时也通过音乐而达到道德化。孔子的审美教育思想至今还值得我们借鉴。

　　在现代加强审美教育,对大学生的成长具有什么意义呢? 归纳起来,其意义主要有以下几个方面。

一、树立正确的审美观

　　审美教育的首要意义,在于帮助大学生树立正确的审美观。审美观是人的世界观的重要组成部分,是人们从审美角度对事物的一种评价。审美观,作为一个人来说,是每个人都有的,问题在于有的正确,有的不正确;有的高尚,有的低下;有的自觉,有的不自觉。

　　在现实生活中,一些大学生迫于就业压力,把所有的精力和热情都放到了专业学习上,严重抑制了其他方面素质的培养。部分大学生缺乏敏锐的感觉、直觉、领悟、灵气,观察事物、处理事情往往模式化、程式化。在他们的心灵中,"自我思考"、"自我想象"、"自我判断"的领域越来越小。大学生中有相当一部分人的心理状态、人生态度、意志程度、审美能力与他们所具备的专业知识水平不相匹配,束缚和制约着他们向高层次发展。个别大学生由于缺乏审美能力,加之社会环境的负面影响,形成了低层次的审美心理,审美意识扭曲变形。他们在现实生活中存在着非情感式的审美心理,往往把审美情感混同于生理快感。上述种种,折射出大学生审美教育的严重缺失。

审美为大学生了解客观世界打开了一扇别开生面的窗口。真是美的前提,善是美的基础。离开了真和善的所谓审美,势必步入误区。比如对人体雕塑,在正确的审美观指导下,就会发现人体雕塑的审美价值。至今尚存的古希腊的雕塑,如《阿波罗》、《掷铁饼者》、《胜利女神》、《米洛的维纳斯》等雕像,都卓越地表现了人体美。1820年从希腊米洛岛的一个山洞里出土的断臂维纳斯雕像,显现了作者对当时女性形体美的概括,也预见了后世对于女性形体美的要求,整个雕像充满着一种立意崇高的精神美。法国雕塑家罗丹说:"在这座维纳斯像前,我们得到的印象是真实的生命。"人们在裸体的维纳斯像前可能有种种遐想,但是,作为一位健康的欣赏者,不可以出现肉欲的邪念。否则,即使给这座维纳斯雕像穿上衣服也是没有用的。对于一个丑恶的灵魂来说,任何衣服都是挡不住他那卑鄙的眼睛的。一位法国哲学家曾说:"如果加比都尔的维纳斯女神,或者圣女赛西勒,或者一个以前放在郎贝尔爵邸做装饰品的缪斯女神在你身上引起肉欲,那你就不配欣赏美。"这位法国哲学家的话含义深刻,其明显的警戒意义是:没有一定的道德感,没有正确的审美观,就不能真正欣赏美。

美与新是有联系的,没有创新就没有美的发展,但也并非任何新的都是美的。需要辨别的是,哪些是真正有价值的新东西,哪些只是貌似新鲜,其实并不美。有些大学生对美存在猎奇心理,片面追求与众不同,把所谓"奇"与"怪"的东西都当成美,其实并非都具有美感。

树立正确的审美观还必须与劳动实践相结合。事实表明,一个人对劳动实践缺乏热情和责任感,游手好闲,无所事事,就不可能有高尚的审美情感趣。苏联著名教育家苏霍姆林斯基曾说:"一个正在思考如何去进行创造的少女的美,比起一个懒惰度日的少女来，要瑰丽得多，深刻得多。游手好闲是美的大敌。……如果你希望美——你就得忘我地劳动，直至你感觉到自己已经成为一名创造者、一名能手，成为自己理想事业的主人；直至你的眼睛，由于感受到人的最大幸福——创造的幸福，而放射出激情的光彩。"①在接受审美教育的过程中，一个人只有与劳动实践相结合，建立积极向上的健康的生活方式，爱美心理才能朝着更加健康的方向发展。

二、增强欣赏美、创造美的能力

审美教育一个重要的意义，在于增强欣赏美、创造美的能力。

欣赏美的能力，就是审美的敏感。审美的敏感是一种善于在生活、自然、艺术中发现美的能力。这种能力的获得与审美经验的积累是有密切联系的。正如狄德罗所说，艺术的鉴赏力是"由于反复的经验而获得的敏捷性"。这种审美的敏感是通过反复的审美实践而取得的。一个人在审美实践中，多观察、多比较、多研究，就会提高审美的敏感，培养美的欣赏力。《列子·说符篇》中有一则故事，说的是秦穆公请相马大师伯乐为他找千里马，伯乐荐举了一位担柴的朋友九方皋去办这件事。九方皋在外面寻找了几个月，牵来一匹黄色的母马，回报秦穆公说，千里马已经找到了。秦穆公看了这匹马很不高兴，对伯乐说，真糟糕，你推荐的这个人，竟连马的颜色、公母都不能分辨，怎么能认识千里马呢？伯乐听后，不仅连声称赞这是一匹难得的千里马，而且还称赞九方皋比自己相马的本事高明得多！伯乐告诉秦穆公说，九方皋相马是"得其精而忘其粗，在其内而忘其外；见其所见，不见其所不见；视其所视，而遗其所不视"。这就是说，九方皋相马不注意那些无关紧要的表象，

---

①　苏霍姆林斯基：《给儿子的信》，教育科学出版社1981年版，第66页。

如公母、毛色之类,而是透过现象看本质,尤其注意马的内在本质,所以就能抓住美妙之所在。中国现代著名画家徐悲鸿,曾经根据这个典故画了一幅画,展现了九方皋的英气和睿智。九方皋对千里马的审美敏感,就是在长期反复的实践过程中获得的。

　　人类的审美活动是以人类文明发展的心理积淀为历史前提的,因此,审美能力的高低也与一个人的文化艺术水平的高低有直接关系。两个人同样去游庐山和泰山,一个知识渊博、富有历史与艺术素养,另一个则缺乏文化艺术素养,他们的内心感受是完全不同的。前者游庐山,面对庐山香炉峰上缥缈的云霞,会很快联想到李白的诗句"日照香炉生紫烟",情不自禁地引发无限生动的遐想,极富浪漫情趣;对后者来说,那不过是一些山头的水汽而已。前者游泰山,面对神奇秀丽和巍峨高大的山峰,会很快浮想联翩,杜甫的诗句"会当凌绝顶,一览众山小"立刻浮现于脑海,从这两句富有启发性和象征意义的诗句中,可以看到诗人杜甫不怕困难、敢于攀登绝顶、俯视一切的雄心和气概,从而引起自身强烈的共鸣;对后者来说,那不过是一座堆满石头的高山。罗丹说过:"美是到处都有的。对于我们的眼睛,不是缺少美,而是缺少发现。"[1]要能够发现美、欣赏美,光靠着直感而没有一定的文化艺术修养是不行的。

　　提高欣赏美的能力,目的是为了更好地去创造美。要提高创造美的能力,必须提高创造美的心理素质。美的创造不仅受审美理想的指导,而且与主体的心理素质有密切联系。在美的创造中,感知、情感、想象、理性等心理因素相互渗透,综合起作用。美的创造离不开想象。在美的创造中,通过想象把情感、感知、理性联结起来。情感的鼓动、感知的激发、理性的启导,都融化在想象之中。想象具有一种创造性的品格。相传古时候有位画家,给他的两个

_____

　　① 《罗丹艺术论》,人民美术出版社1978年版,第62页。

弟子出了一道画题,名为《踏花归来马蹄香》,要他们各作一幅画。一个弟子画了一匹马,地上满是奇花香草,表示马蹄是香的;另一个弟子则画了一匹马从郊外踏青归来,有几只蝴蝶紧随着马蹄飞舞。显然,这两幅画所显示的创造美的能力大不一样。前者平庸浅显,后者立意清新。"蝴蝶随着马蹄飞舞",表现了作者的想象力。想象力使作者记忆中的表象重新组合,创造出新的意境。注重想象力的培养和锻炼,这是提高创造美的能力的一个十分重要的方面。想象力在审美经验和创造活动中,占据着举足轻重的地位。

三、陶冶情感品质

情感是人们对客观现实的一种态度,如爱与憎。从满足主体需要的角度看,情感是人对客观事物是否符合自己需要的态度的体验。情感反应是人的最常见的心理现象,它常常伴随着人的其他心理活动和实践活动,直接影响着人的精神生活。

情感是审美教育的核心。审美教育主要是培养人们对美的热爱,使人们在情感上受到陶冶。在审美教育中,情感的因素是作为本质的东西而存在的。审美教育能使人怡情养性,在艺术的审美作用上尤其明显地表现了这个特点。鲁迅曾说:"文学和学术不同,学术所以启人思,文学所以增人感。"[①]所谓增人"感",就是指的以情感人。这里所说的"情",包含了理性的因素,是指在情感的陶冶中、观照的愉悦中接受教育。

对现实生活中有些事物,我们有时理性上觉得是正确的,但情感上不一定接受;有时情感上喜爱,但从理性上看是错误的。审美教育的特点就是要使人不仅在理性上认识到是正确的,而且在情

---

① 《鲁迅全集》第 8 卷,人民文学出版社 1956 年版,第 331 页。

感上产生喜爱。审美教育是以情感人,理在情中。人们在审美过程中,直接的效果是情感的体验,但是在情感的体验中包含着理性的认识。

审美教育中以情感人是通过形象的手段来实现的。美的事物都是具体可感的个别形象,个体性是美的重要特征。俄国美学家车尔尼雪夫斯基曾说:"个体性是美的最根本的特征。"所谓"个体性",也就是指形象,所以他又说:"形象在美的领域中占着统治地位。"形象犹如美的躯体,离开这个形象躯体,美的生命也就无所寄托了。人们在审美过程中,不论是自然美、社会美还是艺术美,都是以其鲜明生动的形象诉诸人的感官,进而影响人的思想情感。审美教育正是以丰富多彩的感性形象为基础的。中国教育家、美学家陈望道也曾说:审美的境界是以"具象化、直接化为其特性,它始终摄无限于有限,藏普遍于特殊,也始终是具体地而又直接地,通过官能而感受,到达愉悦的境界"。这种"有限"、"特殊"、"具体"、"直接"的东西,就是形象。审美教育就是以各种饱含着情感的美的形象来感染人、打动人,使人产生情感的共鸣。

审美教育是让人进入审美活动中,在对形象的感知与体验中获得愉快的感受。这种愉快的感受会使人的情感、心灵得到洗涤、净化、超越,从而改变人的性情。这就是陶冶的作用。陶冶是一种潜移默化的过程,它的作用是在不知不觉的状态中发生的。梁启超曾谈到文艺对人的精神影响力在于"熏"、"浸",即熏染、浸润。梁启超说:"熏也者,如入云烟中而为其所烘,如近墨朱处而为其所染。"又说:"人之读小说也,不知不觉之间,而眼识为之迷漾,而脑筋为之摇扬,而神经为之营注;今日变一二焉,明日变一二焉,刹那刹那,相断相续;久之而此小说之境,遂入其灵台而据之。"①梁

---

① 《中国美学史资料选编》(下),中华书局1981年版,第418页。

启超这段话说明,审美教育中的潜移默化有两个特点:一是对人的精神影响有一个渐变的过程;二是人接受其影响是在不知不觉的状态中发生的。

大学生处于青年中期,正是情感发展的高峰期。随着大学生活的展开,大学生在寻找新的目标作为人生发展的新动力。大学生开始挖掘自己的内心世界,开始探究人生的种种重大课题,开始关注个人与社会的复杂关系,抽象思维能力和自我评价能力显著提高。但是,毕竟对社会和人生认识的时空范围有限,大学生在探索人生的过程中,会遇到许许多多矛盾和冲突。大学生常常处于情感的波涛之中,成熟与不成熟、独立与依赖、自尊与自卑、需求与满足等矛盾交织在一起。大学生的情感体验既具有敏感、丰富等特点,同时又具有复杂、易变等特点。而情感的正常健康发展,直接关系到大学生的个性发展和精神世界的充实。因此,大学生既要重视智能开发,也要注重情感培养。审美教育对陶冶大学生优良的情感品质,具有其他教育途径难以比拟的作用。美的形象将人们带到一种忘我的境界,有助于过滤掉情感中的"杂质",使情感纯洁和高尚起来。

四、促进心理健康

在现代社会,生活节奏不断加快,工作竞争日趋激烈,人际摩擦经常发生,人们处于高度紧张的状态。心灵长期受到压抑而备受困扰。美国心理学家托马斯·摩尔说:"20世纪个人和社会所面临的所有困扰中,影响我们最大的弊病是'灵魂的失落'。……最根本的问题是我们失去了关于灵魂的智慧。"①他主张我们的灵魂必须从美中吸取营养。"如果我们的心理学的观点建立在灵魂

① [美]托马斯·摩尔:《关注灵魂》,华龄出版社1997年版,第5页。

上,那么我们的治疗的努力目标就是美。如果在生活中缺少美,我们很可能遭受灵魂的常见的烦恼——压抑、偏执、无意义感和吸毒。灵魂渴求美,如果得不到就会产生吉姆斯·希尔曼所称的'美的神经病'的痛苦。"①托马斯·摩尔接着说:"美以自己独特的存在方式帮助灵魂。从灵魂的观点来看,美是日常生活的必要部分。每天我们都会发现灵魂瞥见美存在的时刻。如果我们打算关注灵魂,而且如果我们知道灵魂从美中获取营养,那么我们将必须更深刻地理解美,并在生活中给予它以更重要的位置。"他还说:"欣赏美就是向事物具有的能打动灵魂的力量开放。如果我们能被美所影响,那么灵魂就是活的,就在我们身上,因为灵魂的伟大天赋就是具有被影响的能力。"②

托马斯·摩尔关于美与心理健康的论述至少告诉我们三点:第一,美和欣赏美与心理健康有重要的关系;第二,心理健康的努力目标就是美;第三,心灵必须向美开放,主动接受美的影响。

人的心灵十分需要心理健康,也十分需要审美智慧。生命或许是不完善的,生活或许是不圆满的,但我们一定要努力使自己的心灵美好。一个人生命的价值和生活的意义,全部建立在美好的心灵之上。美好心灵的根本标志,就是具有一种健康人格。舒尔兹说:"关于健康人格的研究应当是心理学最基本的中心。"③

健康人格具有以下几个基本特征:一是整体性。健康人格是一种整体性的人格,整体性意味着人格诸要素的有机统一。整体性的健康人格内部是和谐的,而不是分裂的。二是协调性。健康人格具有正确处理自己与他人、与社会、与自然相互关系的态度和

①　[美]托马斯·摩尔:《关注灵魂》,华龄出版社 1997 年版,第 285 页。
②　[美]托马斯·摩尔:《关注灵魂》,华龄出版社 1997 年版,第 286 页。
③　舒尔兹:《成长心理学》,生活·读书·新知三联书店 1988 年版,第 18 页。

能力。具有健康人格的人倾向于与人对话和交流,保持着对万物的仁爱之心和宽容的态度。三是创造性。健康人格是一种具有创造性的人格。具有健康人格的人能够不断更新和实现生命与生活的自觉意识和能力。四是情感性。健康人格是一种情感丰富、深刻和审美化的人格。健康人格具有良好的审美能力,并能把自己的内心生活恰如其分地表现出来。

正因为健康人格具有以上基本特征,它与审美就紧密地联系在一起了。审美有益人的身心健康,古今中外许多学者都曾有过论述。古希腊柏拉图认为,审美"对健康有益"。中国美学家朱光潜曾说:"文艺是解放情感的工具,是维持心理健康的一剂良药。"人们通过审美活动,能够解除压抑,释放郁积,开阔眼界,从而在对世界的审美观照中获得生命的活力。

阅读诗歌能调节人的情绪,使人心情开朗、心境轻松。美妙的音乐能唤醒我们的灵魂和培养我们高尚的情感。投入大自然的怀抱,能够使身心感到无限舒畅。自然界的美景,能够使人排解忧郁的情绪,产生心灵的净化。通过各种形式的审美,人们不仅能够消除烦恼,而且能够唤回失去的信心和促进身心的健康。

五、实现完美人格的建构

审美教育的最终目的,是达到人的自身完善,实现完美人格的建构。人格的建构,归根到底要通过个体心理结构的塑造来完成。这种心理结构主要包括感知、想象、情感、理解诸种心理机能。

审美教育,并不仅仅是指某种艺术技巧的教育,而是培养人的一种有机的和整体的反应方式的教育。在审美活动中,主体之所以感到审美愉快,是因为人的感知、想象、情感、理解诸种心理机能相互之间非常协调,并不矛盾。人感到审美愉快时,是因为他把握到了一种具有平衡性、节奏性和统一性的完整形式。这种完整形式会同时作用于人的感知、想象、情感、理解诸种心理机能,使它们相互之间处于一种极其融洽和谐的状态。在这种融洽和谐的氛围中,上述各种机能既能够同时共存,又能够相互配合,每一种机能都得到了最大限度的发挥,又兼顾到整体的有机统一。审美教育的独特功能,就在于给人这样一种整体和谐的反应方式的训练。审美教育着重于整体式的反应能力的培育。审美教育对于人的心理机能的训练是全面的。

片面的教育,往往会使人丧失理性或者丧失情感。理性的丧失会使人迷失方向,情感的丧失会使人变得麻木。这种人对自然变化、人世沧桑会无动于衷;对灾害骤降、受苦受难会冷漠视之。世界上似乎没有什么事情令他们同情,也没有什么事情使他们景仰,对事物失去了美丑之分,对行为失去了善恶之别。他们的人格完全失去了完整性。现代心理学一再证明,人格的完整性是不能破坏的。一旦破坏,势必带来沉痛的后果。

达尔文从自己的沉痛教训中得出了一个结论:要想使自己的智力和道德心得到健康的发展和保持,必须从儿童时代起就重视审美教育的训练。审美教育是完美人格得以成立的基础。

教育的终极目的,并不是让人学会认识一两条自然规律,也不是让人学会掌握一两种技术,而是使人的内在心理结构得到全面有效的发展,成为一个对社会有贡献的人。教育在个体发育中的主要功能,就是促进个体中那些符合整个社会利益的心理定向的形成,而这种教育,其基础便是审美教育。

审美主体的审美能力的形成与提高并非轻而易举。狄德罗说:"一个人的鉴赏力的获得是十分困难的,在一千个有敏感感受力的人中间,或许只会有一个人获得这种鉴赏能力。"为什么主体审美能力的获得如此困难呢? 这是由于审美能力并不属于某一特殊感官所有,而是一个感知、想象、情感、理解多种心理机能参与活动综合积淀的结果。一个人在一生中所经历的审美活动越多,其审美经验多次发生,他感受美、发现美和欣赏美的能力也就越强。

在审美活动中,人的理性以审美理解的形式参与。审美理解融于情感活动,给予情感以理性调节。审美理解还潜在地支配和制约着人的整个审美过程,包括审美感知、想象的发生和发展,并且通过相互间的谐调,使审美感受进入一种更高的精神境界。

人类的审美活动是一种高尚的精神活动。审美对象所蕴含的意义总是在欣赏过程中潜移默化地直达人心,使人进入高尚的审美境界,在感动中去掉"小我"。所以,审美活动会超越狭隘的功利性,在人们的身上唤起那些真正具有人的价值的性质和属性。审美的这种特性,使它成为人类实现人格建构的重要途径。

第三节　论人的美

两千多年以前,中国古代已经有不少学者直接谈到美,如孔子、老子、墨子、孟子、庄子等都曾从不同角度对美作了论述。其中,对孔子的论述,人们更加熟悉一些。孔子曾提出"五美":"君子惠而不费,劳而不怨,欲而不贪,泰而不骄,威而不猛。"[①]

南怀瑾在《论语别裁》中,对"五美"作了如下解释:

　　"惠而不费",最高明的从政者,经常有这种机会,给别人很好的利益,大家获得福利,而对自己并没有什么牺牲损害。所以,为政之道,这类"惠而不费"的事应该多做。交朋友也一样,朋友要求帮忙,能帮则帮,"惠而不费"的事情,随时做得到,又岂止为政!

　　"劳而不怨",大家常说,做事要任怨,经验告诉我们,任劳

---

①　《论语·尧曰》。

容易任怨难。多做点事累一点没有关系，做了事还挨骂，这就吃不消了。但做一件事，一做上就要准备挨骂，这是最难的。"劳而不怨"，我觉得难就难在任怨。

"欲而不贪"，这句话很有道理。人生有本能的欲望，欲则可以，但不可过分的贪求。中国文化，儒家也好，道家也好，都主张"大公"，但也都容许必要的"私欲"，只是不能太过。

"泰而不骄"，这是指在态度方面、心境方面，胸襟要宽大，不骄傲。孔子说："君子无众寡，无小大，无敢慢，斯不亦泰而不骄乎？"君子处在任何环境中没有多与少的观念，如待遇的多少、利益的高低等等，也没有什么职位大小的观念，对于任何事情都不轻慢，即使是一件小事情，也往往用全力。

"威而不猛"，对人要有威，威并不是凶狠。这是指一个人的修养、威德，引起人家一种敬畏、敬重之意。如果"威"得使人恐惧，那就是"猛"了。我们看历史上许多人，一犯"猛"的毛病，没有不失败的。[1]

孔子这里所说的"五美"，都属于思想道德的范畴，但它与美学范围也有一定的联系，因为"美"与"善"是密切相关的。孔子还说过："君子成人之美。"[2]"里仁为美。"[3]其中的"美"与"善"也都基本同义。

是不是孔子所说的"美"都同于"善"呢？也不是。在有些场合，孔子把"美"与"善"区别开来。比如《论语·八佾》记载孔子的话说："子谓《韶》：'尽美矣，又尽善也。'谓《武》：'尽美矣，未尽善也。'"在孔子看来，"尽美"的东西不一定是"尽善"的；同样，"尽善"

---

① 南怀瑾：《论语别裁》（下），复旦大学出版社1995年版，第915页。
② 《论语·颜渊》。
③ 《论语·里仁》。

的东西,也不一定是"尽美"的。

《韶》是歌颂传说中舜的德行的古乐,像尧、舜那样以揖让受天下,是孔子最喜欢的。《武》乐是歌颂周武王战功的古乐,周武王以武力征伐取天下,不符合孔子所推崇的仁爱之德。所以,孔子说《韶》乐达到了"尽美"与"尽善"的统一,但《武》乐虽然"尽美",却未"尽善"。孔子在这里所说的"美"是对审美对象的判断,它不同于"善",已经是独立的审美范畴的概念了。孔子要求"美"与"善"的统一,就是要求"美"以"善"为它的内容,要求"善"以"美"为它的形式,二者结合在一起,成为一种完美的事物。孔子提出的"美"与"善"应当统一的美学思想,深刻地影响了中国两千多年来文艺的发展。孔子既主张"美"与"善"的统一,又是把"善"放在第一位的。孔子把"美"与"善"联系起来,显示了他的美学思想的中心。孔子谈论"美",总是从如何做人出发,探讨人生、道德与美的种种关系,这是中国美学思想的一个很好的传统。

孔子谈论诗歌音乐、山水风物,常常与人的精神联系起来。如孔子说:"岁寒,然后知松柏之后凋也。"[1]孔子所以赞美坚贞的松柏,就在于它们具有与现实生活中那些遭逢艰苦严酷的境遇而经得起考验的人的精神品格相类似的特征。实际上,孔子赞美不凋的松柏,也就是借以赞美人的坚强无畏的精神美。

人类精神的永恒目标是真、善、美的和谐统一。人世间有真、善、美,便有假、恶、丑与它对立。世上也有人淡泊名利,追求永恒。但"名利本为浮世重,古今能有几人抛"呢?司马迁所谓"天下熙熙,皆为利来。天下攘攘,皆为利往",确为人间的写照。

然而,也有人对世事看得很清楚。南怀瑾写过一篇文章,题目是《两头看人生》,其中有一段如下:"只要到妇产科去看,每个婴儿

---

[1] 《论语·子罕》。

都是四指握住大拇指，而且握得很紧的。人一生下来，就想抓取。再到殡仪馆去看结果，看看那些人的手都是张开的，已经松开了。人生下来就想抓的，最后就是抓不住。在大陆西南山中，有猴子偷包谷——玉蜀黍，伸左手摘一个，挟在右腋下，又伸右手摘一个，挟在左腋下。这样左右两手不断地摘，腋下包谷也不断地掉，到了最后走出包谷田，最多手中还只拿到一个。如果被人一赶，连一个也丢了。从这里就看到人生，一路上在摘包谷，最后却不是自己的。由这里了解什么是人生，不管富贵贫贱，都是这样抓，抓了再放，最后还是什么也没有。光屁股来，光屁股走，就是这么回事。"[1]

尽管如此，人在活着的时候，依然有种种表演，或美或丑。美学家朱光潜说："与美对立的有丑，丑虽不是美，却仍是一个审美范畴。讨论美时往往要联系到丑或不美。"[2]人的美包括内在美和外在美两部分，同样，人的丑也包括内在丑和外在丑两部分。一个人内在的美丑与外在的美丑不一定一致，往往存在着矛盾。

人与动物不同，动物园里的孔雀开屏，漂亮极了，谁也不去研究它的心灵怎样，都说它是美的。这就是自然美外在胜于内在。而人就不一样了，对于人来说，内在心灵美是最重要的，这是人的本质。如果一个人没有内在的美，而徒有外表的形式美，那么，形式与内容就构成了尖锐的矛盾。在这种情况下，外表形式的美非但不能补救内在心灵的丑，反而会成为心灵丑的讽刺形态而令人不屑一顾。如《红楼梦》中的王熙凤，她的外在美与内在丑就构成了尖锐的矛盾。王熙凤的外貌长得"恍若神妃仙子"，"身量苗条，体格风骚"，"俏丽若三春之桃，清素若九秋之菊"，"粉面含春威不露，丹唇未启笑先闻"，"模样又极标致，言谈又爽利，心机又极深

---

[1]　陈性乾编：《南怀瑾谈历史与人生》，复旦大学出版社 1995 年版，第 160 页。
[2]　朱光潜：《谈美书简》，上海文艺出版社 1980 年版，第 148 页。

细，竟是个男人万不及一的"，"年纪虽小，行事却比世人都大，如今出挑的美人一样的模样儿"。从外貌上看，王熙凤算得上是一个出众的美人，可是，她的内心毒如蛇蝎，灵魂肮脏得很，她"心里歹毒，口里尖快"，"嘴甜心苦，两面三刀，上头一脸笑，脚下使绊子，明是一盆火，暗是一把刀"。王熙凤可以说是一个外貌美而心灵丑的典型。

人的外在的美丑与内在的美丑，有的人是统一的，有的人是不统一的。这种统一与不统一的情况，可以分为以下四类：外在美，内在也美；外在丑，内在美；外在美，内在丑；外在丑，内在也丑。下面主要以《聊斋志异》中的艺术形象为例，作一些说明和讨论。《聊斋志异》是清代作家蒲松龄的代表作，它不直接描写人生社会的横剖面，而是通过狐鬼的怪异形象曲折地表达了自己对人生的所感所悟。这些狐鬼实际上是人的化身。

第一类：外在美，内在也美

《聊斋志异》中许多狐鬼精灵，虽然穿着狐鬼的外衣，其实仍是世间人的形象的折射，如婴宁、小翠、连琐、宦娘、香玉、花姑子等等，都是秀外慧中的理想人物，外在美与内在美达到了和谐的统一。

《聊斋志异》卷七中描写了宦娘的形象。宦娘是一个女鬼，但她跟人们想象中的鬼完全不同，不仅不令人感到可怕，反而使人感到可爱、可亲、可敬。她不仅有美的姿容，"貌类神仙"，而且有美的品格，风度翩翩，温情脉脉，心地善良，助人为乐。

宦娘生前喜爱琴筝，死后仍乐此不疲。她因琴而及人，对温如春的琴技和人品都"倾心向往"，为报其授业之恩，热情为温生和良工撮合，使他们得以美满结合。她自己对温生亦有爱慕之心，但她不生嫉妒，更不从中破坏，却充当媒妁。事成之后，又真心诚意地为他们"琴瑟之好，自相知音"感到高兴。她自己对爱的追求，期之再世。

宦娘是一个优美动人的艺术形象,其深情美意,人间少有。

第二类:外在丑,内在美

正常人的形体,是一个美好的形象。但有的人由于先天不足或后天意外变故,出现异乎常人的畸形。畸形是生理上的缺陷或器官的变异,在外表上属于丑的范畴。蒲松龄描绘了形形色色的"人",其中就有各种畸形人物。

《聊斋志异》卷九中的乔女就是突出的一例。乔女模样难看,"黑丑,壑一鼻,跛一足",就是说长得又黑又丑,塌鼻子,还瘸了一条腿。年纪到了二十五六岁,还没有人来提亲。后来嫁给一个死了妻子且年过四十的穷汉穆生。三年之后,生了个儿子,不料丈夫不久又病逝。乔女娘儿俩日子过得非常艰难。正在此时,丧妻而带幼子的孟姓书生,偏偏看上了乔女。乔女一为自己畸形,二又考虑社会舆论,说什么也不同意嫁给孟生。乔女说:"我既丑陋又残废,百样不如人,唯一还能自信的,只是品德尚好罢了。如果又去侍奉第二个丈夫,相公还娶我什么呢?"在当时的历史条件下,乔女这种想法是可以理解的。

没过多久,孟生得急病身亡,家产被乡邻强横瓜分,孟生的幼儿乌头处于危难之中。此刻,乔女气愤之极,挺身而出,请人写状纸,伸张正义。经过一番波折,终于追回了孟家田产、物品,又帮孟儿经管家务,直至孟儿长大成人。后来,孟儿乌头考中了秀才。乔女老死后,仍与穆生合葬。

乔女容貌丑陋,却有一腔刚烈之气;身处困境,却有图报知己之心。乔女虽然为女性,却做出了连一般男子也难以做出的业绩。她的外在丑是天生的,内在美则是由于她的自爱自强、不断充实而形成的。她既有善良、勤劳的美德,又有果敢、刚毅的胆魄。在孟生离世、乌头年幼、无赖凭陵这一非常态情境中,乔女非凡的人格力量在扭转危局的过程中光彩照人。

在古今中外的文艺作品中,对那些外丑内美的人物或事物都倍加赞美。

唐代柳宗元撰写了著名的《种树郭橐驼传》,文中叙述了"隆然伏行,有类橐驼者"的人,他虽畸形,被人加以"郭橐驼"的绰号,但却是一位种树专家。有人问他种树的诀窍。他回答:"橐驼非能使木寿且孳也,能顺木之天以致其性焉尔。"意思是,他并不是能够叫树木繁殖而且不死呀,只是能够依顺着树木的自然性格来保护它的生机罢了。橐驼以种树之道"移之官理",发出了一番官员治理民政的议论,实是一位才智具备的强者。他是丑于外,慧于中。

中国民间熟知的"七品芝麻官"唐成,他那鼻子上的一块白,看起来有点滑稽可笑,可是他的心灵却是非常美的。听了他的"当官不为民作主,不如回家卖红薯"的自白,我们都情不自禁地笑了,这是赞美的笑,赞美他蔑视权贵、为民申冤的可贵品格。芝麻官的外表丑反衬了他的内心美。

法国作家雨果的《巴黎圣母院》中,那位奇丑的敲钟人卡西莫多内心也是很美的。他见到能歌善舞的吉卜赛女郎爱丝美拉达时,结结巴巴连声使劲地叫:"美!美,美……"他连声叫出的"美",确实是发自肺腑的。这位敲钟人本是一个孤儿,受尽流离困苦才当上在圣母院里敲钟的奴隶。圣母院里的一个高级僧侣偷看到吉卜赛女郎的歌舞,便动了淫念,迫使敲钟人去把她劫掠过来。在劫掠中,敲钟人遭到一群人的毒打,渴得要命,奄奄一息之际,给他水喝因而救了他命的正是那位吉卜赛女郎。她不仅面貌美,而且灵魂也美。这一口水之恩使敲钟人认识到什么是善和恶、美和丑,什么是人类的爱和恨。以后每到紧要关头,敲钟人都去救护吉卜赛女郎。后来,这个女郎以施行魔术的罪名被处死,尸体抛到地下墓道里,敲钟人在深夜里探索到尸体所在,便和她并头躺下,自己也就断了气。就是这样一个五官不正而又奇丑的处在社会最下层的小人物,却显出超人的大智、大勇,乃至大慈、大悲。"敲钟人的身体丑烘托出而且提高了他的灵魂美。"①

在人类身上,经常出现外貌与内心不一致的情况。敲钟人卡西莫多,从其外貌来看,确实是不美的。然而,他的行为确实是善的。作者以具体、生动、感人的笔触,刻画了卡西莫多内心的情操美。卡西莫多作为人体的自然丑同作为社会人的心灵美是矛盾的。一个人内在情操的美,可以外化为外在行为的善。

贾平凹写过一篇散文《丑石》。院子里那块"丑石"黑黝黝地卧在那里,牛似的模样,没有棱角,也没有平面儿,既不能垒山墙,又不能铺台阶。"人都骂它是丑石,它真是丑得不能再丑的丑石了。"丑石二三百年卧在那里没人理会和赏识,反遭咒骂和嫌弃。一天,一个天文学家来了,发现它竟是"陨石","是一件了不起的东西"。"它补过天,在天上发过热,闪过光,我们的祖先或许仰望过它,它给了他们光明,向往,憧憬;而它落下来了,在污土里,荒草里,一躺就是几百年"。天文学家说:"它是太丑了。""可这正是它的美!""丑到极处,便是美到极处。"作者从中悟到,丑石的伟大之处就在于能不屈于误解、寂寞地生存。丑石精神,移位于现实生活中,也能给我们深刻的启示。在近代美学中,丑转化为美已经日益成为一个重要的问题。丑与美不但可以转化,而且可以由反衬而使美者愈美。雨果说:"取一个在形体上丑怪得最可厌、最可怕、最彻底的人物,把他安置在最突出的地位上",然后,"给他一颗灵魂",并且在这灵魂中赋予他"最纯净的一种感情",结果"使这卑下的造物在你眼前变换了形状:渺小变成了伟大,畸形变成了美好"。②

---

①　朱光潜:《谈美书简》,上海文艺出版社 1980 年版,第 17 页。

②　《雨果论文学》,上海译文出版社 1980 年版,第 104 页。

　　人的心灵美可以弥补外貌的缺陷,而心灵的丑恶却不能用外貌美去抵消。不论人体美与心灵美存在着多么复杂的情况,在这一对内外美丑的矛盾中,心灵美始终起着决定性的作用。在评价一个人美不美的诸因素中,内在心灵的内容压倒外在形貌的状况。从长远看来,心灵美肯定处于支配性的地位。心灵美,是人的美的灵魂。

　　第三类:外在美,内在丑

　　最典型的形象是《画皮》中的恶鬼。《聊斋志异》中的《画皮》是人们最熟悉的篇章之一。蒲松龄在全书林林总总描写佳鬼佳狐的题材之外独写恶鬼。

　　本篇的主人公是一个青面獠牙的恶鬼,但它出场时的外表形象却是一个美女:二八姝丽,娇小佳人。她为了吸引别人的注意、博得别人的同情,化装成一个弱女子。在清晨,她抱着一个小包袱,独自急忙赶路,显得那么羸弱、孤单、艰难。这位少女不寻常的举动,使王生心生好奇,便赶上去问个究竟。对王生的询问,她表面上拒绝回答,又透露出自己确有"愁忧",至于为何"愁忧"则含而不露,显出少女的狡慧。直到王生再次询问,她才黯然神伤,说出"隐情":父母将自己卖给人做妾,因无法忍受正妻的嫉妒,只好离家出走。言语凄婉,哀情动人,俨然一个孤苦无依的弱女子模样。王生见她貌美又可怜,便把她带回家中。少女以自己的美色和谎言骗取了王生的信任。

　　一天,王生来到市上,偶然遇见一个道士。那道士看着王生,露出惊愕的神色,问他:"你最近遇到什么没有?"王生回答说:"没有。"道士说:"看你浑身都被邪气缠绕着,怎么还说没有?"王生又极力辩白。道士便走开了,一边走一边说:"鬼迷心窍啊!世上真有死到临头还不醒悟的人!"王生听道士说得很怪异,就有点怀疑那少女。但转念一想,明明是个美女,怎么会是妖精?

王生心里很喜爱这位美丽的少女。虽然道士一再提出了警告,但他心里想不至于如此严重。王生"意道士借魇禳以猎食者",即认为道士不过是借驱邪捉鬼那一套来混饭吃的人罢了。所以,王生并没有从根本上采取严密的防范措施。

原来少女美的姿色都是伪装的,她实际上是"一狞鬼,面翠色,齿巉巉如锯",就是说,少女的本质是一个狰狞的恶鬼,脸色青绿,牙齿尖尖如同锯齿。她把王生看作是将入口的猎物,"宁入口而吐之耶!"她决意要吃掉王生,难道把吃到嘴里的肉又吐出来不成!终于有一天晚上,恶鬼闯进王生的卧室,"径登生床,裂生腹,掬生心而去",就是说,恶鬼径直登上王生的床铺,撕裂开王生的胸膛,挖出王生的心脏,走出去了。这一连串动作,何等凶狠、残暴,王生的一片痴情,竟落得如此下场。《画皮》揭示的哲理在生活中是有警示意义的。现实生活中的恶人并不是一眼看去就可以发现的,因为这些人常常披着真、善、美的外衣,哄骗人们上钩。王生就是一个被假象迷惑而招灾祸的典型。

第四类:外在丑,内在也丑

在《聊斋志异》中,描写内外皆丑的形象莫过于卷九《药僧》中的某青年。这是一篇微型小说,原文如下:

济宁某,偶于野寺外,见一游僧,向阳扪虱;杖挂葫芦,似卖药者。因戏曰:"和尚亦卖房中丹否?"僧曰:"有。弱者可强,微者可钜,立刻见效,不俟经宿。"某喜,求之。僧解衲角,出药一丸,如黍大,令吞之。约半炊时,下部暴长;逾刻自扪,增于旧者三之一。心犹未足,窥僧起遗,窃解衲,拈二三丸并吞之。俄觉肤若裂,筋若抽,项缩腰橐,而阴长不已。大惧,无法。僧返,见其状,惊曰:"子必窃吾药矣!"急与一丸,始觉休止。解衣自视,则几与两股鼎足而三矣。缩颈蹒跚而归,父母皆不能识。从此为废物,日卧街上,多见之者。

人们都认为《药僧》中的某青年,丑陋到极点,他的形象简直不堪入目。因此,过去许多《聊斋志异》选本都不选录此篇。有关《聊斋志异》的评论,很少涉及《药僧》。《药僧》几乎被打入冷宫。但是,从美学角度看,《药僧》中的某青年正是丑的典型,他不仅内在丑,外在也丑。北京大学马振方教授主编的《聊斋志异评赏》全文收录了《药僧》。

《药僧》显然是一篇讽刺作品。什么是讽刺?照鲁迅的说法就是把生活中发生过的,但又"已经是不合理,可笑,可鄙,甚而至于可恶"的东西,用精练的甚至夸张的手法表现出来。这样的文学作品就是讽刺文学。《聊斋志异》中这类作品,大多是讽刺时弊或丑恶的社会风气。这种讽刺往往辛辣、尖刻,充满对被讽刺者的鄙夷之情。

明代中叶以后,由于统治者的荒淫无耻,社会上淫风炽盛,至清代初期,余势犹在。蒲松龄处于清代初期,他所作的《聊斋志异》自然打着那个时代的深刻烙印。《药僧》中的和尚公开销售"房中丹"这类性药,济宁某青年喜而购之,吞一丸犹不称意,竟窃二三丸并吞之,就是那种病态社会、畸形心理的反映。

《药僧》情节简单,短小精悍,人物不多,没有刻意雕镂的细节描写,塑造人物形象只是粗线条的勾勒。然而,蒲松龄在《药僧》这篇小说中,善于把高度的夸张与本质的真实巧妙地结合起来,他通过极度夸张的情节和形象,把人性中丑恶、污秽的东西展现在世人面前。

在《药僧》中,蒲松龄极度夸大某青年丑的形象,似乎将其置于放大镜下,用漫画般夸张手法写尽他的畸形,实在令人触目惊心。某青年吞服一枚"房中丹"后生殖器顿时增长了三分之一,但他仍不满足,乘和尚转背之际,又窃取几枚一口咽下,于是生殖器暴长,仿佛成了第三条腿,从此变为一个废人,连父母亲也不敢相认。

虽然这是用虚幻笔墨大力夸张而写出来的,但是没有完全脱离当时性泛滥的生活真实。生活中变成废人的又何止一个"三条腿"的青年! 青年畸形者的故事,分明就是一篇针砭时弊的寓言。某青年由内在丑外化为外在丑,这个"废人"有着抽象的概括意义,他是一个具有美学价值的讽刺形象,由此及他,发人深省。

第四节 现实是美丑杂陈的世界

在人类历史的长河中翻卷着美的浪花,但同时也夹杂着令人作呕的丑的泡沫。这两者往往难解难分地纠缠在一起。美和丑本来就如浪花和泡沫一样相互混杂。

现实是美丑杂陈的世界。这其中的美和丑,既有先辈历史的遗留,也有当代人实践的产物,从而形成社会美与社会丑的广大空间。

美的社会现实是人按照美的规律创造出来的,是合乎人的本性的存在。而丑的社会现实则是对美的异化,带有非人性的特质。

与人的理想相比,现实永远是一个灰姑娘,永远具有丑恶的一面,永远有不尽如人意的地方。现实每时每刻都在变化,从这种意义上可以说,现实具有暂时性。谁把现实的美好一面说得无以复加,谁就是不够真实。当然,谁把现实的丑恶一面视为不可救药,谁就是不思进取。现实中的美与丑并不是一成不变的,它会随时代的发展而发展,随时代的变化而变化。

人的理想是美的,为实现理想的艰苦奋斗更美。正如居里夫人所说:"如果能追随理想而生活,本着正直自由的精神,勇往直前的毅力,诚实不自欺的思想而行,则定能臻于至善至美的境地。"①

　　我们无时无刻不在接触着自然之美、社会之美、艺术之美、人生之美。美是人类在漫长的历史中自由创造的结晶。青年人最富有创造精神。我们的青年一代,人人都在实践中创造着美,人人都在美的长河中游泳。

　　"锐锋产乎钝石,明火炽乎暗木,丽珠育乎贱蚌,美玉出乎丑璞。"青年人勇于从艰苦的探索之中,去发现美、创造美、享受美。青年人用智慧和创造,不仅使自己,而且使现实日渐完美起来。青年历来是人类进步的引领者。

　　几千年来,人类一直在渴求真、善、美。真、善、美是客观事物的三类属性,同时,又是人类社会对于事物的三方面要求。人类一方面不断地评价客观事物的真假、善恶、美丑,一方面又不倦地追求真、善、美统一于自身。

　　人类所从事的一切物质和精神的活动,其最终目的都是为了培养真、善、美相统一的理想人格,以及造就一个真、善、美相统一的理想社会。真、善、美相统一的人生境界,始终是人类不懈追求的目标。只有真、善、美和谐统一的境界,才是自由人生的境界。唯有追求真、善、美相统一的理想人格,才能创造不朽的人生。

　　求真是人类本身发展的内在需要。对真的探求,是人生臻于完善的一个重要前提。无知、假象、谬误往往使人难辨人生是非,难分本质真假。凡是符合客观的规律及其本质的东西,都叫做"真"。真诚不虚伪的人,即使有某些缺陷,人们也觉得他可爱。相反,一个虚情假意、装腔作势的人,总是令人作呕。没有真,也就没有善,没有美。

---

①　李兴武:《丑陋论》,辽宁人民出版社 1995 年版,第 145 页。

求善是要求人格的主体具有高尚的道德品质。求善的过程，是个体精神自律的过程。善是美的基础。善是对社会、对人民的直接的功利。一般来讲，凡是符合人的正当目的的功利行为，都是善。善不仅是美的基础，而且是美的归宿。"羊大则美"，说明有用、功利是美的基础。中国明代诗人于谦的诗《石灰吟》、《咏煤炭》中的"石灰"、"煤炭"，都是善的象征。

求美是按照美的规律创造美的人生。人格之美是人格之真和人格之善的统一和升华，是一个更高层次上的综合，是最高的统一。美的功利是精神的，它利于心灵的作用犹如春雨，润物无声，潜移默化。美的形态是具有生动感人的形象，美的东西必须同审美的愉悦联系在一起。美与恶是绝缘的。美不能离开善。美与善，不论在古代、近代和现代，都是紧密相连的。

俄国思想家、美学家别林斯基说："美是道德的亲姐妹。"德，启迪人的理智，使人的思想意识、作为作风合乎社会规范，达到尽善。美，激发人的感情，净化人的情操，使人在生活中追求美好的境界，达到尽美。德和美就像亲姐妹一样携手并进。美是德的象征，德是美的本质。美与德是两个概念，又是一个实体，世称"美德"。

一个道德高尚的人，他是无邪念、无秽欲、无私心的，他的内心世界是纯净的，因而从道德领域来说是一种内在的善，从美学领域来说又是一种情操的美。这种内在的善或情操的美，外化而见之于对社会、对他人有利的行为，就呈现出光明磊落、可敬可亲的美的形象。

第五节　大爱孕育大美

孔子很早就提出"爱人"的思想，这一点是很了不起的。"樊迟问仁。子曰：'爱人'。"①《论语·乡党》记载道，孔子家的马棚失了火，孔子得知后，首先问："伤人乎?"不问马。这里表现了孔子对于养马人的关切之情，这正是孔子的"仁者爱人"的表现。

孔子的"仁"是人对于自己的同类相爱的一种情感。虽然孔子不可能做到爱一切人，但他的思想传播开去，接受他的思想的人又都去爱自己周围的人，这种爱心传递的力量是无穷的。虽然人爱自己属于本性，也在情理之中，但真诚地爱他人，当被视为更加高尚。在日常生活中，爱他人的种种表现不是来自于任何行政指令，而是发自内心的要求。爱他人是不带任何勉强的，不是外力强加的，而是主动的表达。这种主动的表达，源自于精神层面的自觉。

"仁"是孔子思想的核心，"爱人"是实施"仁"的前提。孔子强调"为仁由己"、"克己"、"自省"，都是引导人们将外在的原则规范内心化，变成内在感情的需要。"爱人"，在孔子看来，起源于内心的要求，且为情感寄托所必需。一个人有了这种内心的需求，"爱人"就不是外界强制的、刻板的、冷冰冰的，而是主动的、自觉的、温情脉脉的。

一般来说，一个人从小经历苦难、身临困境，他对"被爱"和"爱人"就会有一种较为敏感的精神感觉和体验，他的灵魂对精神生活追求就会较为迫切，他对生命价值和使命的理解就会较为深刻。

美国韦恩·戴尔出身单亲家庭，从小在孤儿院里长大，缺少亲情的爱抚和关怀。他克服重重障碍，刻苦学习，获得心理学博士学位。他的著作《真爱的追寻》成为美国的畅销书。他的经历以及取得的成就，令无数青少年钦佩。他对爱的追求和自我激励成为人们的榜样。他经常到各地对青少年演说，并频频出现于各类广播、电视节目中，被认为是提升自我能力的权威。他用爱心帮助他人

---

① 《论语·颜渊》。

摆脱困境,激发自我力量,追随者尊称他为"激励之父"。他的特殊生涯和积极生活震撼着无数人的心灵。

韦恩·戴尔博士以他的爱心专注于发掘存在于人们精神层面的激励因素。他以自己的爱心激励人们热爱生活、珍惜生命。他认为,在宇宙中始终有一种声音召唤我们从精神世界坚持我们的使命。在冥冥之中有一种声音召唤我们牢记我们的目标——我们来到这个世界上是为了什么?我们要穿越物质世界到达精神世界,去实现自己的最终目的。

韦恩·戴尔博士主张,一个人要找到积极生活的方式,过一种激励向上的生活,这样就能超越人生的坎坎坷坷。人生需有使命感。我们的一生非常短暂,有了使命感,我们就能斗志昂扬地生活。在这个纷繁的世界上,人与人应当相互帮助。即使遇到一个陌生人,他有难求助,我们也应慷慨解囊。穿越物质世界到达精神世界,这是每一个人最终追寻的生命蓝图。[①]

人生有了明确的追寻目标,他的精神世界就会变得丰富多彩。人的精神世界的需求,常常表现为一种不含个人功利目的的事业心。这就是说,他做这一件事情,不是为了谋取某种物质利益,而是出于对这一事业的热爱。这一事业,使他的灵魂闪耀光彩,使他的生命价值提升。他的有限生命,可以通过这一事业得到永生。正因为如此,才有那些怀着一颗爱心为他人献身献财的人。

加拿大的柯伯格曾三次获诺贝尔奖提名,他从小开始就乐于助人,是一个充满爱心的人。2006年,当时23岁的柯伯格,获得了全世界儿童的最高奖项"世界儿童奖",还被联合国评为"未来20个全球领袖"之一。

柯伯格来自白求恩的故乡——加拿大的多伦多。柯伯格为什

---

① 叶宇桑:《让生活富于激励》,《钱江晚报》2006年4月7日。

么如此与众不同？因为他有一个信念："要改变世界，并不一定要
等我们长大。"他认为，一个人从小就可以尽自己的能力做些好事。
他在 12 岁时，就已经迈开了他生命中爱心行动的第一步。[①]

　　1995 年，年仅 12 岁的柯伯格在报纸上看到一篇描写饱受虐
待的童工的报道，那些童工不但不能上学，还遭到雇主的打骂与折
磨。被深深触动的柯伯格，从那时起就决定要做些事情帮助那些
遭受苦难的孩子。他卖掉自己心爱的玩具，省下自己的零花钱，又
拿着那份报纸到处筹款。结果五个月下来，竟筹到了 15 万加元。
柯伯格通过相关国际组织，将这"第一桶金"全部用于巴基斯坦贫
困地区，成功地修建了一所小学。

　　柯柏格 12 岁时成立了"国际儿童教育基金"机构（简称
FTC），它的宗旨是救助世界失学儿童。而今，柯柏格的 FTC 已经
成为公认的全世界最大的由青少年管理和领导的教育慈善机构。
全世界 45 个国家共有超过 100 万的青少年参与其中，孩子们尽自
己所能筹集经费，以各种各样的方式，帮助各国贫困地区的儿童筹
款，改善其就学条件。

　　如今，命运因柯伯格而改变的儿童遍布全球，FTC 在拉美、非
洲、亚洲等 35 个发展中国家的贫困地区建立了 450 所学校，为当
地贫困儿童提供基础教育项目。目前，FTC 已在中国河北、甘肃
等地成功建立了 15 所小学。柯伯格也因此经历了与众不同的成
长生涯。他从 12 岁起走遍世界 50 多个国家，先后获得"罗斯福自
由勋章"、"加拿大总督功勋奖"、"世界青年奖"。2006 年 4 月 20
日，瑞典皇后给柯伯格颁发了"世界儿童奖"，以表彰他在国际儿童
事业发展方面作出的杰出贡献。

　　每一个有爱心的人，都以自己的方式帮助他人。爱心歌者丛

---

① 《柯柏格：改变世界不必等到长大》，《浙江日报》2006 年 7 月 27 日。

飞说:"我不能成就整个世界,却可以尽我所能成就一些孩子。"在丛飞 37 年的人生旅程中,他为社会进行公益演出 300 多场,义工服务时间超过 3600 小时,累计捐款捐物 300 多万元,救助贵州、四川、湖南、山东等贫困地区失学儿童和残疾人 178 人。直到生命的最后一刻,丛飞还捐献出自己的眼角膜,这是他奉献给这个世界的最后一件珍贵的礼物。

1992 年,丛飞从沈阳音乐学院毕业后来到广州,两年后又来到深圳。凭着他出色的歌喉和精彩的表演,他的人气快速升温,演出的舞台从深圳为打工者自娱自乐的业余舞台一直延伸到北京人民大会堂,多次与宋祖英、蒋大为、关牧村、戴玉强等著名歌唱家同台献艺。

1994 年 8 月,丛飞应邀参加在重庆举办的一次为失学儿童重返校园慈善义演,这次演出改变了他的人生。那天,观众席上坐着几百名因家贫辍学的孩子,他们中最小的只有八九岁,最大的也不过十五六岁。这些孩子如果不能继续读书,等待他们的将是黯淡的前途。丛飞一手持麦克风演唱,一手掏出身上全部的现金 2400 元钱。主持人告诉丛飞:"你捐出的这笔钱,可以帮助 20 个孩子完成两年的学业!"一股从未有过的幸福感洋溢在丛飞的心头,丛飞想:"这真是一件有意义的事啊!"从那一刻起,丛飞决心:要用自己的汗水让更多的孩子改变命运。

丛飞,一个以演唱为生的普通歌手,坚持 11 年资助 100 多个孩子顺利完成学业,绝非一件容易的事情。他为此也付出了巨大的代价。他为了按时给贫困山区的孩子们交上学费,将自己的生活标准降得很低。丛飞终于积劳成疾,患上了严重的胃溃疡,并多次导致胃出血。他为了省钱供孩子们读书,舍不得多花钱治病,更舍不得停止演出而住院,不幸转变为胃癌。丛飞在临终之前不久,对自己的生命与人生作了概括的表达:"三十七年的岁月,无悔的人生。人无爱心,万事难成。用爱诉说一切,用真情感动世界,愿人类的明天更加美好!"①

丛飞继承了古代先贤"仁者爱人"的道德品质,以博大仁爱之心,关爱他人,展现了一个高尚的灵魂可以企及的高度。他倾其所有,捐资助学,克己为人,至死无悔,充分表现了一种大爱无己的精神。面对一切猜疑、不解以及不屑,丛飞从容自若,以纯真的大爱之光融化了所有世俗观念的坚冰。

在丛飞的心中,只有他人,没有自我。从心理学的角度来看,他是一个"超我"占主导地位的人。在弗洛伊德的三元人格结构中,人格分为"本我"、"自我"和"超我"。"本我"追求本能欲望的满足;"自我"代表理智与常识;"超我"代表良心、自我理想,它限制"本我",指导"自我",达到自我典范。"本我"、"自我"、"超我"是人性由低级到高级的自我完善的质的变化的不同阶段,也是社会化过程中人格发展的趋势。

具有"超我"人格的人完全由理想主义主导自己的行为,他的思想和行为百分之百符合社会价值规范,没有任何"本我"的要求。丛飞就是具有"超我"人格的人,他全身心地投入爱心事业,把助人看得高于一切,超越了个人的利益得失。地域空间阻止不了他,困顿的生活阻止不了他,病魔和死亡也阻止不了他,他已经把个人对于社会的责任最大限度地融进了自己的生命。丛飞是人生理想与社会价值完美结合的一面旗帜。他短暂的一生是为追求尽善尽美而无悔奋斗的一生。

人间大爱精神在 2008 年中国的抗震救灾中发扬到了极致。2008 年 5 月 12 日四川汶川发生的里氏 8.0 级大地震,是一场千年不遇的特大自然灾害。这是一场人与大自然的悲剧性的冲突。在血与泪的惨痛中,中华民族团结成一个钢铁巨人,奋力抗争。在

---

① 徐华:《丛飞就这样感动中国》,花城出版社 2006 年版,第 4 页。

力量悬殊的对比中,中国人通过决绝的抗争而焕发出的崇高的、博大的精神力量,令全世界瞩目。

英国美学家斯马特说,如果苦难落在一个生性懦弱的人头上,他逆来顺受地面对无奈,那就不是真正的悲剧。只有当他表现出坚毅和斗争的时候,才有真正的悲剧,哪怕表现出的仅仅是片刻的活力、激情和灵感,使他能超越平时的自己。美学家朱光潜说:"对悲剧来说,紧要的不仅是巨大的痛苦,而且是对待痛苦的方式。没有对灾难的反抗,也就没有悲剧。"在面对毁灭和死亡时,一个人的精神品性,一个人最真实的情感,一个人博大的仁爱之心,才能够得到最淋漓尽致的表现。

中华民族素有"泛爱众"的仁爱情怀,有"济世兼爱"的悯爱品德。"仁者爱人"、"老吾老,以及人之老;幼吾幼,以及人之幼",这种博爱精神,几千年来一直滋润着中华民族的广大民众。在汶川这场大灾大难中,我们的同胞充分体现了人性的自觉性和自发性,展示了中华民族尊崇生命、大悲大爱的民族精神,这是有深广的思想基础的。

陈兴发是北川县漩坪乡人,56岁,地震发生时他正在地里干活而幸免于难。78岁的母亲在送饭时,被震落的飞石砸伤左手和左脚,无法走路。他让母亲坐在背篓里,徒步背母亲向北川县城走去。路上见到一块大石头才好不容易背靠着大石让背篓里的母亲歇一歇,他在抹汗透气之后又匆匆赶路。天黑了,没有灯光,一路摸黑慢慢前行。从下午5点一直走到次日早上7时多,他终于背着母亲到了县城,母亲的伤口得到了及时救治。

朱先礼是北川县曲山镇人,53岁,地震发生后家里的房子全部倒塌,妻子和孩子不幸遇难。102岁的父亲上山了,不知安危。他匆匆处理了妻子和孩子的后事,发疯一样上山寻找父亲。在山里转了5天以后,终于在一棵大树的背后找到了父亲。为了父亲的安全，朱先礼决定将父亲背出深山。他背着老人翻山越岭走了36个小时，才脱离险境。父亲在路上多次要求儿子把自己扔下，但是朱先礼说："您是我唯一的亲人，我一定要把您背出去。"到达救助点后，每一餐都是儿子亲手喂父亲。

有一位母亲在自己遇难前的短暂一刻，将几个月大的婴儿抱在怀里，自己跪下以身体挡住倒塌的房子，在其最后生存的瞬间，还不忘为婴儿掀衣喂奶。当救援人员在掘到这对母子埋身的地方时，赫然发现婴儿仍紧吮着奶头不放，母亲则跪着去世。护士一面抱起脸色通红的婴儿，一面望着不知姓名的遇难的母亲哽咽不能自己。

还有一位母亲名叫黄玲丽，两个月前的这一天，这位年轻的母亲经历了一次异常痛苦的分娩。整整25个小时——3月12日凌晨3点，女儿终于降生了，取名母牵琦。"5·12"汶川大地震那一天，这位母亲以自己的生命保全了只有两个月大的女儿。人们是循着女孩的哭声，在一处废墟中找到她的。最先撞入眼帘的一幕，刺痛了所有在场的人。女孩被紧紧抱在母亲的怀里，母亲依然保持着侧跪的姿势，右手死死地撑地，一根粗大的房梁砸在她脊背的中央，曾经用力顶扛的身躯已经僵硬。女孩在母亲的怀里用力地哭喊着，脸上滴满从母亲受伤的身体里流出的斑斑血痕。

母爱，人类最本真的情感，像不息的河流，永恒的月亮。母亲的爱，为了下一代愿意奉献出自己的一切，包括自己的生命。面对无论怎样的艰苦际遇、无论怎样的灭顶之灾，母亲都能以最温柔又最坚韧的大爱，迸放出女性独具的光芒与力量。母亲的永恒价值不是因为她会生孩子，而是她拥有无私奉献的爱。在整个人类的文明史中，母亲承担了光辉的角色。

在灾难袭来的那一刻，许多学校正在上课，死亡离每一个人都是如此之近，老师们别无选择，把生的希望给了学生，把死的危险留给自己。汶川县映秀小学30岁的数学老师张米亚，当时正在紧邻楼梯口的二楼教室上课,讲台离楼梯仅几步之遥,他本来完全有逃生的机会。当群众徒手挖开教学楼的废墟时,大家都被眼前的一幕惊呆了:只见张米亚老师仆跪在地,身体前俯,双臂紧紧搂着两个8岁的学生,学生都还活着,而他的双臂已经僵硬。救援人员试图掰开张老师护卫学生的双手,却怎么也掰不开,有人含泪建议将张老师的双手锯掉,但学生的家长坚决不同意。他们说,老师用自己的生命保护了我们的孩子,一定要给他留个全尸。后来,大家想办法保全了张老师的双臂,救出了两位学生。张米亚老师将师爱定格在生死瞬间,演绎了一曲悲壮的生命绝唱。张米亚老师生前爱唱"摘下我的翅膀,送给你飞翔",他用自己的生命诠释了这句歌词,用血肉之躯为他的学生牢牢把守住了生命之门。

深夜的德阳市汉旺镇,在凄怆的风雨中,一辆救护车呼啸而过。它又一次给人们带来慰藉,因为那意味着又有一个生命在奔向希望。2008年5月13日23时50分,救护车的鸣笛声响彻汉旺镇,中国地震应急搜救中心的救援人员在德阳市东汽中学坍塌的教学楼里又救出了几个学生。在地震发生的一瞬间,东汽中学谭千秋老师张开双臂趴在讲台上,身下严严地护着4个学生。4个学生获救了,谭老师却不幸遇难。

谭千秋老师生前有时与妻子张关蓉在校园里散步,远远地看到地上有一块小石头或者玻璃碴子,他都要走过去捡起来,怕学生们玩耍的时候受伤。谭老师经常有这样的举动,因为他最心疼学生。

"以前,啥子事情都是他做主,他把我们照顾得把把实实。现在他走了,我突然变得坚强起来了。"谭千秋遇难后,张关蓉铰下了丈夫的一缕发丝,缝在一个红色的布包里,用一根白色的带子挂在自己的脖子上。

谭千秋的大女儿谭君子,是北京大学法学院的学生。君子说:"爸爸平时对学生要求很严格,在危难时刻,表现了他对学生爱得很深沉。"

大爱无声铸师魂。在生死关头,我们的老师,用勇敢无私的行动,筑起了一座爱的丰碑。

汶川大地震,让半个亚洲震动,让整个世界震惊。灾难呈现于世人眼前的,不只是哀伤,更有生死瞬间迸发出的大爱。关爱生命、抢救生命,一线希望,决不放弃,这是民族的大爱精神在新时代的辉煌升华和深刻拓展。纵然在死亡阴影笼罩的艰难日子里,那些大爱与献身的故事,每分每秒都在点燃人们心中的希望。废墟下人们深沉壮阔的无私大爱,最真实地彰显着人类内心最动人的真、善、美。

平日里处于隐秘状态的大爱精神,在大灾大难中以耀眼的光彩焕发出伟大的力量。伴随着灾难而凸显出来的大爱是一种崇高的精神境界。大爱在哪里呢?大爱无处不在。孔子说:"仁远乎哉?我欲仁斯仁至矣。"[①]大爱,是中华民族精神的主脉。大爱,是中华民族万劫不毁、浴火重生、生生不息的密码。大爱的发扬,能够把真、善、美高度统一起来。真、善、美的高度统一,是人生的最高境界。真、善、美是人生追求的最高价值取向。从价值追求的角度看,美的层次是最高的,"只有超越规格的牺牲才是美的。因为是行动自由的人支配着牺牲的大小。如果能为儿童教育捐款,那便是善。但如为教育儿童而贡献了一生,就不能仅仅说它是善了。不惜牺牲自己的一切为孩子们服务,我们就不得不说这已超越了善,而已成为美了。"[②]美的崇高之处就在于,它是一种难得的超越功利的价值。

---

① 《论语·述而》。

② [日]今道友信:《关于爱和美的哲学思考》,生活·读书·新知三联书店1997年版,第331页。

主要参考文献

1. [法]阿兰.幸福散论.北京:中央编译出版社,1999.

2. [苏]阿纳托里·费迪.交际美学.贵阳:贵州人民出版社,1987.

3. [法]安德烈·莫罗阿.人生五大问题.北京:生活·读书·新知三联书店,1987.

4. [美]安东尼·罗宾斯.激发无限的潜力.北京:新华出版社,2002.

5. 常若松.健康人格论.沈阳:辽宁人民出版社,2004.

6. [俄]车尔尼雪夫斯基.生活与美学.北京:人民文学出版社,1957.

7. 陈瑛.人生幸福论.北京:中国青年出版社,1996.

8. [日]池田大作.人生寄语.上海:上海社会科学院出版社,1995.

9. [美]丹尼尔·戈尔曼.情感智商.上海:上海科学技术出版社,1997.

10. [日]渡边淳一.钝感力.上海:上海人民出版社,2007.

11. 樊富珉.大学生心理素质教程.北京:北京出版社,2002.

12. [英]弗兰西斯·培根.培根论人生.上海:上海人民出版社,1983.

13. [英]弗兰西斯·培根.培根随笔选.上海:上海人民出版社,1985.

14. 冯友兰.觉解人生.杭州:浙江人民出版社,1996.

15. 龚群.人生论.北京:中国人民大学出版社,1992.

16. ［美］海伦·凯勒.我生活的故事.北京:广播出版社,1981.

17. 胡近.大学生心理学.上海:上海交通大学出版社,1987.

18. 黄仁发,等.友谊与交友艺术.北京:科学普及出版社,1992.

19. 黄学规,等.大学生心理健康指导.杭州:浙江科学技术出版社,2008.

20. 黄学规.挫折与人生.杭州:浙江大学出版社,1999.

21. 黄学规.人格与人生.杭州:浙江大学出版社,2002.

22. 黄学规.审美与人生.杭州:浙江大学出版社,2003.

23. ［保］基里尔·瓦西列夫.情爱论.北京:生活·读书·新知三联书
    店,1984.

24. 季羡林.人生絮语.杭州:浙江人民出版社,1996.

25. 蒋孔阳.真与美.上海:上海人民出版社,2000.

26. ［日］今道友信.关于爱和美的哲学思考.北京:生活·读书·新知三联书
    店,1997.

27. 李开复.与未来同行.北京:人民出版社,2006.

28. 李树荫.交际艺术.北京:知识出版社,1996.

29. 李涛.心理学视野中的婚姻承诺.北京:科学出版社,2007.

30. 李燕杰.塑造美的心灵.上海:上海人民出版社,1983.

31. 李燕杰.走近智慧.北京:清华大学出版社,2008.

32. 李燕杰.大道有言.北京:清华大学出版社,2008.

33. 李燕杰.生命在高处.北京:清华大学出版社,2008.

34. 刘焕辉.言语交际学.南昌:江西教育出版社,1987.

35. 刘吉.心灵花雨.北京:当代中国出版社,1999.

36. 刘津.挑战自我:走出人生的 12 大误区.北京:海潮出版社,2000.

37. ［法］罗曼·罗兰.贝多芬传.合肥:安徽文艺出版社,1999.

38. 罗若良.交际学初探.北京:中国商业出版社,1992.

39. 吕澜.心理学与人.杭州:西泠印社出版社,1999.

40. 吕钦文.交际美的韵律.长春:东北师范大学出版社,1993.

41. ［美］拿破仑·希尔.成功之路.海口:海南出版社,1999.

42. ［英］塞缪尔·斯迈尔斯.自己拯救自己.北京:北京燕山出版社,1999.

43. ［英］塞缪尔·斯迈尔斯.品格的力量.北京:北京图书馆出版社,1999.

44. [美]史罗里·布洛尼克.人生的危机.上海:上海翻译出版公司,1990.

45. [美]托马斯·摩尔.关注灵魂.北京:华龄出版社,1997.

46. 王宇航.开启心灵的窗户.杭州:浙江人民出版社,2005.

47. [美]威廉·贝内特.美德书.北京:中央编译出版社,2001.

48. 韦有华.人格心理辅导.上海:上海教育出版社,2005.

49. 杨韶刚.西方道德心理学的新发展.上海:上海教育出版社,2007.

50. 姚平.人际关系学概论.西安:陕西人民出版社,1987.

51. 叶奕乾.现代人格心理学.上海:上海教育出版社,2006.

52. 袁振国,等.交往的艺术.天津:天津人民出版社,1987.

53. 郑全全,俞国良.人际关系心理学.北京:人民教育出版社,2006.

54. 郑雪.人格心理学.广州:广东高等教育出版社,2004.

55. 朱光潜.谈美书简.上海:上海文艺出版社,1980.

附　录

心育、德育、美育"三育一体化"教育方法述评

邓太萍

　　全国中华教育艺术研究会最高奖——"铸魂金杯奖"获得者，全国德育名师黄学规教授用其一生心血凝聚而成人生三部曲——《挫折与人生》、《人格与人生》、《审美与人生》，将心理健康教育，道德人格教育与审美人生教育三者有机结合，创造性地构建了"三育一体化"的教学模式，这不仅是高校品德教育教学模式的新创举，同时也是现时代培养高素质人才的必然要求。

　　挫折是人生的重要组成部分。没有一个人一辈子都不遇到挫折，人的成长过程是永远和挫折相伴的。"面对这种不能避免的人生挫折，最好的办法当然就是勇于进击。"[①]《挫折与人生》一书首先全面论述了挫折存在的普遍性，同时对挫折的构成、挫折两重性、挫折教育的意义进行了分析，就如何有效地战胜挫折提出了建设性意见。战胜挫折的过程，不仅是战胜自我、超越自我，更是一

---

　　①　黄学规：《挫折与人生》，浙江大学出版社 1999 年版，第 158 页。

个提高自身的意志品质和促进自身的心理健康的过程。心理健康是大学生成长的基础,通过加强大学生心理健康教育,可以培养学生良好的心理品质,促使学生养成积极开拓的意识,增强学生的人际交往能力,形成和谐的人际关系。

随着社会的发展,竞争不断地加剧,人们面临的压力也在不断地增加,心理问题就显得尤为突出。大学生在校期间面临着环境适应、学习适应、人际交往、理想与现实冲突、升学与就业的抉择等方面的压力。这些压力对于大学生来讲不仅仅是一种客观上的挫折,同时也是一种心理上的挫折。这些挫折问题如果处理不当,会对大学生的心理健康造成负面的影响,甚至导致心理障碍。特别是近些年来,大学生因为心理问题而休学、自残、自杀的案例也屡见不鲜。所以,如何适应高科技和网络时代的要求,培养出更多具有健康心理素质的人,是当前高等教育面临的重要课题。大学生是国家的栋梁之材。大学阶段是大学生世界观、人生观和价值观形成的关键时期。健康的心理是大学生接受思想教育和学习文化知识的前提,是大学生进行正常学习、生活和发展的基本保证。同时,具有良好的心理素质,对于大学生来讲,不仅可以获取更多的发展机会,而且可以更好地实现自我。所以,大学生的心理问题不仅关系到个人的成功,也关系到民族素质的提高。从这个意义上来说,以挫折教育为重点的心理健康教育是顺应时代的发展,也是高校德育工作顺利开展的前提保证。

人格是做人的根本。现代社会的发展需要高素质人才,素质教育的过程实质是一个人格整合的过程。一个成熟的个体通过履行社会责任与社会义务所表现出来的人格力量是推动社会进步,维系民族、社会的巨大力量,也是整个国家、民族的核心竞争力。"人格结构包括生理、心理、智能、性格、思想、道德等几个相互联系,相互制约的方面,其中思想和道德对人格动机和行为起主导作用,决定着人格结构整体的性质。"①所以,从这个意义上来说,人格教育包含着道德教育,道德教育构成了人格教育的核心内容。人格教育,作为素质教育的核心部分,不仅强调人类自身的不断完善,而且注重受教育者人性的完善,德智体美的全面发展。它影响着社会生活中人生的价值取向,也影响到社会对个体的价值认同。以道德教育为核心的人格教育,不仅吸取了中国传统文化的精髓,而且体现了当今时代的特色。培育健全的自我意识,养成良好的个性,以成功人士作为榜样,在现实人际环境中实现人格的升华,构成了道德教育的主要内容。

科尔伯特曾说过:"一个国家是否伟大并不取决于它的疆域的大小,而是取决于它的人民的品格。"一个国家的前途,不取决于它的国库之殷实,不取决于它的城堡之坚固,也不取决于它的公共设施之华丽,而在于它的公民的文明素养。江泽民同志在北京大学100周年庆祝大会上对求知与修养、修养与成才作了非常精辟的阐述:"求知与修养相结合,是中华民族一个优秀文化传统。没有好的思想品德,也不可能把学到的知识真正奉献给社会和人民,也就不可能大有作为。青年时期注重思想修养,陶冶情操,努力树立正确的世界观、人生观、价值观,对自己一生的奋斗和成就将会产生长远而巨大的作用。"《人格与人生》一书,以道德教育作为人格教育的核心内容,旨在培养具有高尚人格的跨世纪人才。阅读该书时,我们不仅可以感受到作者严谨的治学态度、深厚的文学功底,更重要的是带来了心灵的震动和一种发自内心的向上的力量。当代大学生,要站在传统美德垒筑的高山之巅,站在由现代文明标识的新世纪起跑线上,确定自己人生的方位,标识自己的人生坐标,选择勤劳、正直、诚实,选择自爱、自尊、自信、自律,选择理想、

---

① 黄学规:《人格与人生》,杭州:浙江大学出版社 2002 年版,第 43 页。

勇敢、坚忍,选择良知、公正、道德,追求崇高与卓越。

人生追求的最高境界:真善美的统一。审美教育的最终意义和终极目标,在于完美人格的塑造,在于人的身心的和谐发展,在于使人的精神世界飞跃到一个更高、更美的境界。美育是个人格教育的升华,美是道德高尚、精神丰富的外在表现。审美教育不仅是人类认识世界、改造世界的重要手段,也是实现人类自身美化、完善人格塑造的重要途径。通过加强审美教育,提高人的素质,使人们的思想得到陶冶,心灵得到净化,品格得到完善,情感得到沟通。"在现代社会,一个有知识的人,一个有社会地位的人,进一步的追求应该是做一个人格高尚的人。唯有人格的完善,才能赋予个体做人应有的尊严和价值。人在一生中追求的理想人格的最高层次是审美人格。真、善、美的和谐统一,是人格的最高境界。"①黑格尔曾精辟地指出:理性的最高行动是一种审美行动,真和善只有在美中才能水乳交融。所以,这种寓真于美、寓善于美的审美教育才是我们人生追求的最高境界。

审美教育,是一种超越性、综合性的教育,是借助于自然美、社会美和艺术美的手段,使人具有正确的审美观点,高尚的道德情操和感受美、鉴赏美、创造美的能力的教育。审美作为一种具有形象化、动情化的教育特性,培养健全高尚的人格,塑造完美理想人性,以最终实现人与自然、人与社会以及人与人自身感性和理性的和谐为终极追求。审美教育强调的是"韬养",是主体的主动参与和全身心的投入,让你体验美好,体验成功,体验快乐,体验崇高,在潜移默化中提升对美的感受力、鉴赏力、创造力及自我完善的能力。孔子说:"兴于诗,立于礼,成于乐。"在孔子看来,一个君子的培养,要通过学习诗歌等文学作品得到知识的启发,并通过礼仪制

---

① 黄学规:《审美与人生》,浙江大学出版社 2003 年版,第 244 页。

度的学习塑造人格品性,掌握行为道德规范,而最终能成为君子则要凭借乐教。古代哲人对育人规律的总结值得我们深思和借鉴。作为一名大学生,如果缺乏起码的感受美丑的能力,那他就不是一个有文化的文明人。

　　心理教育、人格教育与审美教育三者紧密相连,构成一个完整的教育与教学系统。在这三位一体的模式中,心理健康教育是基础,人格教育是高等教育的终极目的,而审美境界的提高则是上述教育的升华。对学生进行品德教育和审美教育,首先应该从学生的心理教育着手,促使学生心理健康。就学生层面而言,从学生的心理实际出发而进行品德教育能够真正发挥德育在全面发展教育中的主导作用和渗透作用;从学校层面而言,学校的德育工作,应当遵循学生的身心发展规律,了解学生的需要、动机、兴趣等心理状况,从而可以更好地开展德育工作。健康的人格是人们快乐生活、完善自我、发展自我的保证。歌德曾说过:"你如果失去了金钱,你只失去了一点;你如果失去了名誉,你就失去了很多;你如果失去了人格,你就失去了全部。"大学生人格的和谐健康发展是高等教育的核心任务。所以,学校教育应当将教育的重点定位于人格教育,这是现代社会发展的需要,也是现代化人才成长的客观要求。美学家朱光潜曾说:"真、善、美三者具备才可以算是完全的人"。追求理想人格的最高层次则是追求审美人格,达到真、善、美的和谐统一,这也是人的现代化的最高境界。美育的心理机制,就在于在审美中自由地表达,这是一种情感活动,而这种情感活动是推动道德认识向道德行为、道德他律向道德自律转化的动力。所以从这个意义上来说,审美教育是"三育一体化"教育的最高层次。

　　　　　　　　　　　　(作者系心理学硕士,浙江财经学院教师)

"三育一体化"教育是提高德育实效性的教学创新

李晓娟

黄学规教授提出的心育、德育、美育"三育一体化",不仅是理论上的教学创新,更是在教学实践中不断探索、积累、验证而总结出的一系列成果。作为黄学规教授的助教,我曾经一节不漏地听过他整整一个学期的课,黄教授将"三育一体化"运用于教学实践中的情况及取得的显著效果,我深有体会。

"三育一体化",体现在教师对课程内容的理解和阐释中

在很多人看来,德育课是一门比较"通俗"的课,仿佛没有太多的理论深度。许多大道理学生都懂,教师很难在理论上开拓和创新。但黄老师却利用"三育一体化"将授课内容作了最大的拓展。

例如,在讲到"理想信念"这一章时,黄教授将理想与主体心理状态相联系,指出:"一个人达到一定的自我意识水平、心理成熟程度,在心灵上出现了对精神需要的渴求,才能萌生理想。这是理想的基础。""一个人在内心形成了一种比较稳定而又有深度的情感,如义务感、责任感、道德感、事业感、自尊感、荣誉感等等,才能确立理想。这是理想的支柱。""一个人具有排除万难、不屈不挠的意志,有决心、信心和恒心,才能实现理想。这是理想的动力。"这样,将"理想"的确立与个体的心理成熟程度结合在一起,使授课内容变得更有深度和说服力。再比如"人生价值"章节,黄老师用如下的一段话作为结语:"每个人在人生的道路上,可能都经历一段痛苦的摸索。假如你昨天失去了美好的机遇,今天不必悔恨与消沉;假如你昨天曾经有过辉煌与骄傲,今天也不必陶醉与炫耀。在过去与现在的交汇点上,重要的是把握住今天。唯有善于过好每一个'今天',一个人才充满生机和活力。"这实际上是将心育蕴含在德育之中,使学生对在追求"人生价值"的过程中可能遇到的困难与挫折有了一个思想上的准备,无形中提高了他们抗挫折的能力。同样在讲授人生价值的过程中,黄老师在引用一些历史名人如秋瑾等的事迹时,还着意介绍了秋瑾墓等与杭州相关的名胜古迹;在讲到对人生价值的追求需珍惜时间时,引用了塞缪尔·厄尔曼的散文《青春》,让学生在对诗歌和景点的美的体验中,自然而然地对人生价值进行了一次反思。

"三育一体化",体现在教师对学生心理的把握和授课材料的安排上

在教育过程中,学生越少感到教师教育的意图,教育效果就越好。这就是"润物细无声"。教师要善于以自己的心去发现学生的心。这种心育是通向心灵之路的基础,是提高德育实效性的保证。思想道德修养并不是一门好讲的课,稍不小心就可能陷入空洞或肤浅,然而黄老师的每一次课都不会让人有这种感觉。在阐述某见解或理论之时,他总是辅以大量的事例、最新研究成果甚至古诗词等等,深入浅出、娓娓道来,很容易引起学生的共鸣,使他们在潜移默化中接受做人的道理。记得黄老师的第一堂课是关于思想道德修养重要性的"绪论"部分,这一部分最重要但也最难讲,很多老师宁愿放弃也不愿意涉及。然而黄老师以"修身与人生发展"为标题,从高等教育价值的取向到上海交大老校长的名言,从中华民族的"八德"到各大知名企业家的用人标准,从情商智商的最新研究成果到自身治学为人的体会,用广博的知识从各个角度论证了"修身"同"人生发展与成功"的紧密关联。黄老师整堂课并没有提一句"思想道德修养很重要"之类直接"灌输"的话,而是用严密、生动的论证让学生自己体会到了这一点。还记得在另一次课上,黄老师强调大学生研究性学习的重要性,激励他们尝试科学研究。结果两周以后,就有学生尝试申报课题,请黄老师指导。可见,优秀教师的课,会真正地实现德育的目标——让学生入眼入耳入心。

如果说丰富的知识量和雄辩的说服力是一次课成功的关键,那么对各种知识的灵活安排则让一次课变得富有节奏感、充满美感。黄老师课上所列举的各种事例、资料等并不是杂乱无章地拼凑在一起,而是经过精心安排,使理论与事例、文化与史实、理性与感性和谐地融于一体,仿佛高低起伏、舒缓流畅的乐章,让学生在一张一弛中感受为人处世的教育、文化的熏陶、美的享受——甚至更多更多。通过这一切,黄老师成功地将心育、德育、美育融入了课堂。

"三育一体化",体现在教师对学生自信心的提升和能力的锻炼中

黄老师遵循"美在和谐"的基本原理,在教学活动中,着力营造一种轻松的育人环境与和谐的审美氛围。在学习过程中,学生没有压抑的感受,轻松地与人相处,这样便能愉快地接受教育。黄老师认为,学生如果没有快乐的心境,面对再美的事物,也会无动于衷。

黄教授虽然年过花甲,但他仍然保持着年轻开放的心态。他了解大学生的心理,理解他们的想法,跟他们共同探讨学习、友谊甚至爱情;他将自己和学生放在平等的位置,从来不因为自己是有名望的受人尊敬的教授而有丝毫的架子;他主动跟学生沟通交流,从不因为有的学生见解的幼稚而敷衍怠慢……所以,他与学生相处得很融洽,学生视他为最好的朋友。黄老师也因此而站在教育的最前沿,他的课也因此而更加深入学生的内心。

黄老师授课内容虽然精彩,但他从不在讲台上自己唱"独角戏",而是通过各种形式,发挥学生的主体性,引导他们参与到课堂教学中来。黄老师在第一节课上就告诉学生:德育课不只是为了考试,而主要是为了提高自身的能力和素质。在授课过程中,黄老师也格外地考虑到了这一点,每堂课,他或是组织讨论,或是引导学生自由发言,或是组织小品表演,利用各种形式提高学生的积极性,培养学生思维能力、表达能力。对于学生的各种表现,黄老师从来以鼓励为主,这又在无形中增强了学生的自信心。

"三育一体化",体现在教师自身人格魅力的塑造和这种人格魅力对学生的影响上

黄老师认为,教育是一种以人格来培育人格、以灵魂来塑造灵魂的崇高事业。教师的人格有两个显著的特征:一是示范性;二是传递性。教师用自己的言传身教铸造着学生的精神世界。教师人格通过教师的教学活动外化为可感形态,传递给学生,使学生受到熏陶和感染。这种精神上的熏陶和感染主要是在一种文化的氛围或者说文化的世界中完成的。学校既要让学生获得知识的滋养,又要让学生获得人格的完善。在黄老师看来,这是现代教育应当追求的境界。

因此,他强调教师人格对学生的影响作用,强调自身高尚人格的塑造。这种人格魅力,在黄老师强烈的教学责任感和对学生的理解与爱护上体现出来。

黄老师的责任感,不仅体现在致力于讲好每堂课上,而且对学生的一次作业、一个问题、一个请求,他都认真地对待。有一年国庆节前,黄老师布置了一篇题为"当我跨进大学校门"的写作作业,这与其说是一次作业,不如说是黄老师尽力去了解学生的一个渠道。在阅批作业的过程中,他用专门的笔记本记下每个学生文章中的精彩段落,以便在日后进行有针对性的教育。100多名学生,这样的工作量可想而知,为此黄老师国庆节七天的假期竟没有休息一天!当学生得知这些时,给予黄老师的是热烈的掌声,这掌声中,包含了学生多少的感动和感谢!

黄老师对学生充满了爱,他无偿将自己的著作与学生分享,他不忘记对生病的同学问候关怀,他从不忽视对学生生活情况的了解……

黄老师通过自身的人格魅力,在无声中感化着、影响着自己的学生,高尚的人格魅力,应该是最具说服力的教育。

黄老师认为人生追求的最高境界是真善美的统一——教育的最终意义和终极目标,在于完美人格的塑造,在于人的身心的和谐发展,在于使人的精神世界飞跃到一个更高、更美的境界。这也是黄老师孜孜以求执著无悔的最大的动力。黄教授是浙江省高校教学名师、全国师德先进个人,他的课在整个浙江省都有口皆碑,在全国也有较大影响。学生对他的评价很高,视他为人生道路上的良师益友,他的课几乎没有学生缺席。黄教授之所以能在教学上取得这样的成就,他对教育最终目标的追求,应该是最重要的因素吧!

（作者系心理学硕士,浙江财经学院教师）

"三育一体化"教育对促进大学生心理健康的意义

章群巧

"心育、德育、美育"三育一体化教育这一新的教学方法是由黄学规教授首创的。黄教授经过 30 多年的思考和教学实践与研究，呕心沥血最终凝结成有关青年大学生教育和德育教学体系的新构想。全国著名教育家李燕杰教授称赞黄教授创作的人生三部曲《挫折与人生》、《人格与人生》、《审美与人生》为"步步高"。这三部曲都与青年大学生的精神成长密切相关。黄教授提出的"三育一体化"教育模式现今已在全国产生了较大的影响。

一、"三育一体化"的创新点

黄教授经过长期的教学实践与研究，发现心理教育、人格教育、审美教育这三者的内在联系是非常紧密的，对青年大学生的教育要取得实效，就应该把上述三者紧密地联系起来，使三者之间相互渗透，相互贯通。

心理教育——"三育一体化"教育的基础。在"三育一体化"综合教育这一素质教育理论中,心理教育是基础,黄教授的人生三部曲之一《挫折与人生》侧重于对青年大学生进行挫折心理教育。在现代社会,心理素质是人才素质的基础,心理健康教育旨在培养和提高大学生的心理素质,通过对青年大学生进行心理健康教育,可以有效地培养青年大学生坚忍不拔的意志、艰苦奋斗的精神,增强其抗挫折能力和适应社会生活的能力,这些教育都是心育的重要内容。

　　人格教育——"三育一体化"教育的核心。在"三育一体化"教育体系中,除心理教育是基础外,人格教育是最重要的核心要素。现在国际上流行的新的教育理念,比如"学会生存"、"学会关心"、"学会做人"等等,看似简单,其实是一种高层次的教育理念,中外教育界的有识之士均认可这样的道理:先学做人,后学做事。可以说人格是成就一切事业不可缺少的因素,人格体现着个体的人生境界,它决定着个体人生发展的方向。现今国内外很多教育家都认为,人格的培养是教育最重要的内容,没有对人格的尊重和发展,就没有现代教育。

　　审美教育——"三育一体化"教育的升华。"三育一体化"教育体系中,还有很重要的一部分内容,那就是审美教育,可以说审美教育是"三育一体化"教育的升华。我们知道,人的精神文明有赖于美的陶冶,美感对人的素质培养起到潜移默化的作用。在大学生成长过程中,运用审美心理教育,能让学生在美的感染和情感的共鸣中受到心灵的净化。对青年大学生进行审美心理教育,旨在启示大学生,一个人要从客观的物质束缚和制约中解放出来,一个真正自由、高尚的人,要自觉地以超功利的态度对待生活,不要为单纯的生活功利目的所驱使,而要在自身创造性的活动中体验人生的乐趣。人生在世,就是要不断地超越自我,以新我代替旧我,让自我的精神境界不断地向着更高的层次发展。①

二、"三育一体化"教育对大学生心理健康教育的启示

1. 从教育目标看，"三育一体化"教育模式与心理健康教育目标密切相关。

大学生心理健康教育是素质教育的一项重要内容，早在 2001年 3 月，教育部印发了《关于加强普通高等学校大学生心理健康教育工作的意见》，对大学生心理健康教育工作的主要任务和内容、工作的原则、途径和方法，以及队伍建设等方面作出了明确规定。2002 年 4 月，教育部又印发《普通高等学校大学生心理健康教育工作实施纲要（试行）》，就进一步加强大学生心理健康教育工作作出全面部署，提出具体实施意见。2003 年 12 月，教育部办公厅下发了《关于进一步加强高校学生管理工作和心理健康教育工作的通知》，要求各高校党委高度重视，切实把大学生心理健康教育工作纳入学校重要议事日程，采取有效措施抓紧抓好，可见加强大学生心理健康教育是全面推进素质教育，培养高素质人才的迫切要求。

高校大学生心理健康教育的总目标是帮助大学生树立心理健康意识，预防和缓解大学生的心理问题，优化其心理品质，增强大学生的心理调适能力和社会生活的适应能力，挖掘其心理潜能，渐臻自我实现。著名心理学专家黄希庭教授认为，心理健康是有层次性的，大致可分为心理疾病或障碍、心理机能正常和健全人三个层次。其中心理疾病或障碍属于不健康的层次；心理机能正常则属于心理适应层次，其基本特征主要表现为能消除过度的紧张不安而达到内部平衡状态，对周围环境适应，内心无严重冲突；而健

① 黄学规：《德育教学体系的新构想》，《教育艺术》2007 年第 11 期，第 9—10 页。

全人则属于高层次的心理健康,表现为有高尚的目标追求,发展建设性的人际关系,从事具有社会价值的创造,渴望生活的挑战,寻求生活的充实与人生意义。大学生是社会中高素质的群体,是社会主义事业的建设者和接班人,加强大学生心理健康教育具有极其重要的意义。对大学生进行心理健康教育不能仅停留在预防和缓解大学生的心理问题,优化其心理品质这一层面,更重要的是要引导大学生充分挖掘其内在的潜能,培养优良个性,促进人格完善。

黄学规教授创立的"三育一体化"教育的目标就在于引导大学生要认识到在人生旅途中难免会遇到挫折,面对挫折要增强挫折意识,培养坚忍不拔的意志,注重心理素质的培育。人的成长过程就是一个自我实现价值的过程,在实现自我价值的过程中要能不断地超越自我,完善自己的人格,努力成为全面发展的真善美三种品格和谐统一的个体。

因而从本质上来看,"三育一体化"教育的目标与大学生心理健康教育的目标是密切相关的,目的都是为了促使大学生更好地成长,促进其人格完善。从这点上来说,"三育一体化"教育的目标理念对大学生心理健康教育起着指导和借鉴的作用。

2. 从教育内容看,"三育一体化"教育模式是一种综合素质教育理论体系,可为心理健康教育所借鉴。

"三育一体化"教育融合心育、德育、美育三方面的内容。心育、德育、美育这三者之间有着内在的联系并能对大学生的成长起到相互统合相互促进的作用。首先,大学生正处于人生发展的重要时期,大学阶段是一个人世界观、人生观、价值观形成的关键时期。对于在校大学生来说,他们在成长过程中遇到的困难和矛盾,产生的困扰和冲突,会形成这样或那样的心理问题,而这些心理问题又往往同他们世界观、人生观、价值观的形成交织在一起。心理问题是一个人世界观、人生观、价值观问题在心理方面的反映,因而心理问题的解决,从根本上说要以树立正确的世界观、人生观、价值观为前提。反之,个体如果存在心理问题,也会影响其正确的世界观、人生观和价值观的确立。因此,对大学生进行心理健康教育,需要在心理健康、理想信念、思想品德、行为养成等各个层面全面展开,使思想品德教育与心理健康教育互相补充、互相促进,从而使心理健康教育更有实效。其次,审美教育与心理健康教育也是紧密相关的,对大学生进行审美教育,有益于他们的身心健康。有关审美与个体身心健康的关系,古今中外许多学者都有论述。古希腊柏拉图就认为,审美"对健康有益"。柏拉图说:"应该寻找一些有本领的艺术家,把自然的优美方面描绘出来,使我们的青少年像住在风和日暖的地带一样,四周一切都对健康有益,天天耳濡目染于优美的作品,像从一种清幽境界呼吸一阵清风,来呼吸它们的好习惯,使他们不知不觉地从小就培养起对美的爱好,并且培养起融美于心灵的习惯。"再次,审美教育对大学生完整人格的建构,能够发挥特殊的作用。审美教育对大学生完整人格塑造的相关性主要表现在如下两个方面:第一,审美教育能通过促进大学生的感性发展而切入到其完整人格的塑造中来。完美人格不能缺少感性的纬度。审美教育作为一种人格教育它不仅从发展人的感性方面参与完整人格的塑造,而且,它还在一些感性和理性交叉的非智力因素的培养上,促进着完整人格的形成。第二,审美教育能通过促进大学生理性和感性的协调发展而切入到其完整人格的塑造中来。完整人格是一种理性与感性相统一的人格。审美教育不只是促进人的感性和情感的发展,而且更重要的是,它是沟通人的感性和理性的桥梁。①因而在对大学生进行心理健康教育时,如能融入"三育一体化"教育理念,将心理教育、人格教育、审美教育三者有机结合起来,则能更好地解决大学生在成长过程中遇到的问题和心理冲突,从而促进学生更好地成长。

3. 从教育层次看,"三育一体化"教育模式以情感为轨迹,逐步递进,从引导大学生走出心理挫折低谷,到提升他们人格水平直至达到超功利的审美境界。

前文已提及在"三育一体化"教育体系中,心理教育是基础,人格教育是核心,审美教育是升华,这三方面有着密切的内在的联系并共同对个体产生作用。江泽民同志曾经指出,"一个民族的新一代没有强健的体魄和良好的心理素质,这个民族就没有力量,就不可能屹立于世界民族之林。"心理素质是人才素质的基础。心理教育中很重要的内容是挫折教育。原浙江大学校长潘云鹤教授认为:"现代社会生活中许多事情并不最终取决于一个人的知识,而取决于一个人的能力和素质。现在一部分学生遇到困难就退缩,一失恋就自杀,这样的状况是无法适应各种挑战的。"在现代社会发展迅速,社会环境日趋纷繁复杂的情况下,青年大学生所面临的挑战是剧烈的。这种挑战既可成为大学生心理发展的动力,也可能成为阻力。《挫折与人生》这部专著,侧重于对大学生的挫折心理教育,同时也是一种情感教育,目的在于引导大学生不要把人生道路过分理想化,要能理智地看到人生的艰辛、前途的曲折、社会的复杂,要增强自身的挫折意识,培养健康的、理智的情感来面对人生的挫折和失败、不幸和痛苦,要能学会认识挫折、接受挫折、转化挫折,从而培养自身良好的心理素质,有效地调控自己的情绪和

---

① 黄学规、金瑾如、夏跃平主编:《大学生心理健康指导》,浙江科学技术出版社2008年版,第235页。

情感,这样才能跨越各种障碍,朝着进取和创造的方向努力,塑造现代人格才会成为可能。

黄教授认为,在"三育一体化"教育体系中,心理教育是基础,心理教育很重要的内容是挫折教育。此外,人格教育是核心,教育在本质上是人格的、生命的启迪和教育。德育的出发点不是禁锢人,而是帮助人自由地、和谐地发展。德育的重要功能是培养学生的道德情感。道德情感是一种情绪体验,它通过爱憎、好恶等心理感受形式,来表明对道德现象的内心体验。因此,真正的德育不是枯燥的说教,它包括心理教育和情感教育。道德教育的目的很重要的是为了培养大学生高尚的道德情感,从而提升自身的人格境界。

审美教育也是一种情感教育,它主要的特点是以美感人,以情动人,用情感来撞开受教育者的心扉。美具有感染性,它能够从感情深处触动人的心灵,如梅之铮铮傲骨,竹之高风亮节,驼之忍辱负重,甚至一滴水也有"水滴石穿"的精神。美育的过程就是人的情感理性化的过程。在美育过程中,用各种美的形象来触发人的情感,以美感人,以情动人,从而对受教育者起到潜移默化的感染和教育作用,进而陶冶人的情感。对大学生进行审美教育,能使他们获得美的熏陶,培养他们高尚的审美趣味、审美情感、审美理想,培养学生对美的感受力、鉴赏力、创造力,最终使学生的个性得到自由全面的发展。

从人文精神的角度看,人生境界从低到高大致分为以下四种:自然境界、功利境界、道德境界、审美境界。其中审美境界是人生诸种境界之中的最高境界。审美教育的目的是为了培养大学生高尚的超功利的审美情感,提升做人的境界。

基于以上分析,"三育一体化"教育体系是以情感为轨迹,逐步递进,从引导大学生走出挫折低谷,到提升他们人格水平直至达到超功利的审美境界。

情感是人类特有的与人的社会和精神需要相联系的心理体验和价值倾向,它反映着人们的社会关系和生活状况,具有明显的历史性。情感的种类很多,根据情感的性质和内容的不同,可将其分为一般情感和高级情感。一般情感分为爱、恨、惧、乐、疏五种,是个人内心的一种较强烈的情感体验,它以个人对他人或物的情感依赖度和联结度为标准。高级情感是人的一种持久和强烈的社会和精神需要,它渗透于人类社会生活的各个领域,对人的社会性行为有一定的影响。常见的高级情感有理智感、道德感和美感。

情感过程是人的心理活动过程之一,情感通过情绪得以表现。情绪是心理健康的窗口,是认知与行为的中介,人格的核心。一个人的情绪素质如何,直接关系到一个人心理和生理的健康,关系到其事业能否成功和生活是否幸福。大学时期是人一生中情绪生活最富于变化和丰富多彩的时期,也是最容易受到情绪困扰的时期,良好的情绪和情感对大学生的身心健康起着重要的促进作用。因此,在对大学生进行心理健康教育时,如能注重对大学生的情感的培养,融入"三育一体化"教育的内容,则能更好地提高大学生的心理素质,激发他们的潜能,促进其个性和人格完善。

三、大学生心理健康现状乃至大学生一生的成长迫切需要"三育一体化"教育

大学生是一个承载社会、家庭高期望值的特殊群体,自我定位高,成才的欲望特别强烈,但心理发展尚未完全成熟、稳定。伴随着经济和社会的发展,特别是涉及大学生切身利益的各项改革,大学生面临的社会环境、家庭环境和成长过程中遇到的问题就更加复杂、多样和具体。据调查表明,当前大学生的总体心态是健康的,但很多学生感觉心理压力大,特别是竞争压力、学习压力、经济压力、就业压力、情感压力等普遍加大,由此引发的心理问题增多,有的甚至不堪心理重负而崩溃。近年来,大学生中因为心理问题而引发的休学、退学等情况,乃至自杀、凶杀等恶性事件也呈上升趋势,严重影响了一些学生的健康成长。大学生中除了不少人对就业、学习、竞争、经济困难等问题感到苦恼外,有的学生还因"社会变化快,难以适应"而苦恼。因此作为当代大学生需要确立一种积极乐观向上的心态,以坦然、平和的心态去面对社会现实,进而对自身进行合理的定位,并制定未来发展的目标。

现今大学生的心理健康状况可以说得到了社会的广泛关注,心理健康教育也受到了前所未有的重视。中央领导同志一直十分重视大学生的心理健康教育工作。近年来,教育部和各地高校都非常重视学生心理素质的提升,认真探索和改进大学生心理健康教育工作的思路和措施,并取得了明显的成效。

笔者认为在对大学生进行心理健康教育的同时,有必要对大学生进行人格教育,同时也要往审美教育方面作努力,要让学生领悟到既要能适应现代社会,以平和的心态面对现实,同时又需要提升自己的人格境界,不要因为世俗、功利而刻意改变自己,要认定自身今后的目标并朝着目标努力,提高自身的审美境界,力求达到真、善、美的和谐统一,即追求人格的最高境界。

(作者系法学硕士,浙江财经学院教师)

后　记

　　笔者从 1999 年至 2003 年陆续出版了《挫折与人生》、《人格与人生》、《审美与人生》人生心理修养三部曲之后,著名教育家李燕杰教授说:"黄学规教授从事高等教育三十多年,积累了丰富的经验,他创造性地把心育、德育、美育三者有机地结合起来,取得了很好的效果。我十分佩服黄学规教授的胆识,他既研究《挫折与人生》,又研究《人格与人生》,今天又在研究《审美与人生》,他这三部曲,堪称是步步高,是一部教育史诗,是一种关于人生教育的递进。"

　　我在高等学校从事教学的过程中,逐渐形成了"三育一体化"的素质教育体系。心理素质是人类一切活动的精神基础;健全人格的塑造是人得以成长的核心因素;审美的人生把现实的人生升华为艺术的人生、真善美和谐统一的人生。所以,我认为心理教育是"三育一体化"教育的基础,人格教育是"三育一体化"教育的核心,审美教育是"三育一体化"教育的升华。心理教育、人格教育、审美教育,从内容上来说是相互联系的,从层次上来说是逐步递进的。

　　近年来,我应邀到浙江大学、浙江工业大学、浙江理工大学、浙江工商大学、浙江师范大学、杭州电子科技大学、宁波大学、浙江林学院、浙江教育学院、嘉兴学院等高等院校作过多场讲座,本书就是在讲学的基础上整理撰写而成的。本书第八章“生命的磁针永远指向幸福”由黄学规、李晓娟合写。

　　在本书即将付梓之际,我衷心地感谢浙江财经学院校长王俊豪教授对本人教学和科研的一贯支持,他倡导力行以人为本的先进教育理念,在全校营造了一种和谐的氛围,也给我提供了思考的空间和写作的宁静。

　　浙江财经学院副校长陈寿灿教授在兼任人文艺术学院院长时曾热心指导我的教学和科研,他曾与我谈及冯友兰先生关于“人生境界”的学说,他的见解和思路使我受益匪浅。本书还得到了科研处的出版资助,在此一并深深地致谢。

　　全国著名教育家、首都师范大学李燕杰教授欣然为本书作序,并书赠条幅“千江有水千江月,万里无云万里天”。前句是颇具意境的写景,后句是很有气势的抒情。江中无水是照不出月亮的,空中乌云翻滚是看不见蓝天的。这两句诗内在含蓄,外在优美,耐人寻味。它包含了深刻的人生感悟,给读者以丰富的联想余地。燕杰教授正在病中,我衷心地祝愿他早日痊愈、健康长寿!

　　　　　　　　　　　　　　　　　　　　黄学规

　　　　　　　　　　　　　　　　　　　2008 年 11 月

　　　　　　　　　　　　　　　　　　于浙江财经学院

图书在版编目 (CIP) 数据

心理修养导论 / 黄学规著. —杭州：浙江大学出版社，
2009.3
ISBN 978-7-308-06559-7

Ⅰ.心… Ⅱ.黄… Ⅲ.①大学生－青年心理学②大学生－
思想修养 Ⅳ.B844.2 G641

中国版本图书馆 CIP 数据核字（2009）第 015640 号

心理修养导论

黄学规 著

责任编辑	田 华
封面设计	刘依群
出版发行	浙江大学出版社

（杭州天目山路 148 号 邮政编码 310028）
（E-mail:zupress@mail.hz.zj.cn）
（网址:http://www.zjupress.com
　　　http://www.press.zju.edu.cn）
电话:0571—88925591,88273066(传真)

排 版	杭州中大图文设计有限公司
印 刷	浙江中恒世纪印务有限公司
开 本	850mm×1168mm 1/32
印 张	10
字 数	250 千
版 印 次	2009 年 3 月第 1 版 2009 年 3 月第 1 次印刷
书 号	ISBN 978-7-308-06559-7
定 价	20.00 元

版权所有 翻印必究 印装差错 负责调换
浙江大学出版社发行部邮购电话 (0571)88925591